中等职业学校计算机系列教材

zhongdeng zhiye xuexiao jisuanji xilie jiaocai

Office 办公软件案例教程

赖利君 黄学军 主编

人民邮电出版社

北京

图书在版编目（CIP）数据

Office办公软件案例教程 / 赖利君，黄学军主编
． -- 北京：人民邮电出版社，2010.6
（中等职业学校计算机系列教材）
ISBN 978-7-115-22548-1

Ⅰ．①O… Ⅱ．①赖… ②黄… Ⅲ．①办公室—自动化
—应用软件，Office 2003—专业学校—教材 Ⅳ．
①TP317.1

中国版本图书馆CIP数据核字(2010)第058987号

内 容 提 要

本书以 Microsoft Office 2003 为蓝本，通过案例的形式，对 Office 2003 中的 Word、Excel、PowerPoint 和 Outlook 等软件的使用进行了详细的讲解。全书以培养能力为目标，本着"实践性与应用性相结合"、"课内与课外相结合"、"学生与企业、社会相结合"的原则，按工作部门分篇，将实际操作案例引入教学，每个案例都采用"【案例分析】→【解决方案】→【拓展案例】→【拓展训练】→【案例小结】"的结构，思路清晰，结构新颖，应用性强。

本书可作为职业院校学生学习 Office 办公软件的教材，也可供其他使用 Office 办公软件的人员参考阅读。

中等职业学校计算机系列教材

Office 办公软件案例教程

◆ 主　编　赖利君　黄学军
　　责任编辑　李海涛

◆ 人民邮电出版社出版发行　　北京市崇文区夕照寺街 14 号
　　邮编　100061　　电子函件　315@ptpress.com.cn
　　网址　http://www.ptpress.com.cn
　　北京楠萍印刷有限公司印刷

◆ 开本：787×1092　1/16
　　印张：14.75
　　字数：360 千字　　　　　　　2010 年 6 月第 1 版
　　印数：1 - 3 000 册　　　　　 2010 年 6 月北京第 1 次印刷

ISBN 978-7-115-22548-1

定价：24.50 元

读者服务热线：(010)67170985　印装质量热线：(010)67129223
反盗版热线：(010)67171154

前　言

　　近年来，随着我国信息化程度的不断提高，熟练地使用办公软件已经成为对各行各业从业人员使用计算机的基本要求。而目前职业院校相关课程教学的主要问题是与实际应用脱节。

　　本书的作者长期从事计算机一线教学工作，有着丰富的教学经验。为了体现职业教育的特色，作者对本书的写作方式进行了全新的设计。本书以培养能力为目标，本着"实践性与应用性相结合"、"课内与课外相结合"、"学生与企业、社会相结合"的原则，以工作部门分篇，将实际操作案例引入教学，思路清晰，结构新颖，应用性强。

　　本书通过案例的形式，对 Office 2003 中的 Word、Excel、PowerPoint 和 Outlook 等软件的使用进行了详细的讲解。通过对本书的学习和练习，可以提高读者对办公软件的应用能力。

　　全书共分为 5 篇，从一个公司具有代表性的工作部门出发，根据各部门的实际工作，选择了大量日常工作中实用的商务办公文档。第 1 篇为行政篇，讲解了制作年度计划、发文单、公司简报、客户信函、管理邮件等与公司的行政部门或办公室相关的典型案例；第 2 篇为人力资源篇，讲解了制作公司组织结构图、个人简历、劳动合同、培训讲义、员工人事档案和工资管理表等人事部门的典型案例；第 3 篇为市场篇，讲解了制作投标书、产品目录和价格表、销售统计分析、产品行业推广方案等销售部门的典型案例；第 4 篇为物流篇，讲解了公司库存表的规范设计、产品生产成本预算表设计和出入库数据的分析透视；第 5 篇为财务篇，通过工资表、资产负债表及公司贷款和预算表的设计，讲解了 Office 软件在财务管理中的深入应用。

　　本书的每个案例都采用"【案例分析】→【解决方案】→【拓展案例】→【拓展训练】→【案例小结】"的结构。其中，【案例分析】简明扼要地分析了案例的背景资料和要做的工作；【解决方案】给出实现案例的详尽操作步骤，其间有提示和小知识来帮助理解；【拓展案例】让读者自行完成举一反三的案例，加强对知识和技能的理解；【拓展训练】补充或强化主案例中的知识和技能，读者可以选择性地进行练习；【案例小结】对案例中的所有知识和技能进行归纳和总结。

　　此外，本书的每个案例后都有一个"学习总结"表，可以供读者将每个案例操作过程中的心得体会总结下来。最后，附录中提供了很多常用的 Office 操作技巧，可提高软件使用的效率，读者可根据需要随时查阅。同时，本书还提供了书中所有案例的素材，读者可登录 http://www.ptpress.com.cn/进行下载。

　　本书由赖利君、黄学军任主编，刘小平、李冰任副主编，参与本书编写的还有孙蓉、严珩、赵守利、薛婷婷、帅燕、刘磊等。本书在编写过程中得到学校领导和老师的支持，在此表示衷心的感谢！在本书的编写过程中，参考了相关文献资料，在此向这些文献资料的作者深表感谢。

　　由于编者水平有限，书中难免有疏漏之处，恳请广大读者提出宝贵意见！

编　者

2010 年 2 月

目 录

第1篇

行政篇

本篇从公司行政部门的角度出发，选择了一些具有代表性的商务办公文档，以实例的方式对 Word 2003 中文档的"创建"、"编辑"、"页面设置"、"格式化"，"图形"和"图片"的处理，Word 表格的"创建"、"编辑"和"格式化"的处理，"邮件合并"文档的处理以及 Outlook 2003 的邮件管理等内容进行讲解、巩固和加强，从而提高读者对办公软件的应用能力。

学习目标

1. 利用 Word 2003 对文档进行"创建"、"保存"和"编辑"。

2. 对 Word 2003 文档的"页面"进行"设置"、"格式化"。

3. 对 Word 2003 文档中的"图形"、"图片"及"图示"进行相应的处理。

4. 在 Word 2003 文档中进行表格的"创建"、"编辑"和"格式化"。

5. 在 Word 2003 中进行图文混排的处理。

6. 对 Word 2003 文档中的"邮件"进行"合并"及相关文档的处理。

7. 利用 Outlook 2003 进行邮件管理。

案例1 制作年度工作计划

【案例分析】

工作计划是对未来一定时期的工作或某项活动于事前作出筹划和安排的书面材料，是每个员工都必然会接触的工作文档。

工作计划应包括如下内容：（1）标题，简要说明该文档的内容；（2）正文，基本情况、任务、目的和要求、措施和方法步骤等；（3）落款，制订单位、日期等；（4）附件，如需补充文档，则可列出附件列表。

本案例利用 Word 来实现科源有限公司的年度工作计划的排版工作。

具体要求：（1）新建文档并合理保存；（2）页面设置，纸张为"A4"纸，页边距分别为上 2.5cm、下 2.4cm、左右均为 2cm；（3）录入年度工作计划文字；（4）美化修饰文档，将标题设为"宋体"、"四号字"、"加粗"、"居中对齐"，正文设为"宋体小四号字"、段落首行缩进 2 个字符、1.5 倍行距，正文的大标题设为"宋体小四"、"加粗"、"不缩进"，段前段后均为"自动"间距；（5）预览及打印文档，预览文档效果（见图 1.1），使用默认的打印机将该文档打印出来。

【解决方案】

（1）新建及保存文档。

① 启动 Word 2003，新建一份"空白文档"。

② 单击"文件"菜单中的"保存"命令，以"科源有限公司 2010 年度工作计划"为名，将该计划保存在"行政部/公司文档"文件夹中，"另存为"对话框如图 1.2 所示。

图 1.1 "科源有限公司 2010 年度工作计划"文档效果图

图 1.2 "另存为"对话框

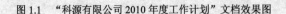

提示

① 保存文档时，通常单击"常用"工具栏上的"保存"按钮，更加快捷，按钮如图 1.3 所示。

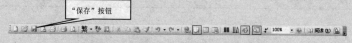

图 1.3 "常用"工具栏上的"保存"按钮

② 为了避免录入的文字丢失，保存操作可以在其后的编辑过程中随时进行，其快捷操作为【Ctrl】+【S】组合键。

小知识

为了避免操作过程中由于掉电或操作不当造成文字丢失，可以使用 Word 2003 的自动保存功能。使用"工具"菜单的"选项"命令，打开"选项"对话框，切换到其中的"保存"选项卡，设置合理的自动保存时间间隔即可，如图 1.4 所示。

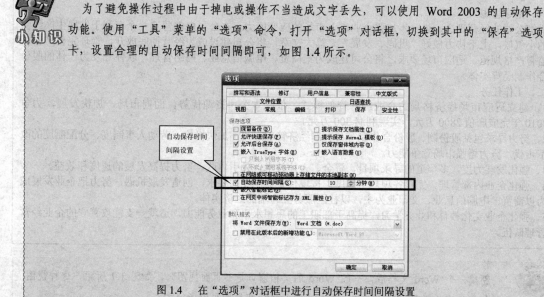

图 1.4 在"选项"对话框中进行自动保存时间间隔设置

（2）页面设置。

单击"文件"菜单中的"页面设置"命令，弹出"页面设置"对话框，在"页边距"选项卡中根据要求设置页边距，并将纸张方向设为"纵向"，如图 1.5 所示；在"纸张"选项卡中，选择纸张大小为"A4"，如图 1.6 所示。

图 1.5 "页面设置"对话框的"页边距"选项卡

图 1.6 "页面设置"对话框的"纸张"选项卡

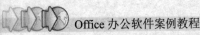

提示

　　设置页边距时，既可以单击页边距选项卡中的增减按钮调整页边距的值，也可以在设置页边距的文本框中直接输入所需的页边距的值。

（3）录入文字。

在文档中录入样式文 1.1 所示的文字内容。

样式文 1.1

科源有限公司 2010 年度工作计划

2010 年将会是我公司加速发展的关键年，为了壮大公司的经营实力，我公司董事会通过讨论制定如下经营方略：

一、指导思想

贯彻公司的经营理念，进一步加强企业进入市场的应变能力，在公司内部营造一个有利于发展生产经营的小气候，上下协力做好"巩固、发展"二篇大文章，将公司建设成为经营彻底放开、管理完善严密、监督严格规范、适应市场要求，将公司建成为集商贸、电脑信息业、网络管理、软件开发为一体的股份合作制经营实体。

二、工作任务

1、建立适应市场经济格局的企业经营管理模式，依托本公司资源优势，面向市场，加快发展，力争2010 年完成产值 2800 万元，实现利润 300 万元。

2、努力寻求包括股份制、股份合作制等公有制经济管理形式，加快机构、劳动人事制度、分配制度的改革步伐，努力增强市场竞争能力。

3、强化发展力度，多渠道的寻求项目、资金、人才技术，外引内联，努力提高发展的速度和效益。

4、强化企业内部管理，完善各项规章制度，按现代企业制度的要求，创造发展机遇，努力把企业发展成为以商贸、电脑信息业、文印业为主，以社区服务业为辅的经济实体。

5、强化企业文化教育和业务学习，提高干部职工的思想水平和业务能力，造就一支能攻善守的企业经营管理队伍。

提示

　　新建一个 Word 文档后，一般 Word 的文档窗口是"页面视图"，如图 1.7 所示，这种视图是与打印相应的纸张一致的视图，在其上进行编辑都是所见即所得的。

　　如果这时是其他视图，可使用"视图"菜单的"页面"命令 页面(P) 切换到页面视图来进行编辑。

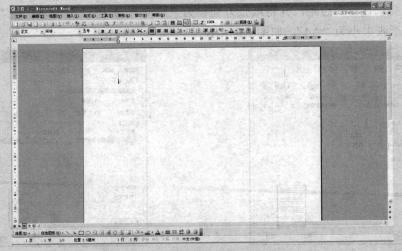

图 1.7 文档的"页面"视图

（4）美化修饰文档。

① 标题：选中标题"科源有限公司 2010 年度工作计划"，在"格式"工具栏上选择相应的字体和对齐设置按钮，如图 1.8 所示。

图 1.8 字体和对齐设置按钮

 设置字体格式还可以采用如下操作。

① 使用"格式"工具栏中的"字体"、"字号"、"字形"等按钮，如图 1.9 所示。

② 右击鼠标，从快捷菜单中选择"字体"，再在"字体"对话框中进行设置。

图 1.9 "字体"对话框

② 正文字体：选中正文部分所有文字，利用"格式"工具栏，选择"宋体"、"小四"，再选择"格式"菜单的"段落"命令，打开"段落"对话框，选择"特殊格式"为"首行缩进" 2 字符，"行距"选择"1.5 倍行距"，如图 1.10 所示。

 选择文字也可以用键盘的快捷键完成，如从正文第一段开始直到文章末尾，可以将鼠标定位于正文第一个字，使用【Ctrl】+【Shift】+【End】组合键实现。

③ 正文的大标题：按住【Ctrl】键，使用鼠标选中不连续的各个标题，统一设置字体为"宋体"、"小四"、"加粗"，并利用"段落"对话框，设置"缩进"中的特殊格式为"无"、段前和段后"间距"均为"自动"，如图 1.11 所示。

图 1.10 段落设置

图 1.11 大标题的段落设置

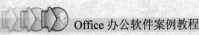
 ①设置多处不连续的文字为同一效果，除了上述的一次性选中不连续的多处文字统一设置之外，还可以先设置好一处效果，使用"常用"工具栏上的格式刷 按钮获得格式，在需要使用该格式处应用格式刷。

②选中了参考格式的文字后，单击一次格式刷按钮，则只能使用一次该格式，若双击格式刷按钮，则可在多处重复使用该格式，使用完成后再单击格式刷按钮即可回到正常编辑状态。

（5）预览及打印文档。

① 完成各部分的美化修饰后，使用"常用"工具栏上的"打印预览" 按钮来查看设置的效果，如图 1.12 所示。如果有不合适的地方，可以单击"关闭"按钮 关闭(C) 关闭预览状态，回到文档的"页面"对视图进行编辑修改。

② 利用放大镜工具 调整大小，以预览全文效果，如图 1.13 所示。

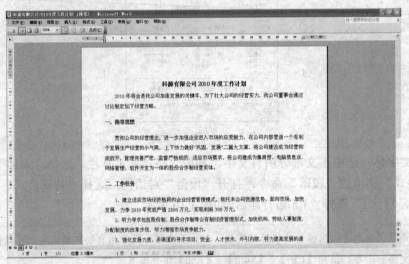

图 1.12　预览文档

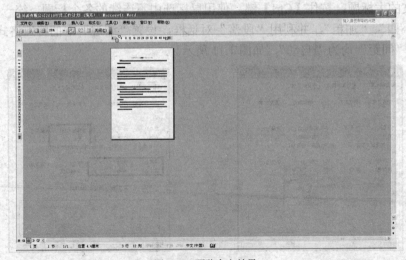

图 1.13　预览全文效果

① 如果觉得文档默认和使用放大镜的比例大小都不太合适，还可以调整"显示比例"以选取最合适的大小来预览效果，如图 1.14 所示为选择 50%的比例大小来预览文档。

② 此外，还可单击单页预览 ▣ 和多页预览 ▦ 按钮来选择一页或同时预览多页。

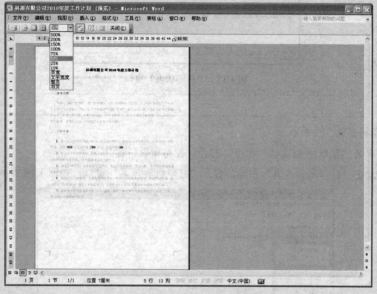

图 1.14　选择 50%的比例来预览文档

③ 如果打印机早已安装好，则可以直接使用"常用"工具栏上的"打印" ▤ 按钮实现打印。

① 如果需要对打印机进行设置或者只打印部分页面，则需要使用"文件"菜单的"打印"命令，如图 1.15 所示，在弹出的"打印"对话框中进行设置后单击"确定" 按钮来打印，如图 1.16 所示。

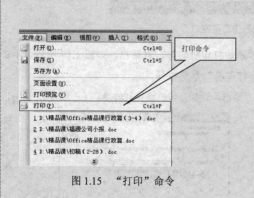

图 1.15　"打印"命令

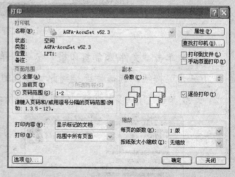

图 1.16　"打印"设置

② 打印设置较为常用的有打印机的选择、手动双面打印、打印页面范围选择、打印份数、缩放等。

③ 如果尚未安装打印机，或者打印机为多个，则需要做相应设置添加或者选择打印机方可

实现文档的正确打印。

④ 如果打印机在打印中出现问题，则在任务栏的右下角会出现打印错误 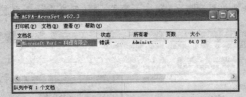 提示，双击该按钮打开打印机状态窗口，在其中可查看、取消或删除打印任务，如图 1.17 所示。

图 1.17　"打印状态"窗口

打印机安装方法如下。

① 单击"开始/控制面板"命令，打开"控制面板"窗口。

② 双击"打印机和传真"图标，打开"打印机和传真"窗口，如图 1.18 所示。

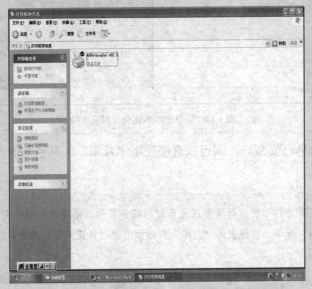

图 1.18　打印机和传真机窗口

③ 单击"文件/添加打印机"命令，弹出"添加打印机向导"对话框，如图 1.19 所示，单击"下一步"按钮，选择"连接到此计算机的本地打印机"单选按钮。

④ 单击"下一步"按钮，弹出图 1.20 所示的对话框，选择打印机连接到的接口（一般为 LPT1）；

图 1.19　添加打印机向导—选择本地打印机

图 1.20　添加打印机向导—选择端口

⑤ 单击"下一步"按钮,弹出图1.21所示的对话框,选择打印机的生产厂商和型号,如果使用随打印机带来的驱动程序盘,则按"从磁盘安装"按钮。

⑥ 单击"下一步"按钮,系统即开始安装打印机驱动程序。

⑦ 之后,添加打印机向导会让用户选择"是否希望将这台打印机设为默认打印机",选择"是"单选按钮,则设为默认打印机。在向导对话框中,用户还可以选择是否共享打印机。如果选择共享,则网络上的其他计算机也可以使用该打印机。

多个打印机时选择打印的方法如下。

当用户曾经设置过多个打印机,而默认打印机与当前正在使用的打印机不符时,使用打印命令会弹出如图1.22所示的提示,这就需要重新选择打印机了。

图1.21 添加打印机向导—选择打印机的厂商和型号　　图1.22 当前打印机无法打印的提示对话框

① 在图1.22所示对话框中单击"确定"按钮后,会弹出如图1.23所示的"打印设置"对话框,可在其中选择正确的打印机,并单击"设为默认打印机"按钮。

② 也可以单击"开始/打印机和传真"命令,打开"打印机和传真"窗口,可看到其中的多个打印机,如图1.24所示,在其中选择当前使用的打印机,右击并在弹出的快捷菜单中选择"设为默认打印机"命令,即可将这个打印机设置为默认的打印机。

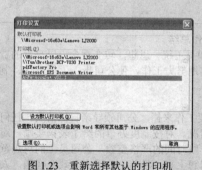

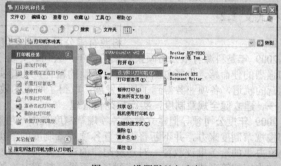

图1.23 重新选择默认的打印机　　　　　　图1.24 设置默认打印机

(6)关闭文档。

完成后,使用"保存"命令,或【Ctrl】+【S】组合键,再次确认保存文档或对文档所做的修改,然后关闭文档。

【拓展案例】

1. 会议记录

会议记录是在比较重要的会议上,由专人当场把会议的基本情况记录下来的第一手书面材料。会议记录是会议文件和其他公文形成的基础。会议记录应包括如下内容：（1）会议名称要写明召开会议的机关或组织、会议的年度时间或届次、会议内容摘要等；（2）会议时间；（3）会议地点；（4）出席人；（5）列席人；（6）主持人；（7）记录人；（8）议项；（9）会议发言；（10）议决结果；（11）签名。会议记录效果如图1.25所示。

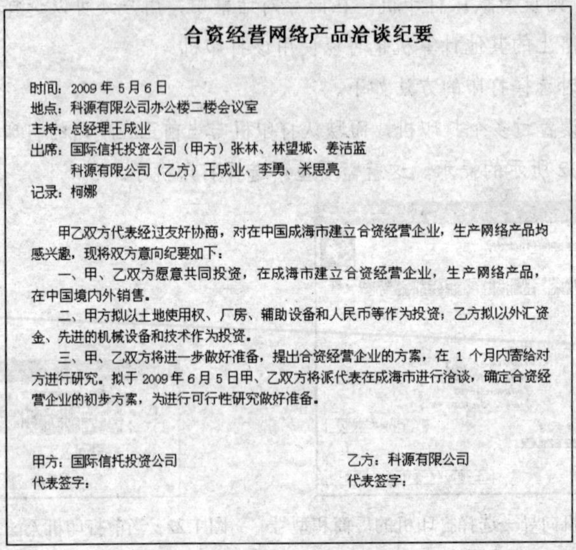

合资经营网络产品洽谈纪要

时间：2009年5月6日
地点：科源有限公司办公楼二楼会议室
主持：总经理王成业
出席：国际信托投资公司（甲方）张林、林望城、姜洁蓝
科源有限公司（乙方）王成业、李勇、米思亮
记录：柯娜

甲乙双方代表经过友好协商，对在中国成海市建立合资经营企业，生产网络产品均感兴趣，现将双方意向纪要如下：
一、甲、乙双方愿意共同投资，在成海市建立合资经营企业，生产网络产品，在中国境内外销售。
二、甲方拟以土地使用权、厂房、辅助设备和人民币等作为投资，乙方拟以外汇资金、先进的机械设备和技术作为投资。
三、甲、乙双方将进一步做好准备，提出合资经营企业的方案，在1个月内寄给对方进行研究。拟于2009年6月5日甲、乙双方将派代表在成海市进行洽谈，确定合资经营企业的初步方案，为进行可行性研究做好准备。

甲方：国际信托投资公司   乙方：科源有限公司
代表签字：   代表签字：

图1.25 会议记录效果图

2．公司年度工作总结

总结是对一定时期工作（实践活动）的全地回顾，并对其进行再认识的书面材料。总结应包括如下内容：（1）标题；（2）正文，包括基本情况、取得的成绩（可以分条写）、获得的经验、存在的问题等（3）今后方向（或意见）。效果如样式文1.2所示。

样式文1.2

科源有限公司2009年度工作总结

2009年是科源有限公司硕果累累的一年，公司领导班子和员工统一思想，转变观念，以高度的责任心和强烈的使命感，发扬创新、务实、奉献的精神，扎扎实实地努力工作，使公司步入了规范化、制度化运营的轨道，各项业务得到了长足发展，取得了明显的效益。

一、建立健全规章制度，实行规范化管理

2009年度公司领导把建立健全各项规章制度当作一项重要工作来抓，公司领导亲自抓落实，任何事情都按规章制度来办，并不断督促检查各项规章制度的落实情况。对按制度办事的给予表扬奖励，对不按制度办事的给予批评教育，对违反纪律的进行处罚。经过一段时间的严格整顿，公司员工的思想意识已从过去旧的管理模式，逐渐统一到有章可循、按章办事的思想上来。目前，公司上下政令畅通，人心稳定，员工精神面貌焕然一新，一种规范化、制度化管理的现代企业管理模式已在公司初显雏形。

二、较好地完成了今年的各项经济任务

根据年初各项工作任务指标，行政部、财务部、人力资源部、物流部、生产管理部等完成了全年的任务；截至12月底，公司各部门完成的工作任务情况如下：

1．行政部完成全公司的各项行政管理工作；

2．财务部对全年全公司的财务收支和营销工作作好统筹和分配工作；

3．生产管理部完成全年2 000万的产值，创利润260万元；

4．物流部完成全年400万的产值，创利润20万元；

5．人力资源部除完成了人事制度改革外，还大力引入技术型人才，进一步增强了我公司的生产、竞争实力。

三、公开向社会承诺，提高服务质量，树立了公司新形象

服务的好坏直接关系到公司的整体形象。公司成立后，为树立公司新形象，要求全体员工严格遵守服务标准，热情为客户服务。即工作时要着装整齐、挂牌上岗，待人接物要热情，要讲文明礼貌；不许与客户争吵，不许损坏客户的物品。为方便客户，星期六仍照常上班。

四、存在的困难和问题

1．公司员工素质参差不齐。

2．由于公司成立的时间较短，与社会各界的沟通、协调力度需要进一步加强。

科源有限公司

2009 年 12 月 20 日

【拓展训练】

利用 Word 2003 制作一份公司年度宣传计划，效果如图 1.26 所示。

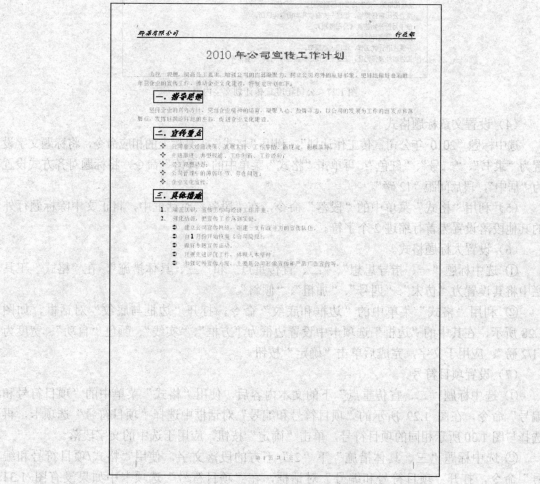

图 1.26 公司年度宣传计划效果图

操作步骤如下。

（1）启动 Word 2003，新建一份空白文档，以"2010 年公司宣传工作计划"为名保存至 E 盘的"公司文档"文件夹中。

（2）选中"文件"菜单中的"页面设置"命令，在"页面设置"对话框中，将纸张设为

“A4”，页边距分别设置为上 2cm、下 2cm、左 1.8cm、右 1.8cm。

（3）按照图 1.27 所示录入文字。

2010 年公司宣传工作计划

为统一思想，提高员工素质，增强公司的内部凝聚力，树立公司对外的良好形象，更好地做好在新的一年里企业的宣传工作，推动企业文化建设，特制定计划如下：

一、指导思想

坚持企业的兴办方针，突出企业精神的培育，凝聚人心、鼓舞斗志，以公司的发展为工作的出发点和落脚点，发挥好舆论阵地的左右，促进企业文化建设。

二、宣传重点

公司重大经营决策、发展大计、工作举措、新规定、新政策等。

先进事迹、典型报道、工作创新、工作经验；

员工思想动态；

公司管理中的薄弱环节、存在问题；

企业文化宣传。

三、具体措施

1.端正认识，宣传工作与经济工作并重。

2.强化措施，把宣传工作落到实处。

建立公司宣传网络，组建一支有战斗力的宣传队伍。

自 1 月份开始恢复《公司简报》。

做好专题宣传活动。

开展先进评优工作，体现人本精神。

加强对外宣传力度，主要是公司形象宣传和产品广告宣传等。

图 1.27　公司年度宣传计划文字内容

（4）设置文章标题格式。

选中标题“2010 年公司宣传工作计划”，利用“格式”工具栏上的相应命令，将标题文字设置为“隶书”、“二号”、“红色”；再单击“格式”菜单中的“段落”命令，将标题对齐方式设置为“居中”，段后间距“12 磅”。

（5）利用“格式”菜单中的“段落”命令，在“段落”对话框中，将正文中除标题行外的其他段落设置为首行缩进 2 个字符。

（6）设置大标题格式。

① 选中标题“一、指导思想”、“二、宣传重点”和“三、具体措施”，在“格式”工具栏中将其设置为“仿宋”、“四号”、“加粗”、“倾斜”。

② 利用“格式”菜单中的“边框和底纹”命令，打开“边框与底纹”对话框，如图 1.28 所示，在其中的“边框”选项卡中设置边框为“方框”、“实线”、颜色“自动”、宽度为“1/2 磅”、应用于文字，完成后单击“确定”按钮。

（7）设置项目符号。

① 选中标题“二、宣传重点”下的文本内容后，使用“格式”菜单中的“项目符号和编号”命令，在图 1.29 所示的“项目符号和编号”对话框中选择“项目符号”选项卡，再选择与图 1.30 所示相同的项目符号，单击“确定”按钮，应用于选中的文字段落。

② 选中标题“三、具体措施”下“2.”下方的段落文字，使用“格式/项目符号和编号”命令，打开“项目符号和编号”对话框，在“项目符号”选项卡中如果没有图 1.31 所示的项目符号。这时可任意选择一种项目符号，单击“自定义”按钮，进入图 1.32 所示的“自定义项目符号列表”对话框，在其中选择项目符号字符，这里仍然没有列出需要的字符，故单击“字符”按钮，弹出“符号”对话框，在字体处选择类别“Wingdings”，再在下方列出的符号中选择需要的符号，如图 1.33 所示，单击“确定”按钮应用于所选段落。

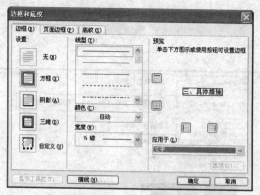

图1.28 在"边框与底纹"对话框中设置边框

图1.29 在"项目符号和编号"对话框中选择项目符号

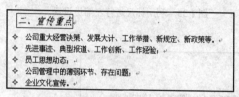

图1.30 为文本添加项目符号

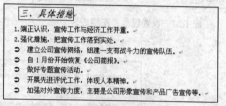

图1.31 为文本添加项目符号

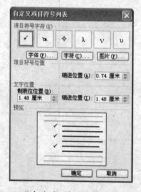

图1.32 "自定义项目符号列表"对话框

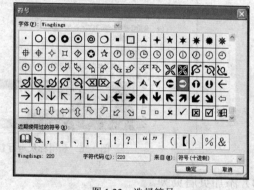

图1.33 选择符号

（8）增加段落的缩进量。

① 选中标题"二、宣传重点"下已加项目符号的段落，利用"格式"菜单中的"段落"命令打开"段落"对话框，设置这部分的段落"左缩进"为1.4cm，如图1.34所示。

② 选中标题"三、具体措施"下的"1"和"2"部分的文字，拖动标尺上的左缩进游标到合适的左缩进量，如图1.35所示。

③ 选中"2"下方进行了项目符号设置的段落，利用标尺拖动"首行缩进"游标到合适的位置以设置这些段落的首行缩进量，如图1.36所示。

（9）设置编号。

选中标题"三、具体措施"下方的两段文字，使用"格式"菜单中的"项目符号和编号"命令，切换到"编号"选项卡，选中需要的编号，如图1.37所示，确定后应用于所选段落。

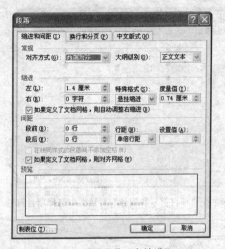

图 1.34　设置段落"左缩进"

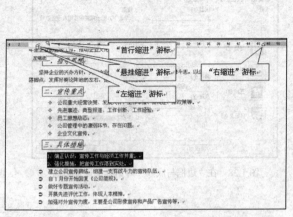

图 1.35　利用标尺进行左缩进设置

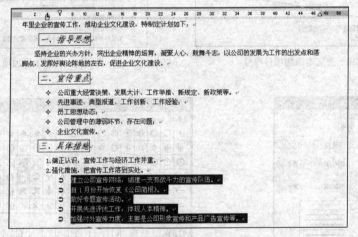

图 1.36　利用标尺进行首行缩进设置

（10）添加页眉页脚。

① 单击"视图"菜单中的"页眉和页脚"命令，弹出设置"页眉和页脚"的工具栏，如图 1.38 所示。

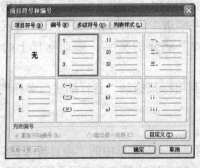

图 1.37　选择需要的编号

图 1.38　"页眉和页脚"工具栏

② 此时文档会切换到编辑页眉和页脚的视图，如图 1.39 所示，页眉处自动出现一条直线以与正文部分分隔，正文部分的文本会不可编辑，变成灰色。

图 1.39 编辑页眉和页脚的视图

③ 在"页眉"的左侧和右侧分别输入"科源有限公司"、"行政部"等字样，并选中这些文字，将其格式设为"楷体-GB2312"、"小四号"、"倾斜"、"深蓝色"，如图 1.40 所示。

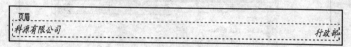

图 1.40 页眉编辑示例

① 页眉和页脚处的文字输入和编辑操作与正文部分是一样的。

② 若不需要页眉的分隔线，可选中页眉的段落后，使用"格式"菜单中的"边框和底纹"命令，打开"边框和底纹"对话框，在"边框"对话框中取消应用于段落的边框。

④ 单击"页眉和页脚"工具栏上的"在页眉和页脚间转换"按钮，切换到页脚编辑区，如图 1.41 所示，在"页眉和页脚"工具栏上单击"插入'自动图文集'"命令，在下拉列表中选择"第 X 页 共 Y 页"选项，则将自动插入有当前页码 X 和文档页数 Y 的文字，将字体设为"小五号"，居中对齐。

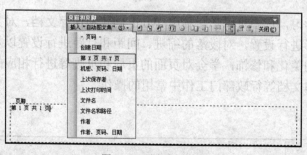

图 1.41 页脚编辑示例

① 在给文档添加"页眉和页脚"时，也可以在图 1.42 所示的页眉和页脚工具栏中，利用"自动图文集"、插入页码、插入页数、插入日期、插入时间等工具按钮，自动插入相应内容。

② "自动图文集"会根据当前文字的字体呈现不同的选择，若当前字体为中文字体，则会出现图 1.42 所示的选项，若为英文字体，则为图 1.43 所示的选项。

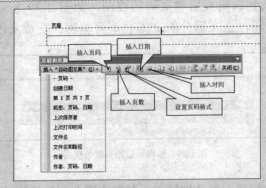

图1.42 添加"页眉和页脚"工具栏中的插入"自动图文集"

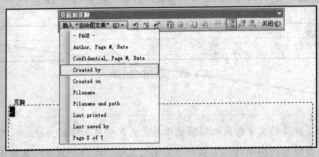

图1.43 英文字体时的"自动图文集"选项

⑤ 单击"页眉和页脚"工具栏上的"关闭"按钮，或在正文文字区双击鼠标，即可关闭页眉和页脚的编辑视图，回到正文编辑视图。

（11）预览文档，如有不合适处，则继续修改，当文档效果如图1.27所示时，可打印文档，完成所有操作后关闭文档。

【案例小结】

通过本案例的学习，读者可以学会利用 Word 创建和保存文档，对文档中字符的字体、颜色、大小以及字形进行设置，对段落的缩进、间距和行距进行设置以及利用项目符号和编号对段落进行相关的美化和修饰，学会对页面的页眉和页脚等进行相应的设置，以及打印机的安装、预览和打印文档等行政部门工作中常用的操作。

📖 学习总结

本案例所用软件	
案例中包含的知识和技能	
你已熟知或掌握的知识和技能	
你认为还有哪些知识或技能需要进行强化	
案例中可使用的Office技巧	
学习本案例之后的体会	

案例2 制作发文单

【案例分析】

发文和收文是机关或企事业单位行政部门工作中非常重要的一个环节，发文单用于对机关、企事业单位拟发文件进行记载。该案例主要涉及的知识点是表格的创建、表格格式的设置以及表格内容的录入和内容格式设置，制作好的发文单如样式表 1.1 所示。

样式表1.1

科源有限公司发文单

密级：

签发人：	规范审核	核稿人：
	经济审核	核稿人：
	法律审核	核稿人：
主办单位：	拟稿人	
	审 稿 人	
会签：	共打印　　份，其中文　　份；附件　　份	
	缓　急：	
标题：		
发文　　字[　]第　　号　　年　月　日		
附件：		
主送：		
抄报：		
抄送：		
抄发：		
打字：　　　　校对：　　　　　　监印：		
主题词：		

【解决方案】

（1）制作表格标题。

① 参照样式表 1.1 在 Word 中录入表格标题文字"科源有限公司发文单"。

② 将标题格式设置为"黑体"、"小二号"、"居中"。

（2）创建表格。

① 单击图 1.44 所示"表格"菜单中"插入"选项中的"表格"命令，打开图 1.45 所示的"插入表格"对话框。

② 在对话框中将列数设为 3 列、行数设为 16 行，建立一个 3 列 16 行的表格，如图 1.46 所示。

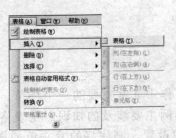

图 1.44 插入表格菜单

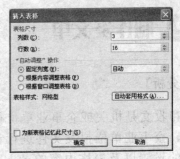

图 1.45 "插入表格"对话框

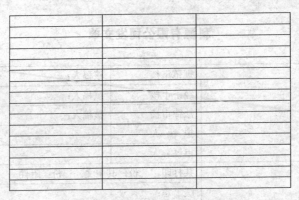

图 1.46 创建 3 列 16 行的表格

建立表格时，还可以单击图 1.47 所示的"表格和边框"工具栏上的"插入表格"按钮或者单击图 1.48 所示的常用工具栏上的"插入表格"按钮。

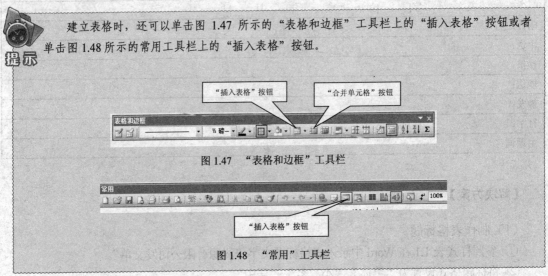

图 1.47 "表格和边框"工具栏

图 1.48 "常用"工具栏

（3）合并单元格。

将第 1 列前 3 个单元格选中，单击图 1.47 所示的"表格和边框"工具栏上的"合并单元格"按钮，将其合并为 1 个单元格，仿照样式表 1.1 将其余需要合并的单元格用相同的方法合并为一个单元格。

（4）录入并设置表格文字。

① 在各单元格中录入与样式表 1.1 相同的文字内容。

② 选中表格的文字内容，在"字体"对话框中或"格式"工具栏上将表格内的文字内容设置为"宋体"、"小四号"。

（5）设置单元格对齐方式。

① 选中第1列第1个单元格，单击"表格和边框"工具栏上的"对齐按钮"，将选中的内容设为中部两端对齐方式，如图1.49所示。

图1.49　"表格和边框"工具栏

② 表格其余单元格中内容的对齐方式参照样式表1.1进行。

　　要设置单元格格式，也可先选中要设置对齐方式的单元格，然后右击鼠标，从快捷菜单中选择"单元格对齐方式"，使用如图1.49所示的对齐方式按钮进行设置。

　　以上操作步骤（3）～步骤（5）也可以在如图1.50所示的"表格属性"对话框中完成。

（6）设置表格边框。

① 选中整个表格，单击"格式"菜单中的"边框和底纹"命令，打开图1.51所示的"边框和底纹"对话框。

图1.50　"表格属性"对话框

图1.51　"边框和底纹"对话框

② 分别将表格的内外框线分别设置为"3/4磅"和"1 1/2磅"，制作完毕的表格如样式表1.1所示。

（7）保存文件。单击"文件"菜单中的"保存"命令，以"科源公司发文单"为名保存此表格，保存时在图1.52所示的文件保存类型中将此表格保存为"文档模板"。

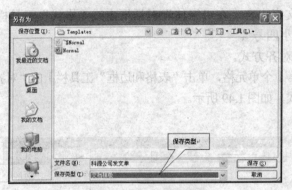

图1.52　保存文档模板

　模板是Office为我们提供的各种文档的比较固定的模式，这些模板可以在编辑文档时直接引用，为工作提供更多的方便。模板可以是Office中已有的，也可以自己添加。应用模板时，单击文件菜单中的新建命令，选择所需的模板即可。

【拓展案例】

制作文件传阅单

文件传阅分为分传、集中传阅、专传和设立阅文室。分传是按照一定的顺序，将文件分别传送有关领导人批阅；集中传阅是利用机关领导集中学习或开会的机会，将紧急而又简短的传阅件集中传阅；专传是专人传送给领导人审批；设立阅文室是由秘书工作人员管理，阅文人到阅文室阅读文件。文件传阅单是文件在传递过程中的记录单。

样式表1.2

来文单位		收文时间		文号		份数	
文件标题							
传阅时间	领导姓名		阅退时间		领导阅文批示		
备注							

【拓展训练】

建立一份收文登记表。

样式表1.3

收文日期		来文机关	来文原号	秘密性质	件数	文件标题或事由	编号	处理情况	归档号	备注
月	日									
收文机关：					收文人员签字：					

操作步骤如下。

（1）启动 Word 2003。

（2）设置页面。单击"文件"菜单中的"页面设置"命令，将页面的纸张方向设置为"横向"。

（3）创建表格。单击"常用"工具栏上的"插入表格"按钮，绘制一个 10 列 8 行的表格（表格行列数可根据需要增加）。

（4）合并单元格。选中第 2 列第 1、2 单元格，单击"表格和边框"工具栏上的合并单元格按钮，将它们合并成一个单元格，其余表头需合并的单元格用同样的方法合并。

（5）拆分单元格。

① 选中最后一行所有单元格。

② 单击"表格"菜单中的"合并单元格"命令，将选中的单元格合并成一个单元格。

③ 再单击"表格"菜单中的"拆分单元格"命令，将单元格折分成 2 列 1 行。

④ 类似地，将第 1 列 2～7 行单元格拆分成两列。

（6）根据样式表 1.3 在各个单元格中录入相应的文字。

（7）设置表格格式。

① 选中表格内容将文字格式设为"宋体"、"小四"。

② 将各单元格中的文字对齐方式设为中部居中（最后一行除外）。

③ 设置表格行高。单击"表格"菜单中的"表格属性"命令，打开"表格属性"对话框，选择"行"选项卡，指定行高为 0.6cm，如图 1.53 所示。

④ 设置表格边框。先选中表格，再单击"格式"菜单中的"边框和底纹"命令，在图 1.54 所示的"边框和底纹"对话框中，将表格的内部边框设为"1/2 磅"的单实线，外框设为宽度"1 1/2 磅"的单实线，再选中表格的最

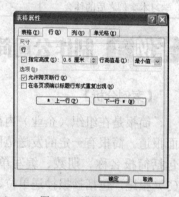

图 1.53　设置表格行高

后一行，如图 1.55 所示，将表格最后一行的上方线条的线型设为双实线，宽度"1/2 磅"。

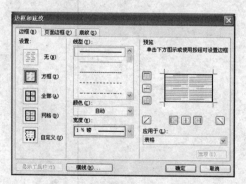

图 1.54　"边框和底纹"对话框 1

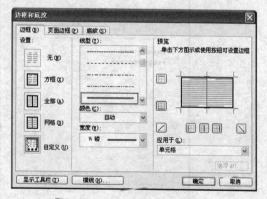

图 1.55　"边框和底纹"对话框 2

（8）绘制好的收文单如样式表 1.3 所示。

（9）将文件以"收文登记表"保存。

【案例小结】

本案例通过"公司发文单"、"文件传阅单"以及"收文登记表"等的制作，使读者学会如何创建表格，以及表格中单元格的合并、拆分等编辑操作，同时了解表格内文本的对齐设置。

📖 **学习总结**

本案例所用软件	
案例中包含的知识和技能	
你已熟知或掌握的知识和技能	
你认为还有哪些知识或技能需要进行强化	
案例中可使用的 Office 技巧	
学习本案例之后的体会	

案例3 制作公司简报

【案例分析】

简报是在组织（企业）内部编发的用来反映情况、沟通信息、交流经验、促进了解的书面报道。简报有一定的发送范围，起着"报告"的作用。简报应包括如下内容：（1）报头，包括简报名称、期数、编写单位、日期；（2）正文，包括标题、前言、主要内容、结尾；（3）报尾，包括抄报抄送单位、发送范围、印数等；（4）简报后可附附件。

完成后的简报效果图，如图1.56所示。

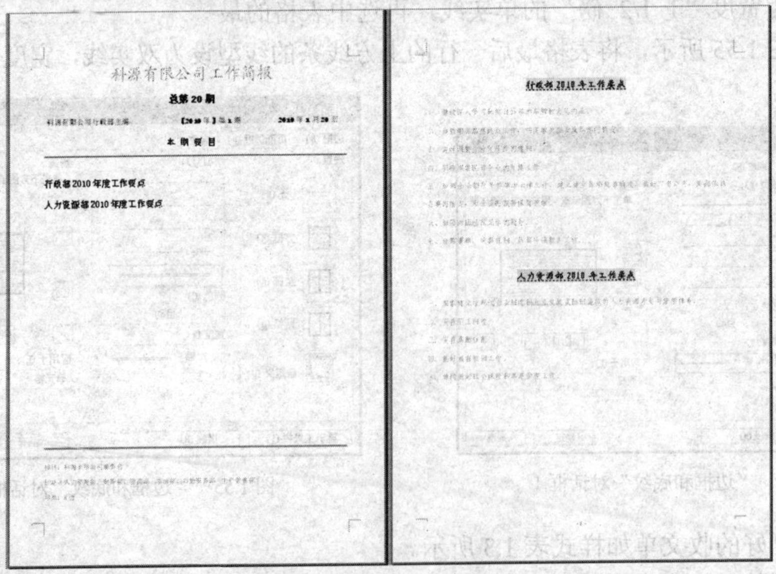

图1.56　公司简报效果图

【解决方案】

（1）利用 Word 2003 新建文档，并以"公司简报-20 期"为名保存至"公司文档"文件夹。

（2）录入如样式文 1.3 所示的文字。

样式文 1.3

科源有限公司工作简报
总第 20 期
科源有限公司行政部主编　　　　　【2010 年】第 1 期　　　　　2010 年 1 月 20 日
本 期 要 目
行政部 2010 年度工作要点
人力资源部 2010 年度工作要点
报送：科源有限公司董事会
抄送：人力资源部、财务部、物流部、市场部、后勤服务部、生产管理部
印数：8 份
人力资源部 2010 年工作要点
一、探索建立与现代企业制度和企业发展实际相适应的人力资源开发与管理体系。
二、完善用工制度。
三、完善薪酬分配。
四、抓好教育培训工作。
五、继续做好社会保险和离退休管理工作。

提示

① 在录入有顺序的编号段落时，Word 2003 办公软件通常会将其识别为自动编号，故进入下一段时，会自动延续这种编号风格，并增加数值，如图 1.57 所示。

图 1.57 自动编号

② 如果不需要自动编号，可以单击【Esc】按钮，或单击出现自动编号的文字左侧的"自动更正选项"按钮，在弹出的下拉列表中选择"撤消自动编号"选项，如图 1.58 所示。

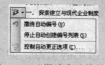

图 1.58 "撤消自动编号"

（3）页面设置。

将纸张大小设为"A4"、"纵向"，页边距分别为上 2.5cm、下 2.3cm、左 2cm、右 2cm。

（4）分页。

简报的封面和正文分别位于第一页和后面的页面，这里需要手工进行分页操作。将鼠标定位于正文文字部分（即"印数：8 份"之后）使用"插入"菜单中的"分隔符"命令，打开"分隔符"对话框，如图 1.59 所示，选择"分节符类型"中的"下一页"，将这些文字分页到下一个页面。

（5）制作简报封面。

① 将简报标题格式设为"华文行楷"、"一号"、"居中"，字体颜色为"红色"。

② 期数设为"宋体"、"三号"、"加粗"、"居中"。

③ 编写单位和编写日期设为"宋体"、"小四"、"加粗"、"居中"，段前段后的间距均为"0.5 行"。

图 1.59 "分隔符"对话框

④ 设置"本期要目"文字为"宋体"、"四号"、"居中"。

⑤ 在简报报尾文字前面插入适当的回车符，并将这 3 行文字设为"宋体五号字"、"1.5 倍行距"。

⑥ 利用 Word 提供的"绘图"工具栏中的"直线"按钮 ↘，在"本期要目"一行的下方绘制一条实线，之后，利用"绘图"工具栏中的"线型"设置按钮，将其设置为"1.5 磅"，如图 1.60 所示。

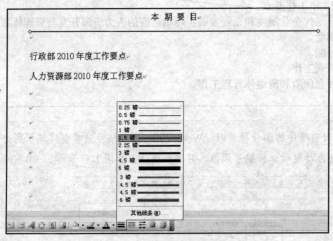

图 1.60 设置线条线型为 1.5 磅

> 在绘制线条时，Word 2003 办公软件会自动弹出一个画布，要取消"画布"，可以按【Esc】键退出画布，或者单击"工具"菜单中的"选项"命令，在"常规"选项卡中将"插入'自选图形'时自动创建绘图画布"前的选项框中的勾取消。

⑦ 复制一条直线，并将其移动至报尾的上方，如图 1.61 所示。

报送：科源有限公司董事会
抄送：人力资源部、财务部、物流部、市场部、后勤服务部、生产管理部
印数：8 份

图 1.61 复制并移动到报尾上方的直线

⑧ 预览页面的排版效果，如图 1.62 所示，如果版面不是十分合理，则可做一些调整以使最终的页面美观。完成后关闭预览状态，回到页面视图。

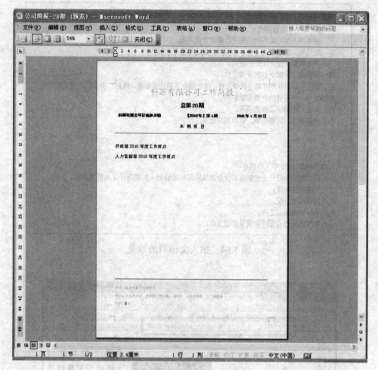

图1.62 预览封面的效果

（6）插入"行政部2010年工作要点"的文字。

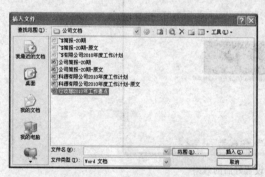

图1.63 在"插入文件"对话框中选择需要插入的文档

这里，我们假定事先已做好一份"行政部 2010 年工作要点"文档，现在只需将做好的文件插入到当前文档中。

① 鼠标插入到需要添加行政部内容的位置。

② 利用"插入"菜单的"文件"命令，打开图 1.63 所示的"插入文件"对话框，在其中选择"行政部 2010 年工作要点"文档，双击文档或单击对话框的"插入"按钮以确定插入该文档的内容。

③ 插入文档后的效果如图 1.64 所示。

（7）美化修饰简报正文。

① 设置两个正文标题格式。

按住【Ctrl】键，使用鼠标选中两个正文的标题文字"行政部2010年工作要点"和"人力资源部 2010 年工作要点"，设置字体为"楷体 GB-2312"、"小三"，在"下划线"按钮处选择"点式下划线"，选择"字符底纹"，段落对齐为"居中"；再利用"格式"菜单中的"段落"命令设置间距为段前"1.8 行"、段后"0.5 行"，段落行距为"1.5 倍"。设置完成后可看到"格式"工具栏上的相应按钮均为凹陷状态，如图 1.65 所示。

行政部 2010 年工作要点
一、继续深入学习和探讨公司的品牌和文化内涵。
二、加强职工思想政治工作，切实维护企业及各部门稳定。
三、适时调整企业党组织的建制。
四、积极探索民营企业的党建工作。
五、加强企业领导干部廉洁自律工作，建立健全各项规章制度，搞好厂务公开，提高依法办事的能力，为企业的发展保驾护航。
六、加强对团组织工作的领导。
七、统筹兼顾，完善机制，认真完成相关工作。

人力资源部 2010 年工作要点
一．探索建立与现代企业制度和企业发展实际相适应的人力资源开发与管理体系。
二．完善用工制度。
三．完善薪酬分配。
四．抓好教育培训工作。
五．继续做好社会保险和离退管理工作。

图 1.64　插入文档后的效果

设置了效果的"格式"工具栏上的相应按钮

图 1.65　正文标题设置好后的效果

提示　　在设置距离、粗细等使用磅值或数字的单位的具体值时，既可以通过微调按钮实现上调下调，也可以自行输入设置的数值，如上述的"1.8 行"段前间距。

② 正文其他文字设置。

选中正文其他文字，设置字体为"仿宋"、"12 磅"，并在"格式"工具栏的"字体颜色"按钮处选择"深蓝"色；再利用"格式"菜单中的"段落"命令，设置行距为"固定值"、"28磅"，设置好的效果如图 1.66 所示。

（8）添加页码。

① 利用"文件"菜单的"页面设置"命令打开"页面设置"对话框，切换到"版式"

选项卡，在其中的"页眉和页脚"处选择"首页不同"效果，如图 1.67 所示。

②　将鼠标定位于正文文字（即非首页）任意处，利用"插入"菜单的"页码"命令，打开"页码"对话框，设置要添加的页码位置在"页面底端"，对齐方式为"居中"，如图 1.68 所示。

③　单击该对话框中的"格式"按钮，可弹出如图 1.69 所示的"页码格式"对话框，在其中可以设置页码数字的格式，这里选择带横线的页码，页码编排处选择本节的起始页码为"1"，选好后单击"确定"回到"页码"对话框，再单击"确定"按钮使设置应用于文档正文，效果如图 1.70 所示。

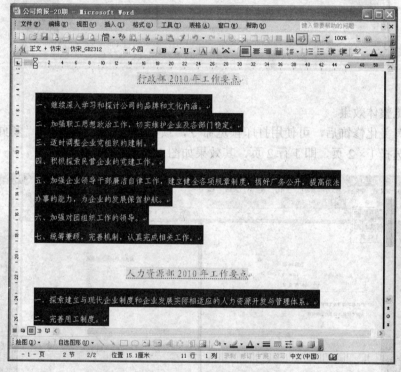

图 1.66　正文文字设置的效果

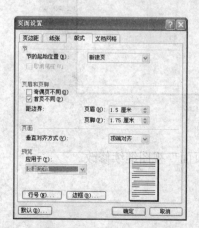

图 1.67　设置文档"首页不同"的页眉和页脚

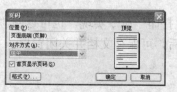

图 1.68　"页码"对话框中的设置

图 1.69　"页码格式"对话框

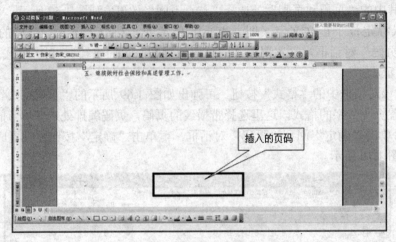

图 1.70　插入的页码

（9）预览整体效果。

完成所有美化修饰后，可使用打印预览命令，预览文档效果，并利用"多页"命令按钮用鼠标拖动选择 1×2 页，即 1 行 2 页，其效果如图 1.71 所示。

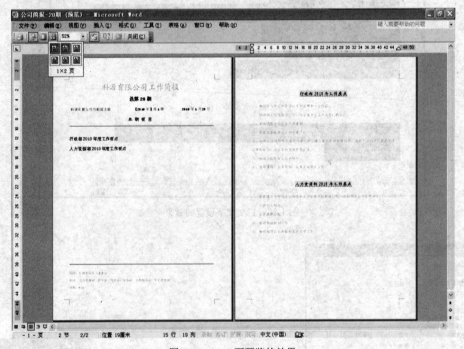

图 1.71　1×2 页预览的效果

如需打印，可使用"打印"命令实现，也可返回"页面"视图继续修改。

（10）所有工作完成后，可保存文档并关闭窗口。

【拓展案例】

制作如图 1.72 所示的企业成立公告。

科源有限公司成立

公　告

　　科源有限公司，于 2009 年 3 月 2 日，经成都市工商行政管理局批准注册登记，并颁发成都市工商营业执照。即日起，我公司宣布正式成立。公司董事长王成业，法定地址：成都市人民南路 1 号。公司注册经营范围：生产、加工、销售 IT 类产品。营业期限：自二〇〇九年三月二日至二〇一二年三月二日。

　　在这里，公司全体人员感谢成都市人民政府的大力支持！

　　特此公告！

科源有限公司

二〇〇九年三月三日

图 1.72　企业成立公告效果图

小知识

　　图章的制作采用自选图形与艺术字相结合的方法，操作步骤如下。

　　① 单击"绘图"工具栏中的"椭圆"按钮，画一个圆，将该圆的线条颜色设为"红色"，填充颜色设为"无色"，线条粗细设为"2.25 磅"。

　　② 单击"绘图"工具栏中的自选图形，选择"五角星"，画一个三角星，将星形的填充颜色设为"红色"，线条颜色设为"无色"，将星形移到圆的正中。

　　③ 插入艺术字"科源有限公司"，将艺术字的"填充颜色"和"线条颜色"设为"红色"，利用艺术字工具栏将艺术字的形状设为"细上弯弧"后，调整艺术字的大小并置于圆中的合适位置。

　　④ 选中以上的圆、艺术字和星形图形，单击"绘图"工具栏中的组合按钮将三者组合为一个整体即可。

【拓展训练】

1. 根据图 1.73 所示的效果图制作一份科源有限公司一周年庆小报

图 1.73　科源有限公司一周年庆小报

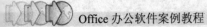

该案例为制作科源有限公司一周年庆小报，涉及的知识主要有艺术字的设置、段落的分栏设置、首字下沉、文本框的操作、图片的设置等。

操作步骤如下。

（1）新建文件并保存。

（2）根据小报需要的版面大小设置页面。

① 纸张大小为"A4"、方向为"横向"，页边距为左右2.5cm、上下2.3cm。

② 在"页面设置"对话框的"版式"选项卡中，设置页眉和页脚分别距纸张的边界1.2cm和1cm，如图1.74所示。

图1.74 设置"版式"对话框

（3）根据样式文1.4录入相应的文字。

样式文1.4

科源有限公司创办一周年以来，在广大员工的精心呵护下，正越来越兴旺地发展起来。一周年，是蓬勃向上的年龄，是茁壮成长前途无量的年龄，也是走向成熟发展的年龄。越过曲曲折折沟沟坎坎的困难时期，凭风华正茂的年龄，凭公司各级领导的正确决策，凭公司领导积累的成熟经验和认真负责的精神，再加上我们吃苦耐劳的精神，任何摆在我们面前的困难都将被我们战胜。

目前公司形势大好，任务比较饱满，在当今竞争激烈的形势下，我们公司有今天的氛围，也说明了公司的领导集体精力充沛，能把握住形势，拓展未来。在公司条件和环境相当艰苦的情况下，能够战胜困难，发展到今天这个地步，实属不易，这充分体现了我们公司领导集体的聪明智慧，我们公司领导是有战斗力的，我们广大员工是有信心的。

放眼当前，我们公司领导比任何时候都切合实际，更加务实。随着形势的好转，公司领导越来越注重人性化管理。我们现在有这样的公司领导，有现在公司来之不易的大好形势，我们要珍惜今天，放眼明天，公司上下团结一致，同舟共济，把公司建设得更美好。美好的曙光就在前面。最后，在公司成立一周年之际，祝公司兴旺发达。

（4）制作小报标题。

① 单击"插入"菜单"图片"选项中的"艺术字"命令，弹出图1.75所示的"艺术字库"对话框。

② 选择需要的艺术字样式后单击"确定"按钮，弹出图1.76所示的"编辑'艺术字'文字"对话框，在对话框中输入标题文字，并进行字体、字号等设置（如需修改艺术字文字时，双击艺术字，将弹出同样的对话框，在对话框中修改文字即可）。

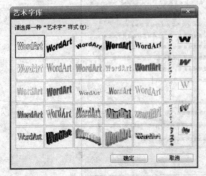

图1.75 "艺术字库"对话框

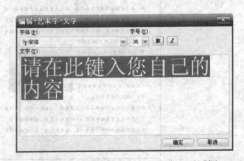

图1.76 "编辑'艺术字'文字"对话框

③ 选中艺术字，右击并在弹出的快捷菜单中选择"设置艺术字格式"命令，切换到"版式"选项卡，选择需要设置的环绕方式，如图 1.77 所示。再单击"高级"按钮，打开"高级版式"对话框，在其中选择"上下型"，并设置下方距正文 0.3cm，如图 1.78 所示，单击"确定"按钮。

图 1.77　在"设置艺术字格式"对话框中对版式进行设置

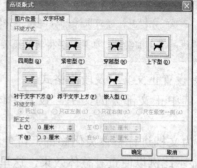

图 1.78　"高级版式"对话框

提示

　　①设置艺术字格式，也可以在"格式"菜单中找到相应命令。

　　②在版式设置中设置环绕方式，就是设置对象位于文字中时，对象与文字的关系，如设置为四周型，则对象的四周会环绕文字。

（5）对正文进行分栏设置。

先在正文最后增加一个空白段落，选中除该段之外的所有正文文字，使用"格式"菜单中的"分栏"命令，弹出图 1.79 所示的"分栏"对话框，选择栏数为"两栏"，设置"栏宽相等"，应用于"所选文字"，单击"确定"按钮，获得的分栏效果如图 1.80 所示。

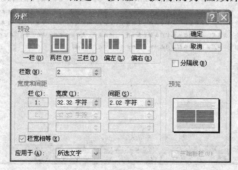

图 1.79　在"分栏"对话框中设置栏宽相等的两栏

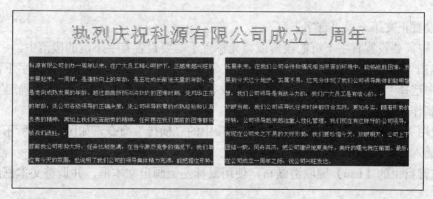

图 1.80　分两栏的正文文字

① 分栏时，除了对话框中列出的一栏、两栏、三栏、偏左和偏右的预设效果之外，其实是可以分更多栏的，这取决于纸张宽度、边距、各栏的栏宽和间距的数值，只要纸张中正文的宽度够大，就可以在其中进行更多栏数的分栏。

② 分栏时，还可以添加分隔线，只需在"分栏"对话框的"分隔线"处打勾即可，但默认的分隔线是黑色细实线，如果需要将其他线条作为分隔线，就只能自己添加自绘图形中的相应线条了。

（6）设置正文文字及段落格式。

① 选中正文部分的文字，设置字体为"华文行楷"、"小四"，段落首行缩进"2 字符"。

② 为文档进行整体美化修饰，可使用"常用"工具栏上的"显示比例"命令，选择比较小的显示比例以便查看整体效果，这里选择 75%的比例后，窗口如图 1.81 所示。

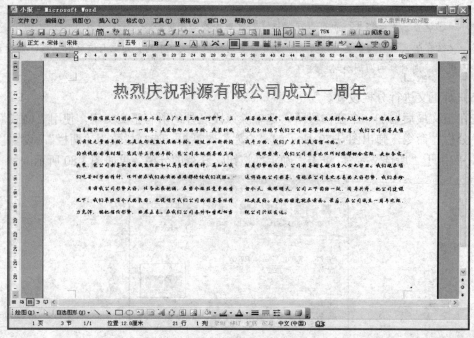

图 1.81　选择显示比例为 75%的效果

（7）设置正文第一段"首字下沉"。

① 选中需要设置首字下沉的段落或将光标置于需要设置首字下沉的段落中。

② 单击"格式"菜单中的"首字下沉"命令，弹出图 1.82 所示的"首字下沉"对话框，在其中选择"下沉"的方式，字体为"华文行楷"，下沉行数为"2"，单击"确定"按钮。

（8）制作文本框。

① 使用"插入"菜单中的"文本框"选项中的"横排"命令，如图 1.83 所示，在文档中会自动插入一个绘图画布，如图 1.84 所示。

② 按键盘上的【Esc】键取消画布，使用鼠标左键画出文本框，并调整文本框的大小和位置。

③ 在文本框中输入文字内容，如图 1.85 所示。

图 1.82 "首字下沉"对话框

图 1.83 插入"横排"文本框命令

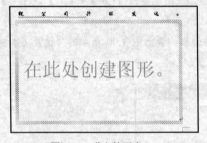

图 1.84 弹出的画布

图 1.85 在文本框中录入文字

④ 使用"格式"菜单中的"边框和底纹"命令，打开"边框和底纹"对话框，在其中设置应用于文字的边框为"方框"、"虚线"、"绿色"、"1 磅"，应用于段落的底纹为"灰色-10%"，如图 1.86 和图 1.87 所示。

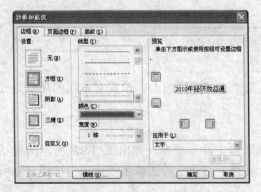

图 1.86 设置应用于文字的边框效果

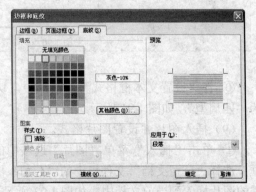

图 1.87 设置应用于段落的底纹效果

⑤ 完成后根据内容调整义本框的大小，并选中文本框边沿，修改文本框的边框为"蓝色"、"6 磅"线型，如图 1.88 和图 1.89 所示。

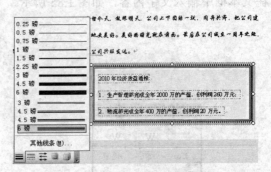

图 1.88　利用绘图工具栏设置"线条颜色"　　　　　图 1.89　利用绘图工具栏设置"线型"

提示

① 要调整文本框这类的图形对象的大小，可以先按住【Alt】键再使用鼠标拖动边沿，以实现微调。

② 需要调整图形对象的位置，则可选中对象外框，使用鼠标或【Ctrl】+【↑】、【↓】、【←】、【→】组合键实现位置的微调。

③ 对于文本框边框的设置，也可以双击文本框的边框，弹出图 1.90 所示的"设置文本框格式"对话框，在"线条与颜色"选项卡中进行相关设置。

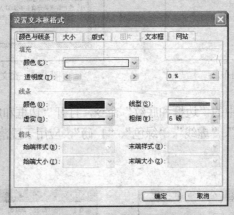

图 1.90　"设置文本框格式"对话框

⑥ 在"设置文本框格式"对话框中，切换到"版式"选项卡，设置文本框的环绕方式为"四周型"，如图 1.91 所示。

（9）插入图片并设置图片格式。

① 单击"插入"菜单"图片"选项中的"来自文件"命令，弹出图 1.92 所示的对话框，选择"公司文档"文件夹中的"公司"图片文件，双击文件或单击"插入"按钮，将所需的图片插入到当前文档中，如图 1.93 所示。

② 可以双击图片打开"设置图片格式"对话框，在其中对图片的颜色、大小和版式进行设置，这里设置高度为 4cm，锁定"纵横比"，自动获得宽度为 5.38cm，切换到"版式"选项卡，采用"紧密型"环绕方式，如图 1.94 和图 1.95 所示。

图 1.91　设置文本框为"四周型"环绕

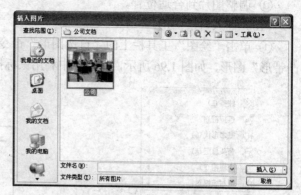

图 1.92　"插入图片"对话框

图 1.93　在当前文档中插入一幅图片

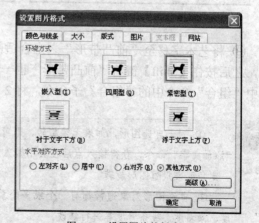

图 1.94　设置图片大小　　　　　　　　　图 1.95　设置图片的版式

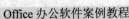
③ 调整图片到合适位置。

（10）插入自绘图形。

① 单击"绘图"工具栏上的"自选图形"命令，选择需要插入的"星与旗帜"类中"前凸带形"图形，如图1.96所示，在文档中利用鼠标拖出前凸带形的形状，如图1.97所示。

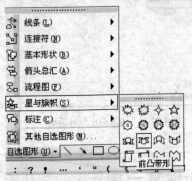

图1.96　插入"前凸带形"自选图形

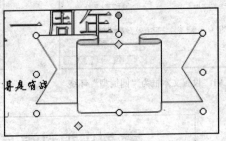

图1.97　利用鼠标绘制的前凸带形

② 插入艺术字，首先选中图1.98所示的艺术字样式，在图1.99所示的对话框中输入文字"keyuan"，并设置字体为"Harrington"、"24 磅"、"加粗"，利用"艺术字"工具条上的"文字环绕"按钮，设置环绕方式为"浮于文字上方"。

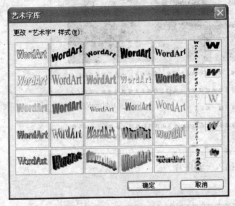

图1.98　选中艺术字的字库

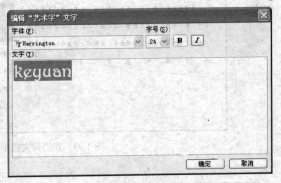

图1.99　设置艺术字文字格式

③ 将艺术字移至"前凸带形"之上合适的位置，调整"前凸带形"的大小以适应艺术字，之后按住【Shift】键将"前凸带形"也一起选中，单击鼠标右键，在弹出的快捷菜单中选中"组合"命令中的"组合"子命令，将2个对象组合成1个。

提示

① 对于自选图形，如果无须旋转，则可以在选中该对象时，右击鼠标并在快捷菜单中选择"添加文字"命令，获得输入点后在其中输入文字，并做字体设置即可。这样添加的文字无法以一定角度来跟随图形旋转。

② 自选图形对象通常都有一个或多个黄色的调整手柄，可以利用它们对图形的角度、深度、倾斜度、线条弯度等进行修改。

④ 选中组合好的对象，右击并选择"设置对象格式"命令，在弹出的"设置对象格式"对话框中设置该对象的环绕方式为"紧密型"。

⑤ 利用图形的绿色旋转手柄，将图形旋转一定的角度，效果如图 1.100 所示。

（11）预览效果，会发现有部分文字掉到第二页去了，如图 1.101 所示，这时就需要重新调整各对象的位置和文字的行距。

图 1.100　旋转图形至合适的角度

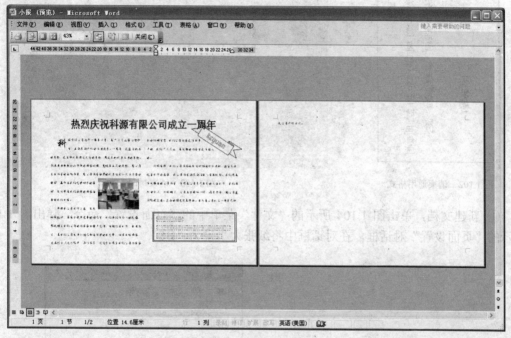

图 1.101　预览文档效果

① 将各个对象的位置移至合适处。

② 重新选中正文文字，调整段落行距为固定值"26 磅"。

③ 结合预览，逐步完成所有对象的调整，最终获得图 1.73 所示的效果。

　　　设置行距时，可以使用多倍行距，也可以使用固定值，但是在多倍行距不起作用时，就只能通过固定磅值的方式来进行设置了。

提示

（12）制作完成后，再次保存文档，关闭文档窗口。

2．制作一份科源有限公司的订货会请柬，并将请柬保存为模板

请柬，也叫请帖，是为邀请客人而发出的专用通知书。使用请柬，既表示主人对事物的郑重态度，也表明主人对客人的尊敬，拉近主客间的关系，还可使客人欣然接受邀请。请柬按内容分，有喜庆请柬和会议请柬。会议请柬格式与喜庆请柬大致相同，也由标题、正文、落款 3 部分组成：（1）标题写上"请柬"二字；（2）正文写明被邀人与活动内容，如纪念

会、联欢会、订货会、展销会等，不仅要写明活动的时间和地点，还要写上"敬请光临"等；（3）落款写上发出请柬的个人或单位名称和日期，通用格式如图 1.102 所示。本案例涉及艺术字、文本框以及自选图形等知识点的综合运用。

操作步骤如下。

（1）制作图 1.103 所示的请柬封面，操作过程如下。

图 1.102　请柬通用格式

图 1.103　请柬封面

① 新建文档，单击图 1.104 所示的"文件"菜单中的"页面设置"命令，弹出图 1.105 所示的"页面设置"对话框，在对话框中将纸张大小设为"B5"。

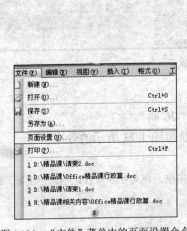

图 1.104　"文件"菜单中的页面设置命令

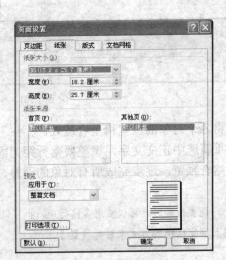

图 1.105　"页面设置"对话框

② 插入一个矩形自选图形，如图 1.106 所示，将鼠标置于矩形的右下角，拖动矩形大小控制按钮，将矩形的大小调整为"B5"纸张大小。

③ 双击矩形自选图形，在图 1.107 所示的"设置对象格式"对话框中，单击"颜色与线条"选项卡，将填充颜色设为"红色"，将线条设为"无线条颜色"，即将请柬封面底色设为"红色"。

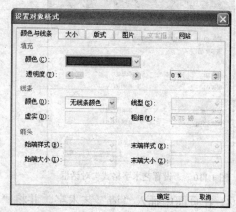

图 1.107　"设置对象格式"对话框

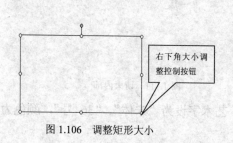

图 1.106　调整矩形大小

④　单击"插入"菜单"图片"选项中的"剪贴画"命令，在请柬封面中插入图 1.108 和图 1.109 所示的剪贴画，并参照图 1.103 调整剪贴画的大小和位置。

图 1.108　剪贴画 1

图 1.109　剪贴画 2

⑤　单击"插入"菜单"图片"选项中的"艺术字"命令，插入艺术字"邀"；右击艺术字，在弹出的快捷菜单中选择设置艺术字格式命令，在图 1.110 所示的对话框中，将该艺术字设为"隶书"、"54 号"，颜色为"褐色"。

⑥　调整艺术字"邀"的位置，使其位于图 1.103 所示的剪贴画之上，并将剪贴画与艺术字进行组合，也可将封面中所有的图形对象进行组合，形成一个整体。

⑦　至此，请柬的封面制作完毕，效果如图 1.103 所示。

> **小知识**　在文档的图形处理过程中，当有多个图形（包括图片、自选图形、艺术字、文本框等）时，可将这些图形进行组合，形成一个整体，以防止各图形的移位。操作方法为：选中需要组合的图形，单击"绘图"工具栏中的"绘图"按钮，选择"组合"命令。

（2）制作请柬内部，操作过程如下。

①　请柬内部效果图，如图 1.111 所示。

②　在文档中插入分页符，在第二页中制作请柬内容。

③　绘制一黄色矩形，作为请柬内部背景。

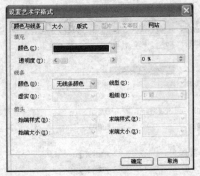

图 1.110 "设置艺术字格式"对话框

图 1.111 请柬内部

④ 在页面中插入"请"艺术字，并将"请"艺术字设为"宋体"、"36 号"，颜色为"黄色"，线条为"红色"。

⑤ 如图 1.112 所示，单击"插入"菜单 "文本框"选项中的"竖排"命令，在黄色矩形上方插入一个文本框，并在文本框中输入图 1.102 所示的文字。

⑥ 双击文本框，在图 1.113 所示的"设置文本框格式"对话框中，将文本框填充和线条均设为"无色"。

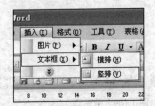

图 1.112 插入文本框菜单

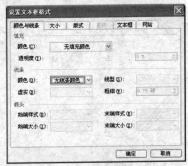

图 1.113 "设置文本框格式"对话框

【案例小结】

本案例通过运用 Word 制作公司简报、企业成立公告、请柬以及公司小报，介绍了 Word 文档图文混排的制作方法，包括艺术字、文本框、图片、自绘图形等图形的制作、编辑和修饰以及对图形进行组合等操作。同时，也介绍了文档的分栏、图片与文字的环绕设置等。

📖 学习总结

本案例所用软件	
案例中包含的知识和技能	
你已熟知或掌握的知识和技能	
你认为还有哪些知识或技能需要进行强化	
案例中可使用的 Office 技巧	
学习本案例之后的体会	

案例4 制作客户信函

【案例分析】

现代商务活动中，遇到如邀请函、会议通知、聘书、客户回访函等日常办公事务处理时，往往需要利用计算机完成信函的信纸、内容、信封、批量打印等工作。本节将通过Word的邮件合并功能，方便、快捷地完成以上事务。

案例中的客户及相关信息包含在图1.114所示的表中。

客户姓名	称谓	购买产品	通讯地址	联系电话	邮编	购买时间
李勇	先生	纽曼GPS导航仪	成都一环路南三段68号	028-85408361	610043	2009-10-27
田丽	女士	华硕253JR笔记本电脑	成都市五桂桥迎晖路218号	028-87392507	610025	2009-10-12
彭剑	先生	戴尔M1210笔记本电脑	成都市金牛区羊西线蜀西路35号	028-85315646	610087	2009-10-5
周娟	女士	尼康D80数码相机	成都高新区桂溪乡建设村165号	028-86627983	610010	2009-10-23

图1.114 客户及相关信息

为加强公司与客户的沟通、交流，为客户提供优质售后服务，需进行客户信函回访。制作的客户回访函如图1.115所示。

客户回访函

尊敬的**田丽女士**，您好！

感谢您对本公司产品的信任与支持，您购买的**华硕253JR笔记本电脑**，在使用过程中，有需要公司服务时，请拨打公司客户服务部电话。公司将为您提供优质、周到的服务。

谢谢！

科源有限公司

2009年10月8日

公司24小时服务热线：028-83335555

图1.115 客户回访函效果图

【解决方案】

制作邮件合并文档可利用"邮件合并"向导，即单击"工具"菜单中"信函和邮件"命令下的"邮件合并"命令，按向导的提示过程创建邮件合并文档。此外，还可以按以下操作步骤实现"邮件合并"文档的创建，即：建立邮件合并主文档→制作邮件的数据源数据库→建立主文档与数据源的连接→在主文档中插入域→邮件合并。

（1）制作主文档（客户回访信函）。

① 启动 Word 2003，新建一份空白文档。

② 录入图 1.116 所示的"客户回访函"内容。

客户回访函

尊敬的，您好！

　　感谢您对本公司产品的信任与支持，您购买的，在使用过程中，有需要公司
服务时，请拨打公司客户服务部电话。公司将为您提供优质、周到的服务。

　　谢谢！

科源有限公司

2009 年 10 月 8 日

公司24小时服务热线：028-83335555

图 1.116　邮件的主文档"客户回访函"

③ 对"客户回访函"的字体和段落进行适当的格式化处理。

④ 保存"客户回访函"作为邮件的主文档。

（2）制作邮件的数据源数据库（客户个人信息）。

① 启动 Excel。

② 在 Sheet1 工作表中录入图 1.117 所示的"客户个人信息"数据。

③ 保存"客户个人信息"作为邮件的数据源。

	A	B	C	D	E	F	G
1	客户姓名	称谓	购买产品	通讯地址	联系电话	邮编	购买时间
2	李勇	先生	纽曼GPS导航仪	成都一环路南三段68号	028-85408361	610043	2009-10-27
3	田丽	女士	华硕253JR笔记本电脑	成都市五桂桥迎晖路218号	028-87392507	610025	2009-10-12
4	彭剑	先生	戴尔M1210笔记本电脑	成都市金牛区羊西线蜀西路35号	028-85315646	610087	2009-10-5
5	周娟	女士	尼康D80数码相机	成都高新区桂溪乡建设村165号	028-86627983	610010	2009-10-23

图 1.117　邮件的数据源"客户个人信息"

制作邮件数据源还可以用以下方法。

① 利用 Word 表格制作。

② 使用数据库的数据表制作。

（3）建立主文档与数据源的连接。

① 打开制作好的主文档"客户回访函"。

② 在菜单栏中单击"视图"菜单"工具栏"选项下的"邮件合并"命令，打开图 1.118
所示的"邮件合并"工具栏。

打开数据源

图 1.118　"邮件合并"工具栏

③ 单击"邮件合并"工具栏上的"打开数据源"按钮，弹出"选取数据源"对话框，如图 1.119 所示，找到保存的"客户个人信息"数据文件，选中该文件，然后单击"打开"按钮，弹出图 1.120 所示的"选择表格"对话框。

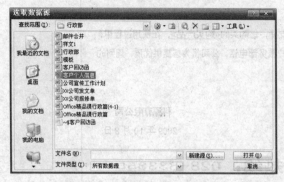

图 1.119 "选取数据源"对话框   图 1.120 "选择表格"对话框

④ 在对话框中选中 Sheet1 工作表，然后单击"确定"按钮。"邮件合并"工具栏将变为如图 1.121 所示。

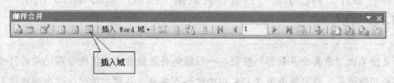

图 1.121 "邮件合并"工具栏的"插入域"按钮

（4）在主文档中插入域。

① 在主文档"客户回访函"中将光标移至信函中"尊敬的"之后，单击邮件合并工具栏上的"插入域"按钮，将弹出图 1.122 所示的"插入合并域"对话框。在对话框中，选中"客户姓名"，然后单击"插入"按钮。同样，在"客户姓名"域之后插入"称谓"域。再将光标移至"您购买的"之后，插入"购买产品"域。插入域之后的信函如图 1.123 所示。

客户回访函

尊敬的《客户姓名》《称谓》，您好！

感谢您对本公司产品的信任与支持，您购买的《购买产品》，在使用过程中，有需要公司服务时，请拨打公司客户服务部电话。公司将为您提供优质、周到的服务。

谢谢！

科源有限公司

2009 年 10 月 8 日

公司24小时服务热线：028-83335555

图 1.122 "插入合并域"对话框   图 1.123 插入域之后的信函

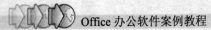

② 分别对信函中插入的域设置如图 1.124 所示的字符格式，如字体、字形、字号和颜色。

客户回访函

尊敬的《客户姓名》《称谓》，您好！

感谢您对本公司产品的信任与支持，您购买的《购买产品》，在使用过程中，有需要公司服务时，请拨打公司客户服务部电话。公司将为您提供优质、周到的服务。

谢谢！

科源有限公司

2009 年 10 月 8 日

公司24小时服务热线：028-83335555

图 1.124　设置插入域的字符格式

（5）邮件合并（生成个人信函）。

① 单击邮件合并工具栏上的"查看合并数据"按钮，如图 1.125 所示，生成的客户个人信函如图 1.126 所示。

> 若直接单击"查看合并数据"按钮，一般默认将数据源中提供的全部记录进行合并；若用户只需合并部分记录，则可单击图 1.125 中的收件人按钮，从弹出的"邮件合并收件人"对话框中选取需要的收件人，如图 1.127 所示。

邮件合并

插入 Word 域▼   ┃◀ ◀ 1 ▶ ▶┃

收件人　　　　　　查看合并数据

图 1.125　"邮件合并"工具栏的"查看合并数据"按钮

客户回访函

尊敬的 **李勇** 先生，您好！

感谢您对本公司产品的信任与支持，您购买的 **纽曼 GPS 导航仪**，在使用过程中，有需要公司服务时，请拨打公司客户服务部电话。公司将为您提供优质、周到的服务。

谢谢！

科源有限公司

2009 年 10 月 8 日

公司24小时服务热线：028-83335555

图 1.126　生成的客户个人信函

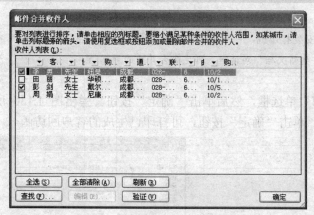

图 1.127 "邮件合并收件人"对话框

也可单击邮件合并工具栏上的"合并到新文档"按钮，生成个人信函文件。

② 单击"邮件合并"工具栏上的"上一记录"或"下一记录"按钮，可查看其他客户的信函。生成的信函（部分）效果如图 1.128 所示。

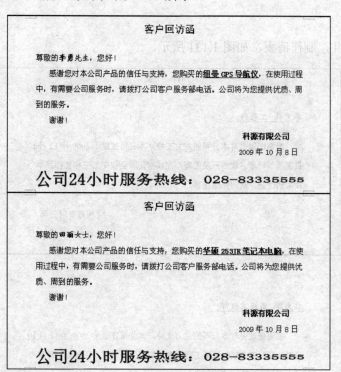

图 1.128 "客户回访函"效果图

（6）打印个人信函。

① 单击邮件合并工具栏上的"合并到打印机"按钮，弹出图 1.129 所示的"合并到打印机"对话框。

若暂时未安装打印机，可单击邮件合并工具栏上的"合并到新文档"按钮，弹出类似于图 1.129 的"合并到新文档"对话框，可生成合并后的新文档。

② 单击"全部"单选框，然后单击"确定"按钮。弹出图 1.130 所示的"打印"对话框，设置打印选项，单击"确定"按钮，可打印已生成的客户回访函。

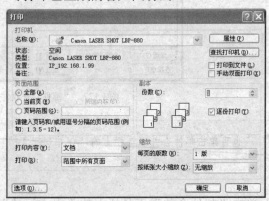

图 1.129　"合并到打印机"对话框　　　　图 1.130　"打印"对话框

【拓展案例】

利用邮件合并，制作请柬，如图 1.131 所示。

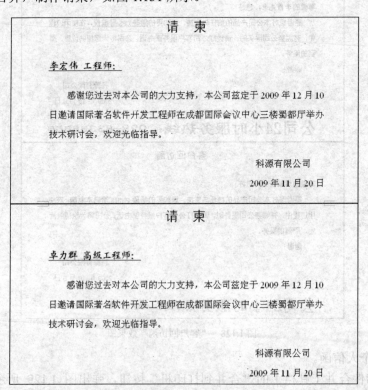

图 1.131　请柬效果图

【拓展训练】

为前面制作的客户回访函制作信封，如图 1.132 所示。

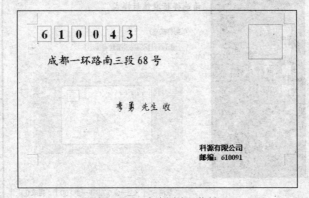

6 1 0 0 4 3

成都一环路南三段 68 号

李勇 先生 收

科源有限公司
邮编：610091

图 1.132　客户回访函信封

操作步骤如下。

（1）启动 Word 2003。

（2）单击"工具"菜单"信函与邮件"命令中的"中文信封向导"子命令，打开图 1.133 所示的"信封制作向导"第 1 步对话框。

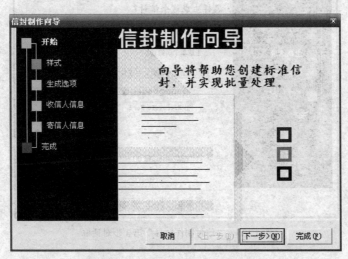

图 1.133　"信封制作向导"第 1 步对话框

提示　　也可单击"工具"菜单中的"信函与邮件"命令中的"信封和标签"子命令，再从弹出的"信封和标签"对话框中选择"信封"选项卡制作信封。

（3）单击"下一步"按钮，弹出图 1.134 所示的"信封制作向导"第 2 步对话框，选择所需的标准信封样式。

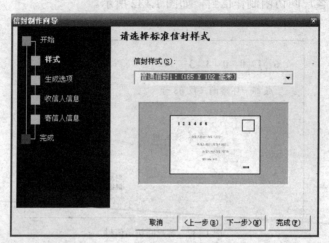

图 1.134　"信封制作向导"第 2 步对话框

（4）单击"下一步"按钮，弹出图 1.135 所示的"信封制作向导"第 3 步对话框，设置生成信封的格式。

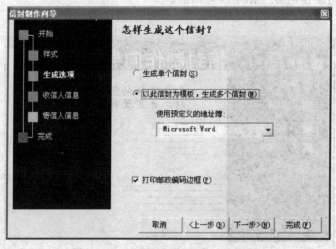

图 1.135　"信封制作向导"第 3 步对话框

（5）单击"完成"按钮，生成标准信封格式，如图 1.136 所示。

（6）建立信封主文档与客户信息数据库的连接。单击"邮件合并"工具栏上的"打开数据源"按钮，选择信封数据源"客户个人信息"。

（7）插入相关数据域后的信封格式如图 1.137 所示。

（8）合并数据，生成客户信封，如图 1.32 所示。

（9）批量打印信封。

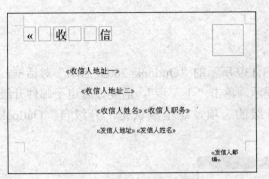

图 1.136　生成的标准信封格式　　　　　图 1.137　插入域后的信封格式

【案例小结】

实际工作中常常遇到大量报表、信件一类的文档，其主要内容、格式都相同，只是具体的数据有变化，为减少重复工作，可使用"邮件合并"功能。邮件合并的处理过程为：（1）创建主文档，输入固定不变的内容；（2）创建或打开数据源，存放变动的信息内容，数据源一般来自于 Excel、Access 等数据库；（3）在主文档所需的位置插入合并域；（4）执行合并操作，将数据源中的变动数据和主文档的固定文本进行合并，生成一个合并文档或打印输出。

📖 **学习总结**

本案例所用软件	
案例中包含的知识和技能	
你已熟知或掌握的知识和技能	
你认为还有哪些知识或技能需要进行强化	
案例中可使用的 Office 技巧	
学习本案例之后的体会	

案例 5　利用 Microsoft Outlook 管理邮件

【案例分析】

Microsoft Outlook 是 Office 软件中自带的一款邮件管理软件，公司员工经常利用它来收发电子邮件、管理联系人信息、记日记、安排日程、分配任务等。将鼠标停留在桌面图标上时即弹出图 1.138 所示的 Outlook 功能简述。

图 1.138　Microsoft Outlook 的桌面图标

本例中行政部经理林帝将使用他的邮箱 lindi_keyuan@126.com作为办公邮箱，利用 Microsoft Outlook 收发、阅读邮件，管理通讯簿，添加收件人，群发邮件，定制会议并发给收件人。

【解决方案】

（1）初始设置。

① 启动 Microsoft Outlook 2003，弹出图 1.139 所示的"Outlook 2003 启动"对话框，并弹出图 1.140 所示的"正在配置 Outlook"提示。单击"下一步"，需要设置电子邮件升级选项，可选择希望 Outlook 进行升级或不升级的选项，这里默认是"升级自"Outlook Express，如图 1.141 所示。

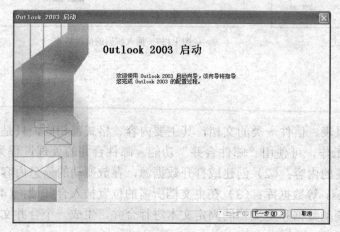

图 1.139　"Outlook 2003 启动"对话框　　　　图 1.140　"正在配置 Outlook"提示

② 单击"下一步"按钮，进入 Internet 连接向导，需要设置使用本软件的人员的姓名，这里输入使用者"林帝"，如图 1.142 所示。

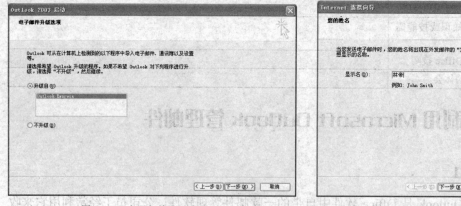

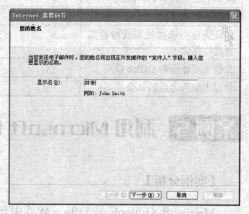

图 1.141　电子邮件升级选项　　　　图 1.142　在"Internet 连接向导"中设置"您的姓名"

③ 单击"下一步"按钮，设置使用人的电子邮件地址，这里输入林帝的邮箱 lindi_keyuan@126.com，如图 1.143 所示。

④ 单击"下一步"按钮，设置电子邮件的服务器名，这里需要先查找邮件服务商提供的是哪种服务，故打开网络浏览器，在其中找到网易 www.126.com 的主页，如图 1.144 所示。

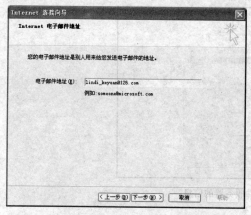

图 1.143 设置使用人的 Internet 电子邮件地址

图 1.144 126 的主页

⑤ 单击其中的"帮助",打开提供各类帮助信息的页面,如图 1.145 所示,在其中找到关于客户端的相关设置按钮。这里有"Outlook Express",单击该命令,进入关于在 Outlook 中设置参数的内容介绍页面,可以在其中查到应该怎样设置,如图 1.146 所示。

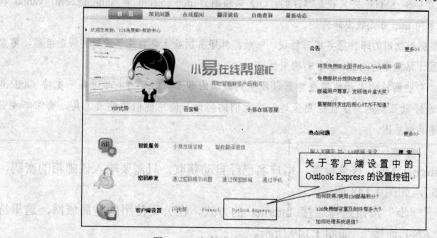

图 1.145 邮箱设置中关于客户端设置的按钮

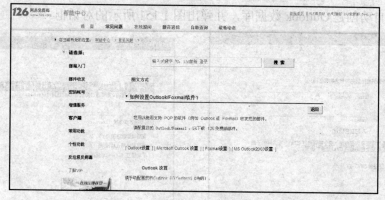

图 1.146 关于怎样进行 Outlook 设置的页面

⑥ 参考其中的信息,我们获得图 1.147 所示的信息,回到我们自己的 Outlook 对话框做同样的设置。

· 在"接收邮件（pop、IMAP或HTTP）服务器"字段中输入，pop3.126.com或pop.126.com均可。在"发送邮件服务器(SMTP)"字段中输入smtp.126.com，然后单击"下一步"，

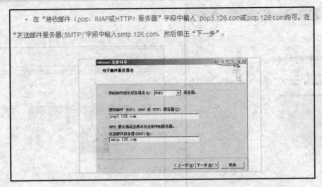

图 1.147　帮助中的邮件服务器的信息

POP 是发送邮件协议，填写你的 pop 地址，例如：126 是 pop3.126.com;

SMTP 是接收邮件协议，例如：126 是 smtp.126.com。

你所选择的邮件提供商所采用的协议不同，就要选择不同的协议。目前 sohu、126 和 163 是采用 POP3 和 SMTP 方式收发邮件的，QQ 邮箱则为 pop.qq.com 和 smtp.qq.com，yahoo 和 hotmail 是采用 http 方式收发邮件的。

需要根据所使用的邮件服务填写协议，一般邮件服务网站上会有关于设置的帮助信息，可查询后再设置计算机上的 Outlook 中的相应协议。

另外，有些网站的电子邮箱服务器以及他们提供的聊天室附带的电邮服务不支持 Outlook Express，这样做可能是为了让你更多地登录他们的网站、使用他们的聊天工具、确保邮件安全，或者是其他原因。

⑦ 进行 Internet Mail 登录设置，用户名已经自动获取，只需要输入该邮箱的密码，这里输入"123456"，如图 1.148 所示。

⑧ 单击"下一步"按钮选择连接 Internet 的方式，在公司使用的是局域网，这里选择"使用局域网（LAN）连接"，如图 1.149 所示。

⑨ 单击"下一步"按钮，完成帐户的设置，会弹出图 1.150 所示的对话框，单击"完成"按钮，会自动创建 Outlook 数据库，并弹出图 1.151 所示的对话框。

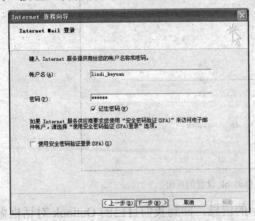

图 1.148　Internet Mail 登录设置

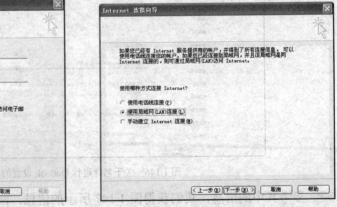

图 1.149　选择连接 Internet 的方式

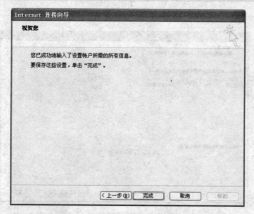

图 1.150　完成帐户设置的提示对话框

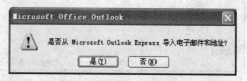

图 1.151　询问是否导入电子邮件和地址的对话框

⑩　单击"是"，可以从 Outlook 导入电子邮件和地址，此时进入 Outlook 的窗口了，如图 1.152 所示。

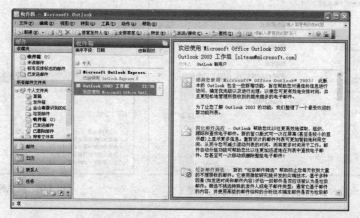

图 1.152　进入 Outlook 后的窗口

提示

①　在"电子邮件地址"字段中输入了邮件地址后，一般下方的"帐户名"字段会自动填入 @之前的部分作为帐户名，如不同，可修改。

②　如需对帐户进行查看或修改，可使用"工具"菜单的"电子邮件帐户"命令，打开图 1.153 所示的"电子邮件帐户"对话框，选择"查看或更改现有电子邮件帐户"后单击"下一步"按钮，进入图 1.154 所示的电子邮件帐户列表，可以在其中选择需要查看或更改的电子邮件帐户，如这里选择"lindi"后单击"更改"命令，进入图 1.155 所示的界面，可以查看到关于林帝的帐户信息，并进行修改。

③　可以单击图 1.155 中的"测试帐户设置"按钮，来测试你所设置的帐户是否可以完成正常的邮件收发。测试过程中，会弹出图 1.156 所示的对话框来显示各项测试的完成情况。

④　单击图 1.155 中的"其他设置"按钮，会弹出"Internet 电子邮件设置"对话框，可在其中对帐户进行更加详细的设置，如"常规"、"发送服务器"、"连接"和"高级"等。这里选择"发送服务器"选项卡中的"我的发送服务器（SMTP）要求验证"及"使用与接收邮件服务器相同的设置"，如图 1.157 所示；选择"高级"选项卡中的"在服务器上保留邮件的副本"，如图 1.158 所示，则即使不将邮件下载到本机，服务器上仍然留有副本，否则，邮件下载到本机，邮件服务器上就不再留有邮件信息。

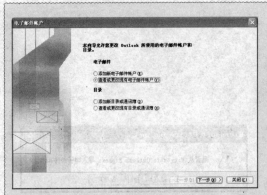

图 1.153 "电子邮件帐户"对话框

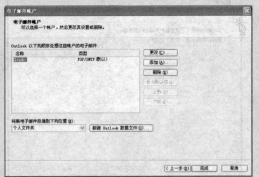

图 1.154 选择需要查看或更改的电子邮件帐户

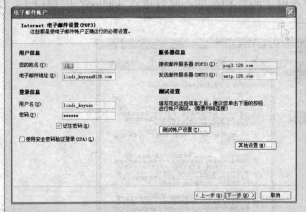

图 1.155 查看和修改 Internet 电子邮件帐户设置

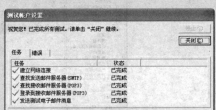

图 1.156 测试帐户

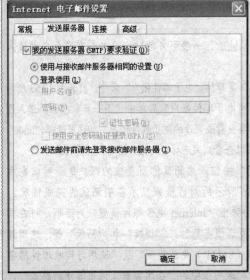

图 1.157 "发送服务器"的设置

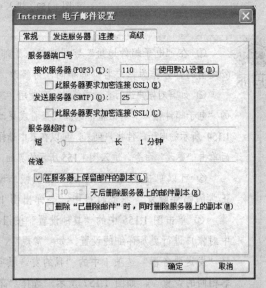

图 1.158 电子邮件帐户的"高级"设置

进入 Outlook 后，主窗口左侧可利用按钮实现不同主题的查看和管理，如"邮件"、"日历"、"联系人"、"任务"等。默认管理内容是"邮件"，也可以切换到"日历"，对今天各个时段的事务进行查看和管理，如图 1.159 所示。而在"视图"菜单中也可以对窗口的布局做适当的修改。

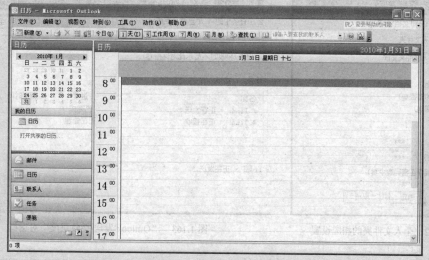

图 1.159　主界面为"日历"

如果有几封电子邮件，使用 Outlook 可以在一个窗口中处理它们。也可以为同一个计算机创建多个用户或身份。每一个身份都具有唯一的电子邮件文件夹和一个单个通讯簿。多个身份使用户可以轻松地将工作邮件和个人邮件分开，也能保持单个用户的电子邮件是独立的。

（2）收取邮件。

① 选择"工具"菜单中的"电子邮件帐户"命令，在弹出的"电子邮件帐户"窗口中选择"查看或更改现有电子邮件帐户"选项，单击"新建 Outlook 数据文件"按钮，弹出图 1.160 所示的"新建 Outlook 数据文件"对话框，选择其中的"Office Outlook 个人文件夹文件（.pst）"，单击"确定"按钮后为邮件数据文件选择保存的路径和文件名，如图 1.161 所示，确定后弹出图 1.162 所示的"创建 Microsoft 个人文件夹"对话框，在其中可以设置打开该文件夹的密码。

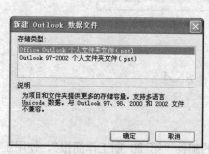

图 1.160　"新建 Outlook 数据文件"对话框

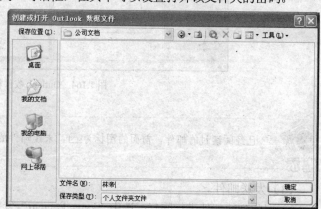

图 1.161　"Outlook 数据文件保存"对话框

② 单击工具栏上的 [发送和接收(C)] 按钮，就可以将刚才设置好的 126 邮箱中的邮件保存在所选择的路径中，这个过程会出现图 1.163 所示的 "Outlook 发送/接收进度" 对话框，用来显示收发邮件的进度。

图 1.162 个人文件夹的相应设置   图 1.163 "Outlook 发送/接收进度" 对话框

 提示

也可以选择 "发送/接收时不显示此对话框"，以后发送和收取邮件时将不再弹出此对话框。

③ 这时，可看到原来 126 邮箱中的所有邮件都接收下来了，如图 1.164 所示。

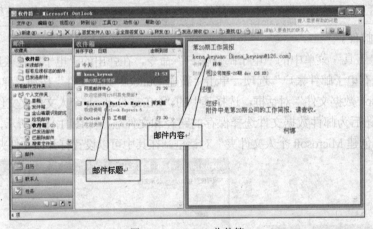

图 1.164 Outlook 收件箱

 提示

已经阅读过的邮件，前面的图标为 📂，未读邮件的图标为 ✉。

（3）发送邮件。

① 对收到的邮件进行回复：选中 "kena_keyuan" 发来的邮件 "第 20 期工作简报"，使用工具栏上的按钮 [答复发件人(R)]，进入撰写邮件界面，如图 1.165 所示，将邮件内容写入邮件正文中。

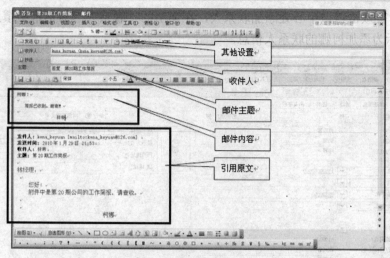

图 1.165　撰写回复的邮件

若无须原文，可将原文删去。

在邮件中，可以做如下进一步设置。

使用 🖉 ·按钮，选择文件或 Outlook 中的项目作为邮件附件；使用 按钮，在弹出的"通讯簿"中选择需要同时发送的联系人的邮址，将邮件发送给多人；使用 按钮，检查本人的姓名内容是否正确；使用 ! 按钮，标志重要性为高的邮件；使用 ↓ 按钮，标志重要性为低的邮件；使用 ▽ 按钮，为邮件做后继标记；使用 选项(P) ·按钮，做更多的设置，如邮件签名、信纸等；使用 HTML ·按钮，选择发送邮件的格式是 HTML、RTF 还是纯文本。

② 使用 发送(S) 按钮，发送已经写好的邮件，即可在"发件箱"中看到你发送的邮件，如图 1.166 所示。

（4）添加联系人。

① 在 Outlook 窗口中，切换到"联系人"快捷方式，如图 1.167 所示。

图 1.166　发件箱中的邮件

图 1.167　"联系人"快捷方式

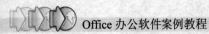

② 此时可双击窗口中心处添加联系人，在弹出的"联系人"对话框中填入相应信息。图 1.168 所示为添加柯娜的联系人信息。

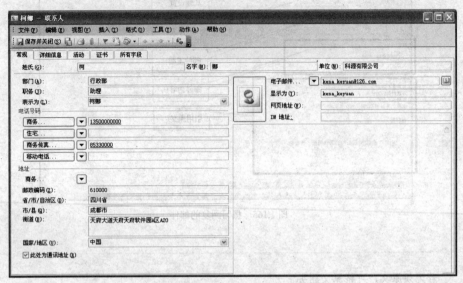

图 1.168　新建一个联系人

③ 可以单击"详细信息"按钮，切换到"详细信息"选项卡，为联系人设置更加详细的信息，如图 1.169 所示。

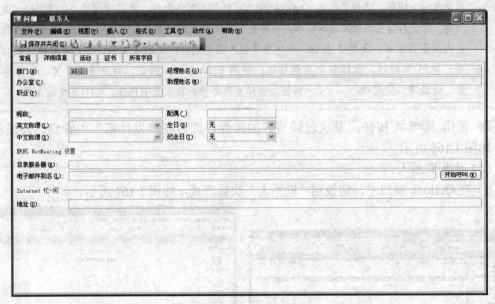

图 1.169　设置联系人的细节

④ 还可以切换到"活动"、"证书"和"所有字段"选项卡，查看该联系人的相应信息，这里不做相关的设置。

⑤ 完成所有设置后，单击 保存并关闭(S) 按钮，完成该联系人的设置，得到图 1.170 所示的结果。

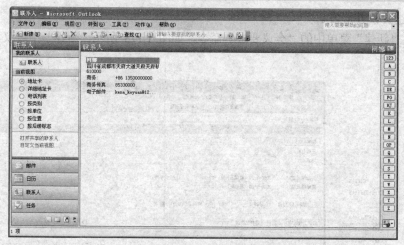

图 1.170 添加了一个联系人

⑥ 继续双击窗口的空白处，添加另外的联系人，如图 1.171 所示。

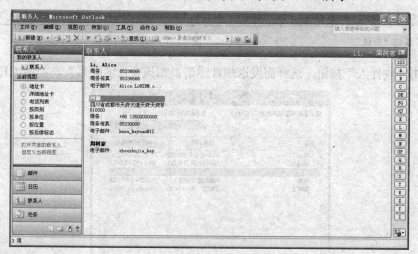

图 1.171 添加了 3 个联系人

⑦ 如需修改某位联系人的信息，则双击具体联系人，或通过"工具"菜单中的"通讯簿"命令进行选择，会弹出图 1.172 所示的"通讯簿"对话框，在其中选择需要修改的联系人来修改即可。

图 1.172 "通讯簿"对话框

（5）创建会议并群发。

① 使用"新建"菜单中的"会议要求"命令，如图 1.173 所示，新建一个会议，如图 1.174 所示。

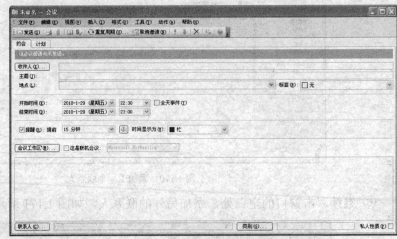

图 1.173　新建"会议"　　　　　　　　　　图 1.174　未命名的会议

② 单击"收件人"按钮，选择需发送邮件邀请参加该会议的联系人，如图 1.175 所示。

图 1.175　选择与会者

这里可以使用【Ctrl】键来选择多个不连续的对象。

③ 将会议的主题"讨论行政部计算机维护工作外包的事宜"，地点"我公司行政部 3 号会议室"填入，会议开始和结束的日期和时间都可以通过单击日历和时间的下拉菜单来确定，如图 1.176 所示。

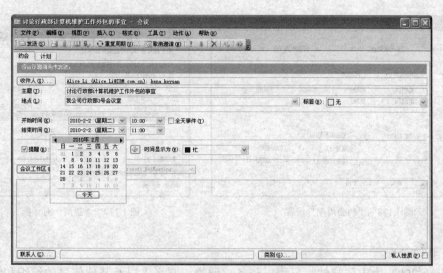

图 1.176 选择结束的日期

④ 选择提前 1 天提醒我，并输入会议邀请的内容，如图 1.177 所示。

图 1.177 书写完内容的会议邀请

如果一个会议重复进行，那么这个邀请邮件需要以一定的周期重复发送，我们可通过单击 ↻重复周期(U)... 按钮，在弹出图 1.178 所示的"约会周期"对话框中进行设置。

⑤ 会议的其他设置，如粘贴附件、重要性等，与邮件设置相同。

⑥ 单击 发送(S) 按钮，将此会议邀请发送到所选的收件人邮箱中。

⑦ 当选择的时间到达或未阅读而过期，当打开 Outlook 时，会自动弹出图 1.179 所示的对话框来提示有会议或约会。

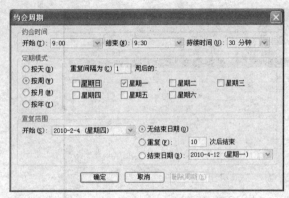

图 1.178 "约会周期"设置　　　　　　　　　　图 1.179 "提醒"对话框

（6）其他管理。

Outlook 2003 为电子邮件、日程、任务、便笺、联系人以及其他信息的组织和管理提供了一个集成化的解决方案，也为管理通信、组织工作以及与他人更好地协作提供了诸多创新功能。所有一切均可在一个界面完成。

① 日历管理：单击"日历"快捷方式，可切换到日历管理中，进行每天的日历管理，这里可以直接在某时刻处书写备忘录，即约会，如图 1.180 所示，也可以在该时刻处双击，弹出"约会"对话框来定制约会，如图 1.181 所示。

② 快速访问联系人、日程和任务信息：可以使用新的导航窗格（Navigation Pane）或者单击菜单栏上的相应按钮来访问联系人、日程、任务、文件夹、快捷方式和日记，以及查找需要回复的电子邮件、预定的约会和完成项目。

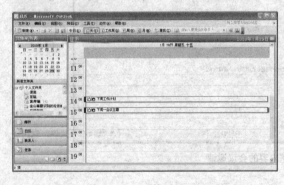

图 1.180 日历管理　　　　　　　　　　　　图 1.181 约会定制

例如定制了一个发给柯娜的任务，如图 1.182 所示。

【拓展案例】

1. 管理自己的 Outlook 帐户

在计算机上，利用 Outlook 创建一个自己使用的帐户，用于收发某实际电子邮件服务器上的邮件并管理它们。同时在该帐户中管理日历，定制一个约会，并发给一个或多个朋友。

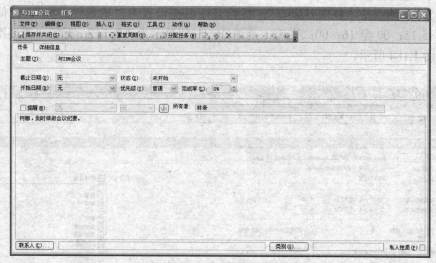

图 1.182 发给柯娜的任务

2. 群发邮件合并产生的新文档

在上一个案例已经做好邮件合并的基础上，选择"合并到邮件"，利用 Outlook 将它们发送给收件人。

【拓展训练】

利用 Outlook 创建一个邮件帐户，定制一个将举办 2010 年春节团拜会的约会，并备份林帝的帐户数据文件。

操作步骤如下。

（1）启动 Outlook，建立林帝的邮件帐户。

（2）选中"新建"菜单中的"约会"命令，在图 1.183 所示的对话框中，设置约会的各项内容。

图 1.183 定制约会

（3）利用 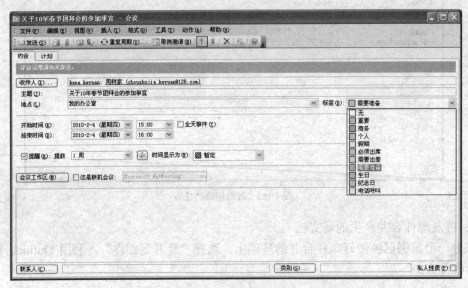 邀请与会者 按钮，选择柯娜和周树家为收件人，主题为"关于 10 年春节团拜会的参加事宜"；地点是"我的办公室"；将约会标记 设置为"重要性：高"；时间为 2010 年 2 月 4 日 15：00 至 16：00；提前 1 周通知；时间显示为"暂定"；标签"需要准备"；约会内容如图 1.184 所示。

图 1.184　约会的内容

（4）单击"文件"菜单中的"保存"命令，将约会保存起来。关闭约会时，会遇到提示，如图 1.185 所示，单击"是"按钮，立即发送。

（5）备份林帝的帐户数据文件。

① 单击"文件"菜单中的"导入和导出"命令，启动"导入和导出向导"，如图 1.186 所示，选择要执行的操作是"导出到一个文件"。

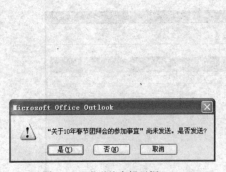

图 1.185　发送约会提示框

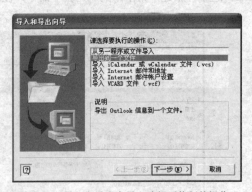

图 1.186　导入和导出向导—选择要执行的操作

② 单击"下一步"按钮，弹出图 1.187 所示的"个人文件夹密码"对话框，在其中输入密码"123"，单击"确定"按钮。

③ 选择导出到个人文件夹，如图 1.188 所示，然后选择导出的文件夹是"联系人"，如图 1.189 所示。

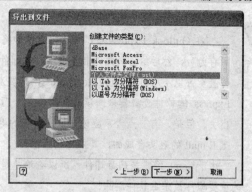

图 1.188 导入和导出向导—选择创建文件的类型

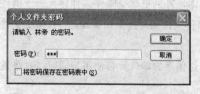

图 1.187 提示输入"个人文件夹密码"

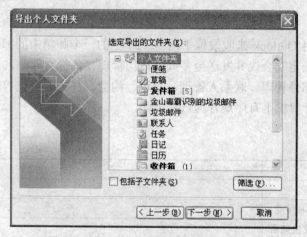

图 1.189 导出个人文件夹—选择导出的文件夹

（6）选择导出文件夹的保存路径，如图 1.190 所示。

（7）单击"完成"按钮时，会弹出图 1.191 所示的"创建 Microsoft 个人文件夹"对话框，可以对导出的文件做加密设置等。设置好后，单击"确定"按钮，完成保存，再次确认个人文件夹的密码"123"。然后，可在资源管理器中看到所保存的文件"林帝 backup.pst"。

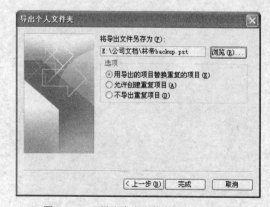

图 1.190 "导出个人文件夹"的保存路径

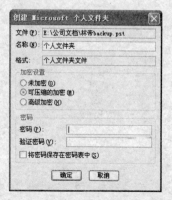

图 1.191 个人文件夹中文件的加密设置

在 Outlook Express 中，可以很方便地将邮件储存起来。在查看邮件的窗口，单击"文件/另存为"，然后给你的邮件起个名字，该邮件就会被自动保存为以.eml 为后缀的文件。以后，你甚至可以不用打开 Outlook Express，只要双击这个类型为.eml 的文件就可以直接用 Outlook Express 的邮件查看器来阅读这封邮件了。而且，你还可以把这个邮件文件作为一个附件发送出去。但是，有一点大家应该注意：所谓的电子邮件文件实际上是由普通的 HTML 文件再加上 E-mail 的表头合成的，其中也包括图形。

由于*.eml 经常是病毒邮件，所以看清楚是否为你保存的邮件后再使用！同时，也要避免你的重要邮件被杀毒软件删除！

【案例小结】

本案例通过使用 Outlook 来收发位于网易 126 上的一个邮箱中的邮件、回复邮件、新建和管理联系人信息、定制会议并发送至多人、日历管理、备份文件等，了解了 Outlook 的常用操作，对其中的邮件管理、联系人管理、会议、约会、任务、日记等功能有了进一步的运用，这样就可以在计算机上有序地管理日常工作。

📖 学习总结

本案例所用软件	
案例中包含的知识和技能	
你已熟知或掌握的知识和技能	
你认为还有哪些知识或技能需要进行强化	
案例中可使用的 Office 技巧	
学习本案例之后的体会	

第2篇

人力资源篇

　　人力资源部门在企业中的地位至关重要。如何按照制度严格管理，如何激发员工的创造力，如何为员工提供各种保障，都是人力资源部门要重点关注的问题。本篇针对人力资源部门在工作中遇到的各种 Office 应用问题，提炼出人力资源部门最需要的 Office 应用案例，帮助人事管理人员用高效的方法处理人事管理的各方面事务，从而快速、准确地为企业人力资源的调配提供帮助。

学习目标

　　1. 利用 Word 软件中的"图形"、"图示"等工具展示公司组织结构图、员工绩效评估指标等图例。

　　2. 运用 Word 表格制作个人简历、履历表、员工出勤记录表、部门年度招聘计划报批表等常用人事管理表格。

　　3. 利用 Word 制作劳动用工合同、请假条、员工转正申请书等常见文档。

　　4. 利用 PowerPoint 制作常见的会议、培训、演示等幻灯片。

　　5. 使用 Excel 电子表格记录、分析和管理公司员工人事档案以及员工的工资基本信息。

案例 1　制作公司组织结构图

【案例分析】

　　组织结构图是用来表示一个机构、企业或组织中人员结构关系的图表。它采用一种由上而下的树状结构，由一系列图框和连线组成，显示一个机构的等级和层次。制作组织结构图之前，要先搞清楚组织结构的层次关系，再利用 Word 提供的图片或图示工具来完成组织结构图的制作、编辑和修饰。本案例所制作的"科源有限公司组织结构图"如图 2.1 所示。

图 2.1　科源有限公司组织结构图

【解决方案】

（1）启动 Word 2003，新建一份空白文档。

（2）单击"插入"菜单中的"图示"命令，弹出图 2.2 所示的"图示库"对话框。

插入组织结构图的方法还有以下几种。

① 在"插入"菜单中，选择"图片"中的"组织结构图"命令。

② 单击"绘图"工具栏中的"插入组织结构图或其他图示"按钮。

（3）在"图示库"对话框中选择"组织结构图"后，单击"确定"按钮。

（4）在文档中出现图 2.3 所示的基本结构图，并显示"组织结构图"工具条。

图 2.2　"图示库"对话框

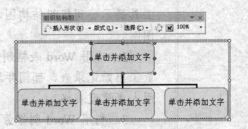

图 2.3　基本结构图及"组织结构图"工具条

（5）选中最上面的框图，单击"组织结构图"工具条上的"插入形状"旁的下拉按钮，在随后出现的下拉列表中，选择"助手"选项，添加"助手"框图。

（6）分别在框图中输入图 2.4 所示的内容。

（7）分别选中各个"副总经理"，单击"组织结构图"工具条上的"插入形状"旁的下拉按钮，在随后出现的下拉列表中，选择"下属"选项，为它们添加"下属"。

（8）在各下属框中分别输入图 2.5 所示的内容。

（9）选中各框图，分别设置适当的字体、字号和字符颜色。

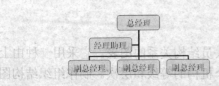

图 2.4　添加文字后的组织结构图

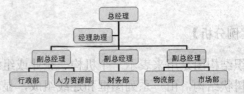

图 2.5　添加"下属"后的组织结构图

（10）选中组织结构图，单击"组织结构图"工具条上的"自动套用格式"按钮，打开"组织结构图样式库"对话框，如图 2.6 所示。

（11）在"选择图示样式"列表中选定一种样式，可以预览其效果，然后单击"确定"按钮即可将选定的样式应用到组织结构图中，如图 2.1 所示。

（12）以"科源有限公司组织结构图"为名保存该图。

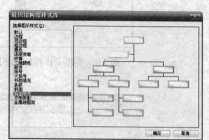

图 2.6　"组织结构图样式库"对话框

【拓展案例】

（1）制作公司物流部组织结构图，如图 2.7 所示。

（2）制作公司"员工绩效评估指标图"，如图 2.8 所示。

图 2.7　"物流部"组织结构图

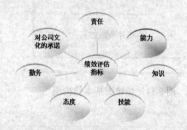

图 2.8　员工绩效评估指标图

（3）制作"实现工作目标程序图"，如图 2.9 所示。

【拓展训练】

利用"图示"命令中的"棱锥图"命令制作人力资源管理的经典激励理论——马斯洛需要层次图，如图 2.10 所示。

操作步骤如下。

（1）启动 Word 2003。

（2）选择"插入"菜单中的"图示"命令，弹出图 2.2 所示的"图示库"对话框。

（3）在"图示库"对话框中选择"棱锥图"后，单击"确定"按钮。

（4）在文档中出现图 2.11 所示的基本结构图，并显示"图示"工具条。

（5）选中任一框图，单击"图示"工具条上的"插入形状"按钮，添加所需个数的框图。

（6）分别在框图中输入图 2.10 中相应的文字内容。

（7）选中各框图，分别设置适当的字体、字号。

（8）分别选中各框图，为每个框图设置合适的填充颜色。

（9）分别选中各框图，将各框图的三维效果均设置为"三维样式 1"，如图 2.12 所示。

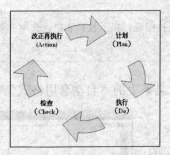

图2.9 实现工作目标程序图

图2.10 马斯洛需要层次图

图2.11 棱锥图基本结构图

图2.12 设置各框图的三维效果

随着图示形状的添加，位于顶部的形状中的字符将会超出图示外。这里，我们可适当采用一些小技巧进行处理。如：先在顶端的框中以一个空格字符将占位符占去，然后借助"文本框"工具来输入顶部的"自我实现"，适当调整文本框位置来适应图示；再将文本框的填充色和线条颜色均设置为"无"即可。

设置三维效果后，图示出现不同的图层效果，可通过调整各框图的叠放次序来改变显示效果。

（10）选中第 2 层的框图，单击"绘图"工具栏上的"绘图"按钮旁的下拉按钮，打开图 2.13 所示的绘图菜单，再选择"叠放次序"中的"上移一层"命令。

（11）同样地，分别将第 3、4、5 层的框图图层依次进行上移。

图2.13 "绘图"菜单

图层每增加 1 层，上移的次数随之增加 1 次。最后，再将添加的文本框移到最上面一层。

（12）调整好的图示如图 2.10 所示，以"马斯洛需要层次图"为名保存该图。

【案例小结】

本案例通过制作"公司组织结构图"和"员工绩效评估指标图",介绍了在 Word 中插入图示对象、编辑和修饰图示的方法。图示包括组织结构图、循环图、目标图、射线图、维恩图和棱锥图等类型。

图示可用来说明各种概念性的材料。通常在展示一个机构和组织的结构关系、实现目标的步骤、元素之间的关系时,可以在文档中插入直观的图表或图示,这比纯粹的文字说明更有说服力,也能使文档更加生动。

📖 **学习总结**

本案例所用软件	
案例中包含的知识和技能	
你已熟知或掌握的知识和技能	
你认为还有哪些知识或技能需要进行强化	
案例中可使用的 Office 技巧	
学习本案例之后的体会	

案例2 制作个人简历

【案例分析】

随着社会竞争的日益加剧,一份好的工作可能有成百上千的竞争者,一份专业而个性的个人简历将使应聘者在激烈的竞争中脱颖而出,成为成功的起点。本案例将讲解怎样利用 Word 制作个人简历,效果如图 2.14 所示。

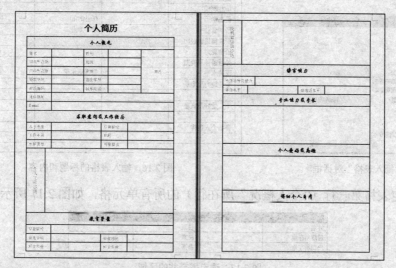

图 2.14 "个人简历"效果图

【解决方案】

（1）启动 Word 2003，新建一个空白文档。

（2）在"表格"菜单中，选择"插入"中的"表格"命令，弹出如图 2.15 所示的"插入表格"对话框。

 提示

插入表格的方法还有以下两种。

① 单击"常用"工具栏上的"插入表格"按钮，在弹出的面板中拖动鼠标，设置出需要的表格行、列数。

② 单击"表格"菜单中的"绘制表格"命令，进行手动制表。

（3）在"插入表格"对话框中设置表格所需的列数和行数，然后单击"确定"按钮，系统将按所设置的行列数在文档中插入一个空白表格。

 提示

当表格的行较多时，设置大概的行列数也可以，可在操作过程中进行行列的增加和删除操作。

（4）在表格中输入如图 2.16 所示的内容。

个人简历			
个人概况			
姓名		性别	
目前所在地		民族	
户口所在地		身高	
婚姻状况		出生年月	
邮政编码		联系电话	
通信地址			
E-mail			
求职意向及工作经历			
人才类型		应聘职位	
工作年限		职称	
求职类型		月薪要求	
个人工作经历			
教育背景			
毕业院校			
最高学历		毕业时间	
所学专业一		所学专业二	
受教育培训经历			
语言能力			
外语语种及能力			
汉语水平		普通话水平	
专业能力及专长			
个人爱好及兴趣			
详细个人自传			

图 2.15 "插入表格"对话框　　　　图 2.16 输入表格的标题和内容

（5）选定表格第一行（"个人概况"所在行）的所有单元格，如图 2.17 所示。

个人概况			
姓名		性别	
目前所在地		民族	
户口所在地		身高	

图 2.17 选定需合并的区域

（6）单击"表格"菜单中的"合并单元格"命令，将选定的单元格合并。

合并单元格还可通过以下操作。

① 右击鼠标，从弹出的快捷菜单中选择"合并单元格"命令。

② 单击"表格和边框"工具栏中的"合并单元格"按钮。

（7）同样，将"求职意向及工作经历"、"教育背景"、"语言能力"、"专业能力及专长"、"个人爱好及志趣"及"详细个人自传"所在行进行相应的合并。

（8）将图 2.18 所示的单元格区域选定。

（9）单击"表格"菜单中的"拆分单元格"命令，弹出图 2.19 所示的"拆分单元格"对话框，在对话框中设置列数为"2"，行数为"5"。

图 2.18　选定需拆分的区域

图 2.19　"拆分单元格"对话框

拆分单元格还可通过以下操作。

① 右击鼠标，从弹出的快捷菜单中选择"拆分单元格"命令。

② 单击"表格和边框"工具栏中的"拆分单元格"按钮。

拆分单元格和拆分表格两个命令的区别。

（10）拆分后的表格如图 2.20 所示，再将图 2.21 所示的选定区域合并，并在合并后的单元格中输入文字"照片"。

图 2.20　拆分后的表格　　　　　　　　　　图 2.21　选定要合并的区域

（11）如图 2.22 所示，对表格中其他需要合并的单元格进行合并处理。

（12）选中整个表格，单击"表格"菜单中的"表格属性"命令，打开图 2.23 所示的"表格属性"对话框。

选择整个表格可通过以下两种操作。

① 按照常规的选定方法：按住鼠标左键，拖动鼠标进行选择。

② 将光标置于表格中，在表格左上角将出现"田"符号，单击此符号将选中整张表格。

个人概况			
姓名		性别	照片
目前所在地		民族	
户口所在地		身高	
婚姻状况		出生年月	
邮政编码		联系电话	
通信地址			
E-mail			
求职意向及工作经历			
人才类型		应聘职位	
工作年限		职称	
求职类型		月薪要求	
个人工作经历			
教育背景			
毕业院校			
最高学历		毕业时间	
所学专业一		所学专业二	
受教育培训经历			
语言能力			
外语语种及能力			
汉语水平		普通话水平	
专业能力及专长			
个人爱好及兴趣			
详细个人自传			

图 2.22 合并处理后的表格

（13）在"表格属性"对话框中单击"行"选项卡，选中"指定高度"，并将行高设置为"0.8厘米"，如图 2.24 所示。

图 2.23 "表格属性"对话框

图 2.24 设置表格行高

（14）选定表格中的"个人概况"单元格，将字体设置为"华文行楷"，字号设置为"小三"，居中对齐。再单击"格式"菜单中的"边框和底纹"命令，设置该单元格底纹为"灰度 10%"，如图 2.25 所示。

个人概况		
姓名	性别	
目前所在地	民族	照片
户口所在地	身高	
婚姻状况	出生年月	

图 2.25 设置字体和底纹的表格

（15）用同样的方法设置"求职意向及工作经历"、"教育背景"、"语言能力"、"专业能力及专长"、"个人爱好及志趣"及"详细个人自传"所在的单元格。

（16）选定"个人工作经历"单元格，单击"格式"菜单中的"文字方向"命令，在"文字方向-表格单元格"对话框中，选定图 2.26 所示的纵向文字方向。

（17）用同样的方法处理"受教育培训经历"单元格。

图 2.26　"文字方向-表格单元格"对话框

（18）选中整个表格，将表格边框设置为外边框 1 1/2 磅，内框线 3/4 磅。

（19）选中表格标题"个人简历"，将其设置为"宋体"、"二号"、"加粗"、"居中"。

（20）适当对整个表格做一些调整，一份专业而个性的简历就完成了。

（21）以"个人简历"为名保存文件。

【拓展案例】

1．员工档案表（见图 2.27）

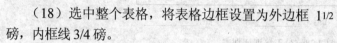

员工档案表

姓名		性别		出生日期			
户籍地址				联系电话			照片
现在通讯地址				身份证号码			
最高学历	年系		学校专业	婚姻状况			
职称		工作岗位			档案所在地		

主要简历
（就读学校，工作单位的起止时间，公司名称等）

工作经验及职业技能：

兴趣、爱好、特长：

填表人：　　　　　　　　　　　　　　　　　年　月　日

图 2.27　员工档案表

2．员工培训计划表（见图 2.28）

3．员工面试表（见图 2.29）

员 工 培 训 计 划 表

单位＿＿＿＿＿＿＿＿＿＿＿＿＿　　　　　　　　编号＿＿＿＿＿＿＿＿＿

工	培 训 类 别						备注
	培 训 名 称						
号	姓名	工作类别					

批准　＿＿＿＿＿＿＿　　　审核　＿＿＿＿＿＿＿　　　拟订　＿＿＿＿＿＿＿

图 2.28　员工培训计划表

员 工 面 试 表

面试职位		姓名		年龄		面试编号	
居住地			联系方式				
时间		毕业学校			专业		
学历		期望月薪			专长		
工作经历							

问　　题	回　答	评价（分数）
1		5　4　3　2　1
		理由
2		5　4　3　2　1
		理由
3		5　4　3　2　1
		理由
综合评价（分数） A　B　C　D　E	考官评语	分数 总计

图 2.29　员工面试表

4. 员工工作业绩考核表（见图 2.30）

员工工作业绩考核表

重点工作项目	目标衡量标准	关键策略	权重(%)	资源支持承诺	参与评价者评分	自评得分	上级评分
1、							
2、							
3、							
4、							
5、							
合计	评价得分=Σ（评分*权重）		100%				

图 2.30　员工工作业绩考核表

【拓展训练】

利用 Word 表格制作一份图 2.31 所示的"员工工作态度评估表"。

员工工作态度评估表

姓名　　时间	第一季度	第二季度	第三季度	第四季度	平均分
慕容上	91	92	95	96	93.5
柏国力	88	84	80	82	83.5
全清晰	80	82	87	87	84
文留念	83	88	78	80	82.25
皮未来	90	80	70	70	77.5
段齐	84	83	82	85	83.5
费乐	84	84	83	84	83.75
高玲珑	85	83	84	82	83.5
黄信念	80	79	90	81	82.5

图 2.31　员工工作态度评估表

操作步骤如下。

（1）启动 Word 2003，新建一个空白文档。

（2）在"表格"菜单中，选择"插入"中的"表格"命令，插入一个 6 列、10 行的表格。

（3）输入图 2.31 中表格标题的文字内容"员工工作态度评估表"。

（4）绘制斜线表头。将光标置于表格中的任意单元格，单击"表格"菜单中的"绘制斜线表头"命令，打开图 2.32 所示的"插入斜线表头"对话框，选择需要的表头样式，设置表头字体大小，再分别输入所需的行、列等标题，最后单击"确定"按钮。

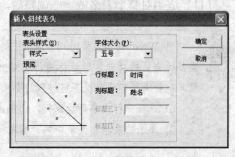

图 2.32　"插入斜线表头"对话框

绘制斜线表头还可通过以下操作。

① 在"边框和底纹"对话框中，选择"预览"区域的"斜下框线"按钮☐或"斜上框线"按钮☐，可以设置表格的斜线。

② 在"表格和边框"工具栏上，选择"斜下框线"按钮☐或"斜上框线"按钮☐，可以设置表格的斜线。

③ 在"表格和边框"工具栏上，选择"绘制表格"按钮☐，自己画出斜线。

（5）根据图 2.31 输入表格中的数据（除"平均分"列外）。

（6）计算平均分。将光标放在第二行的"平均分"列单元格中，单击"表格"菜单中的"公式"命令，打开图 2.33 所示的"公式"对话框。在"公式"框中输入计算平均分的公式或在"粘贴函数"列表中选择需要的函数，再输入参与计算的单元格，如图 2.34 所示，最后单击"确定"按钮。

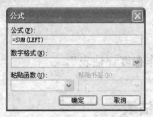

| 图2.33 "公式"对话框 | 图2.34 在"公式"对话框中输入所需函数 |

　　在公式或函数中一般引用单元格的名称来表示参与运算的参数。单元格名称的表示方法是：列标采用字母"A"、"B"、"C"……来表示，行标采用数字"1"、"2"、"3"……来表示。因此，若表示第2列第3行的单元格时，其名称为"B3"。

（7）依次计算出其他行的平均分。

（8）选中表格标题"员工工作态度评估表"，将其设置为"黑体"、"二号"、"加粗"、"居中"。

（9）选定整个表格，设置表格的边框为外粗内细的边框线。

（10）将表格中除斜线表头外的其他单元格的字符对齐方式设置为"中部居中"。

（11）适当对整个表格做一些调整后，就完成了图2.31所示的"员工工作态度评估表"。

　　用 Word 制作表格时，当表格中的数据量较大时，表格长度往往会超过一页，Word 提供了重复标题行的功能，即让标题行反复出现在每一页表格的首行或数行，这样便于表格内容的理解，也能满足某些时候表格打印的要求。操作方法如下。

①选择一行或多行标题行，选定内容必须包括表格的第一行。

②单击"表格"菜单中的"标题行重复"命令。

　　要重复的标题行必须是该表格的第一行或开始的连续数行，否则"标题行重复"命令将处于禁止状态。在每一页重复出现表格的表头，对阅读、使用表格带来了很大的方便。

　　对于已经编辑好的 Word 文档来说，如果想把文本转换成表格的形式，或者想把表格转换成文本，也很容易实现。

（1）文本转换成表格。

①插入分隔符（分隔符：将表格转换为文本时，用分隔符标志文字分隔的位置，或在将文本转换为表格时，用其标志新行或新列的起始位置，例如逗号或制表符），以指示将文本分成列的位置。使用段落标记指示要开始新行的位置。如图2.35和图2.36所示。

| 第一季度,第二季度,第三季度,第四季度↵
A,B,C,D↵ | 第一季度　→　第二季度　→　第三季度　→　第四季度↵
A→B→C→D↵ |
| 图2.35 使用逗号作为分隔符 | 图2.36 使用制表符作为分隔符 |

②选择要转换的文本。

③ 选择"表格"菜单中"转换"命令的子命令"文本转换成表格"，打开图 2.37 所示的"将文字转换成表格"对话框。

④ 在"将文字转换成表格"对话框的"文字分隔位置"下，单击要在文本中使用的分隔符所对应的选项。

⑤ 在"列数"框中，选择列数。

如果未看到预期的列数，则可能是文本中的一行或多行缺少分隔符。这里的行数由文本的段落标记决定，因此为默认值。

⑥ 选择需要的任何其他选项，然后单击"确定"按钮即可将文本转换成图 2.38 所示的表格。

（2）表格转换成文本。

① 选择要转换成文本的表格。

② 选择"表格"菜单中"转换"命令的子命令"表格转换成文本""，打开图 2.39 所示的"表格转换成文本"对话框。

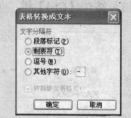

图 2.37 "将文字转换成表格"对话框

第一季度	第二季度	第三季度	第四季度
A	B	C	D

图 2.38 由文本转换成的表格

图 2.39 "表格转换成文本"对话框

③ 在"文字分隔符"下，单击要用于代替列边界的分隔符对应的选项，表格各行默认用段落标记分隔。然后单击"确定"按钮即可将表格转换成文本。

【案例小结】

本案例通过制作"个人简历"、"员工档案表"、"员工面试表"、"员工工作业绩考核表"和"员工工作态度评估表"等人力资源部门的常用表格，讲解了在 Word 中表格的创建和插入、设置表格的行高和列宽、插入和删除表格等基本操作，同时介绍了斜线表头的绘制、表格数据的计算处理等。此外，还介绍了表格中单元格的合并和拆分以及表格内字符的格式化处理、表格的边框和底纹设置等美化和修饰操作。

📖 学习总结

本案例所用软件	
案例中包含的知识和技能	
你已熟知或掌握的知识和技能	
你认为还有哪些知识或技能需要进行强化	
案例中可使用的 Office 技巧	
学习本案例之后的体会	

案例3 制作劳动用工合同

【案例分析】

劳动用工合同是劳动者和用工单位之间签订的书面合同，它用于明确用工单位和受雇者双方的权利和义务，实行责、权、利相结合。本案例利用 Word 文档制作通用的劳动用工合同文书。

【解决方案】

（1）打开本书提供的素材文件夹中"人力资源篇/案例 3"中的"劳动合同书（原文）.doc"文档。

（2）单击"格式"菜单中的"样式和格式"命令，弹出图 2.40 所示的"样式和格式"任务窗格。

（3）按住【Ctrl】键，依次选中文档中的一级标题，如图 2.41 所示。

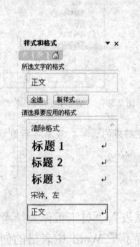

图 2.40 "样式和格式"任务窗格

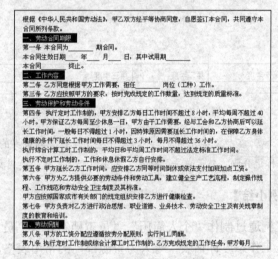

图 2.41 选中所有的一级标题

（4）单击"样式和格式"任务窗格中"请选择要应用的格式"列表框中的"标题 3"，使所有选中的内容应用"标题 3"的样式，如图 2.42 所示。

一、劳动合同期限

第一条 本合同为_____ 期合同。
本合同生效日期___ 年___ 月___ 日，其中试用期_____
本合同_____ 终止。

二、工作内容

第二条 乙方同意根据甲方工作需要，担任_____ 岗位（工种）工作。
第三条 乙方应按照甲方的要求，按时完成规定的工作数量，达到规定的质量标准。

三、劳动保护和劳动条件

图 2.42 应用格式"标题 3"后的文本

提示　单击"格式"工具栏中的"样式"列表，也可为选中的内容设置样式。

（5）在"样式和格式"任务窗格中的"请选择要应用的格式"列表框中单击"标题1"，然后单击其右侧的下拉按钮，从弹出的菜单中选择"修改"命令，如图 2.43 所示。

（6）弹出的"修改样式"对话框，如图 2.44 所示，在该对话框中，可对"标题1"样式的字体、段落等进行修改。在此，将其字体设置为"黑体"、"初号"、"居中"，然后单击"确定"按钮。

图 2.43　选择"修改"命令

图 2.44　"修改样式"对话框

（7）选中文档标题"劳动合同书"，单击修改后的"标题1"，将该样式应用于文档标题。

（8）在标题"劳动合同书"前键入一行空行，并分别在标题"劳动合同书"之后、"乙方"之前以及"××市劳动和社会保障局监制"之前键入两行空行。

（9）将"甲方……"至"××市劳动和社会保障局监制"之前的段落设置为 2 倍行距，并增加该部分的段落缩进量，再将"××市劳动和社会保障局监制"和"＿＿年＿月＿日"两行设置为居中，如图 2.45 所示。

（10）将光标置于"＿＿年＿月＿日"之后，单击"插入"菜单中的"分隔符"命令，弹出图 2.46 所示的"分隔符"对话框，将"分隔符类型"中的"分页符"选中，然后单击"确定"按钮。

图 2.45　格式化后的"劳动合同书"封面

图 2.46　"分隔符"对话框

（11）选中正文中除标题行外的其他段落，将其设置为“首行缩进”2字符。

（12）将文档中的“第一条”字符设置为“宋体”、“五号”、“加粗”。

（13）选中设置格式后的“第一条”字符，双击“常用”工具栏上的“格式刷”按钮，分别将该样式复制给文档中的其他“第×条”字符。

（14）选中文档的末尾，即从“甲方（盖章）”到“____年____月____日”，将其与正文空两行，行距设置为“1.5”倍。

（15）单击“文件”菜单中的“另存为”，将文档以“劳动合同书”为名、以“文档模板”(.dot)为保存类型进行保存。

【拓展案例】

1．人事录用通知书（见图2.47）

2．培训合约（见图2.48）

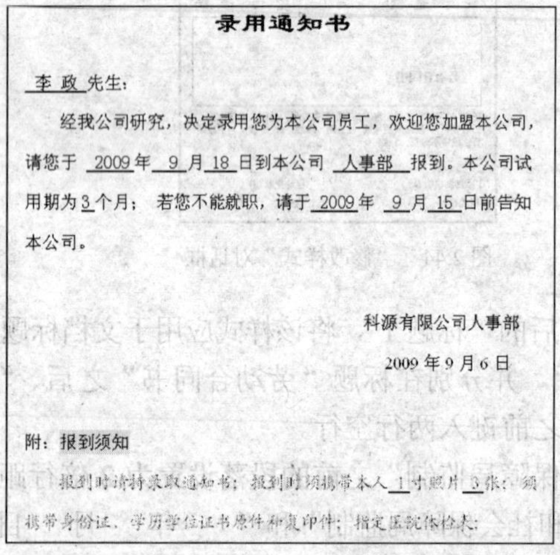

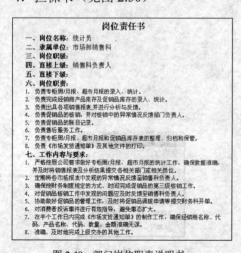

录用通知书

李政先生：

经我公司研究，决定录用您为本公司员工，欢迎您加盟本公司，请您于2009年9月18日到本公司人事部报到。本公司试用期为3个月；若您不能就职，请于2009年9月15日前告知本公司。

科源有限公司人事部

2009年9月6日

附：报到须知

报到时请持录取通知书；报到时须携带本人1寸照片3张；须携带身份证、学历学位证书原件和复印件；指定医院体检表；

图2.47 人事录用通知书

培 训 合 约

甲方：

乙方： 身份证号码：

因业务需要，甲方派遣乙方参加____________培训，为明确双方权利及义务关系，双方经协商达成如下协议：

一、甲方负责支付培训费用和交通费、食宿费；培训费用全额支付，交通费和食宿费按甲方现行的财务制度执行。

二、根据培训小时数，乙方须相应延长为甲方服务的期限：受训时数以8小时为标准（不足8小时的按8小时计），每受训8小时，则乙方为甲方服务期限增加一个月，即在甲、乙双方签订的本年度《劳动合同》中约定的合同期限的基础上增加一个月。

本次培训时数为____小时，乙方应继续为甲方服务至 年 月 日时止。

三、如乙方有下列情形之一者，所有因培训甲方支出的费用由乙方负担，甲方将从乙方薪资中扣回，若乙方在扣清费用前离职(包括申请辞职与严重违反公司规章而被辞退)，须缴清所欠剩余款项方可离职。否则，甲方将追究乙方法律责任。

1．培训期间申请离职者；

2．未通过培训考试或未取得合格证书者；

3．培训期间缺席累计达培训时间三分之一者。

四、如乙方违背第二条规定，约定的服务期期满之前离职（包括申请辞职与严重违反公司规章而被辞退），乙方须按所差服务期折算费用赔偿甲方损失（计算方法：赔偿金额=<培训费用、交通食宿等费用总额／约定的继续服务天数>×<约定的继续服务天数一实际服务天数>。），否则，甲方将追究乙方法律责任。

五、本合约是双方签订的______年度《劳动合同》的补充条款，自双方签字盖章之日起生效。

六、本合约一式两份，甲方、乙方各保存一份。

甲方签章： 乙方签字：

甲方代表：

日 期： 日 期：

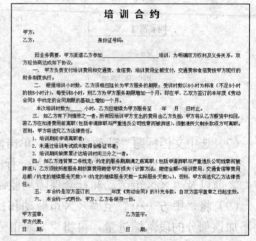

图2.48 培训合约

3．部门岗位职责说明书（见图2.49）

4．担保书（见图2.50）

岗位责任书

一、岗位名称：统计员

二、隶属单位：市场部销售科

三、岗位职级：

四、直接上级：销售科负责人

五、直接下级：

六、岗位职责：

1. 负责专柜周/月报、超市月报的录入、统计。
2. 负责完成经销商产品库存及促销品库存的录入、统计。
3. 负责出具各项销售报表,并进行分析与反馈。
4. 负责促销品的核销，并对核销中的异常情况反馈部门负责人。
5. 负责促销品的账目记录。
6. 负责售后服务工作。
7. 负责专柜周/月报、超市月报和促销品库存表的整理、归档和保管。
8. 负责《市场发货通知单》及其他文件的打印。

七、工作内容与要求：

1. 严格按照公司要求做好专柜周/月报、超市月报的统计工作，确保数据准确，并及时将销售报表及分析结果提交各相关部门或相关岗位。
2. 定期将各市场报表中发现的异常情况反馈至销售科负责人。
3. 确保按财务制度规定的方式、时间完成促销品的第三级核销工作。
4. 对促销品核销工作中发现的问题应及时反馈至销售科负责人。
5. 协助做好促销品的管理工作，及时将促销品调拨申请等提交财务科开单。
6. 对消费者投诉事件进行有效指导，避免事态扩大。
7. 在半个工作日内完成《市场发货通知单》的制作工作，确保经销商名称、代码、产品名称、代码、数量、金额准确无误。
8. 准确、及时地完成上级交办的其他工作。

图2.49 部门岗位职责说明书

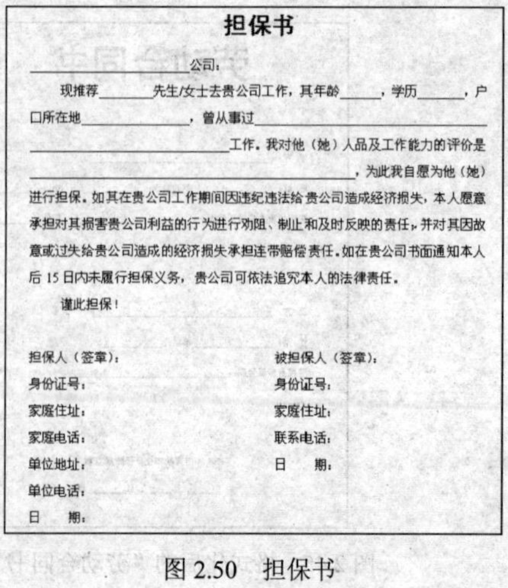

担保书

____________公司：

现推荐______先生/女士去贵公司工作，其年龄____，学历_____，户口所在地__________，曾从事过______________________工作。我对他（她）人品及工作能力的评价是______________________，为此我自愿为他（她）进行担保。如其在贵公司工作期间因违纪违法给贵公司造成经济损失，本人愿意承担对其损害贵公司利益的行为进行劝阻、制止和及时反映的责任，并对其因故意或过失给贵公司造成的经济损失承担连带赔偿责任。如在贵公司书面通知本人后15日内未履行担保义务，贵公司可依法追究本人的法律责任。

谨此担保！

担保人（签章）： 被担保人（签章）：

身份证号： 身份证号：

家庭住址： 家庭住址：

家庭电话： 联系电话：

单位地址： 日 期：

单位电话：

日 期：

图2.50 担保书

【拓展训练】

利用 Word 制作"业绩报告"模板，并利用模板制作一份"2009 年度物流部门业绩报告"，如图 2.51 所示。

图 2.51 "业绩报告"效果

操作步骤如下。

（1）启动 Word 2003。

（2）制作"业绩报告"模板。

① 单击"文件"菜单中的"新建"命令，打开"新建文档"任务窗格。

② 单击任务窗格"模板"区的"本机上的模板"，打开"模板"对话框，选择"报告"选项卡，选中"典雅型报告"模板，然后选中"新建"区的"模板"单选按钮，如图 2.52 所示。

③ 单击"确定"按钮后，便以"典雅型报告"模板为基准创建了一个模板。接下来我们修改其中的文字和样式从而得到适合自己需要的模板。

④ 修改模板文字内容。为了便于浏览，切换到"普通视图"。在"单击此处键入公司名称"处

图 2.52 "模板"对话框

输入公司的名称"科源有限公司"，以后用此模板新建文档时就不必重新输入了。

⑤ 选中"营销计划"文字，更改为"业绩报告"。更改"向东部地区发展的最佳时机"为"××年度××部门业绩报告"。对于"分节符（下一页）"下方的标题也按此更改，完成后的效果如图 2.53 所示。

⑥ 删除模板后面其余的文本内容。

（3）利用"样式"进一步修改模板，以满足公司企业对文档外观的需要。

① 单击"格式"菜单中的"样式和格式"命令，打开"样式和格式"任务窗格。

② 修改公司名称样式。选中公司名称"科源有限公司"，在任务窗格中找到样式"公司名"，单击其右侧的下拉按钮，再选择"修改"命令，打开"修改样式"对话框，将字体修改为"宋体"、"二号"、"加粗"，并选中"自动更新"选项，最后单击"确定"按钮。

③ 修改"封面标题"样式。同样地，选中封面标题"业绩报告"，将封面标题的样式修改为"黑体"、"48"，字符间距加宽"5磅"，段前段后间距为3行，并选中"自动更新"选项，最后单击"确定"按钮。

④ 将"公司名称"占位符文本框适当下移，以使封面内容居于页面中央。

（4）以"公司业绩报告"为名保存所做的模板。

① 单击工具栏上的"保存"按钮，或者"文件"菜单中的"另存为"命令，打开"另存为"对话框，由于我们在创建时就选择了"模板"选项，因此此时Word自动识别我们是要保存一个模板，并定位到了Word模板的默认保存位置，如图2.54所示。

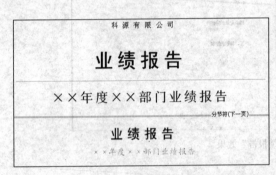

图2.53　模板的初步效果

图2.54　"另存为"对话框

② 单击"确定"按钮，退出Word程序。

> Word用户创建模板的默认保存位置为C:\Documents and Settings\××(用户帐号)\Application Data\Microsoft\Templates文件夹。当然可以把自己创建的模板保存到其他位置，但是建议保存在这个默认位置，因为保存在这里的模板会在"模板"对话框的"常规"选项卡显示，以后利用该模板新建文档时方便选用。

（5）应用"业绩报告模板"创建业绩报告。

① 启动Word 2003。

② 单击"文件"菜单中的"新建"命令，打开"新建文档"任务窗格。

③ 单击任务窗格"模板"区的"本机上的模板"，打开"模板"对话框，选择"常用"选项卡，如图2.55所示。前面所创建的"公司业绩报告"模板出现在"常用"模板选项中，选中"公司业绩报告"模板，然后选中"新建"区的"文档"单选按钮，再单击"确定"按钮。

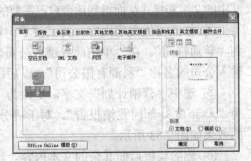

图2.55　选择自己创建的"公司业绩报告"模板

④ 创建物流部 2009 年度业绩报告。

【案例小结】

本案例通过制作"劳动用工合同"、"公司业绩报告"等人力资源管理部门的常用文档，介绍了 Word 文档的创建、编辑和文本的格式化处理等基本操作，同时讲解了利用样式、模板、格式刷等对文档进行修饰处理的方法。

此外，通过"人事录用通知书"、"培训合约"、"部门岗位职责说明书"、"担保书"等多个拓展案例，让读者可以举一反三，掌握 Word 在人力资源管理中的应用。

📖 学习总结

本案例所用软件	
案例中包含的知识和技能	
你已熟知或掌握的知识和技能	
你认为还有哪些知识或技能需要进行强化	
案例中可使用的 Office 技巧	
学习本案例之后的体会	

案例 4　制作员工培训讲义

【案例分析】

企业对员工的培训是人力资源开发的重要途径。培训不仅能提高员工的思想认识和技术水平，也有助于公司员工团队精神的培养，增强员工的凝聚力和向心力，满足企业发展对高素质人才的需要。本案例运用 PowerPoint 制作培训讲义，以提高员工培训的效果。员工培训讲义的效果如图 2.56 所示。

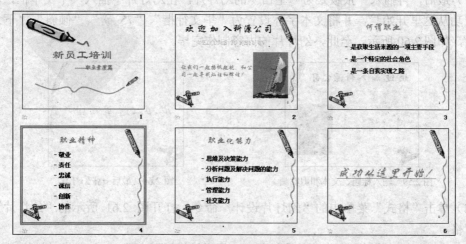

图 2.56　员工培训讲义的效果图

【解决方案】

（1）启动 PowerPoint，新建一份空白演示文稿，出现一张"标题幻灯片"版式的幻灯片，如图 2.57 所示。

（2）单击"单击此处添加标题"框，输入标题"新员工培训"，并将其字体设置为"隶书"、"72 磅"。

（3）再单击"单击此处添加副标题"框，输入副标题"—职业素质篇"，并将其字体设置为"楷体 GB_2312"、"32 磅"。

（4）单击"插入"菜单中的"新幻灯片"命令，插入一张版式为"标题和文本"的新幻灯片，在右侧的"幻灯片版式"任务窗格中选择"其他版式"中的"标题，文本与剪贴画"选项，新插入的幻灯片就套用了该版式，如图 2.58 所示。

图 2.57 "标题幻灯片"版式 　　　　　图 2.58 "标题，文本与剪贴画"版式

 若右侧的"幻灯片版式"任务窗格已关闭，可单击"格式"菜单中的"幻灯片版式"命令，打开任务窗格。

（5）在该幻灯片的相应位置上分别输入图 2.59 所示的内容，并对字体、颜色等进行适当的设置。

（6）再插入多张新幻灯片，创建演示文稿中幻灯片编号为 3、4、5 的幻灯片。

（7）最后，再插入一张版式为"空白"的幻灯片，在幻灯片中插入一个文本框，输入文本"成功从这里开始！"，并将文本字体设置为"华文行楷"、"75 磅"、"倾斜"、"下划线"、"红色"，如图 2.60 所示。至此，幻灯片的内容制作完毕。

图 2.59 输入标题、文本和剪贴画 　　　　　图 2.60 最后一张幻灯片

（8）单击"格式"菜单中的"幻灯片设计"命令，打开图 2.61 所示的"幻灯片设计"任务窗格。

（9）在"幻灯片设计"任务窗格中选择"应用设计模板"中的"Crayons"模板，可将选中的幻灯片模板应用到所有幻灯片，图 2.62 为应用了"Crayons"模板后的标题幻灯片的效果。

图 2.61 "幻灯片设计"任务窗格　　　　图 2.62 应用了"Crayons"模板后的标题幻灯片的效果

也可右击幻灯片空白处，从弹出的快捷菜单中选择"幻灯片设计"命令，打开"幻灯片设计"任务窗格。

（10）单击"插入"菜单中的"幻灯片编号"命令，弹出图 2.63 所示的"页眉和页脚"对话框，选择"幻灯片"选项卡，选中其中的"幻灯片编号"和"标题幻灯片中不显示"两项，然后单击"全部应用"按钮，在幻灯片中插入幻灯片编号。

（11）接下来，我们为幻灯片设置相应的动画效果。选择第一张幻灯片，选中标题文本"新员工培训"，单击"幻灯片放映"菜单中的"自定义动画"命令，打开图 2.64 所示的"自定义动画"任务窗格。

图 2.63 "页眉和页脚"对话框　　　　图 2.64 "自定义动画"任务窗格

（12）单击"自定义动画"任务窗格中的"添加效果"按钮，打开图 2.65 所示的下拉菜单。

（13）单击"进入"命令，打开级联菜单，如图 2.66 所示，单击选择"棋盘"效果。

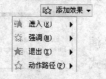

图 2.65 "添加效果"下拉菜单　　　　图 2.66 "进入"级联菜单

① 若需要设置其他动画效果，单击"其他效果"按钮，可打开图 2.67 所示的"添加进入效果"对话框，选择其他效果。

② 若选中了"自定义动画"任务窗格中的"自动预览"选项，可以预览所设置的动画效果。

（14）同样，选中幻灯片副标题，将其进入效果设置为"百叶窗"。

（15）选中其他幻灯片中的对象，为其定义适当的动画效果。

（16）单击"幻灯片放映"菜单中的"幻灯片切换"命令，打开图 2.68 所示的"幻灯片切换"任务窗格。

图 2.67 "添加进入效果"对话框

图 2.68 "幻灯片切换"任务窗格

（17）从"幻灯片切换"任务窗格中选择"应用于所选幻灯片"列表中的"随机"效果。

（18）对"幻灯片切换"任务窗格中的"修改切换效果"进行设置，将"速度"设置为"中速"，再将"换片方式"设置为"单击鼠标时"。

（19）单击任务窗格下部的"应用于所有幻灯片"按钮，可将设定的幻灯片切换方式应用于演示文稿的所有幻灯片。

若需在每张幻灯片上设置不同的切换方式，则不要单击"应用于所有幻灯片"按钮，而是对每张幻灯片分别进行设置。

（20）单击"幻灯片放映"菜单中的"设置放映方式"命令，打开图 2.69 所示的"设置放映方式"对话框，可对幻灯片的放映方式进行设置。

（21）设置完毕，单击"幻灯片放映"菜单中的"观看放映"命令，可进入幻灯片放映视图，观看幻灯片。

（22）保存演示文稿。将演示文稿按文件类型"演示文稿"保存在用户文件夹中，即文件以".ppt"格式保存。

图 2.69 "设置放映方式"对话框

若用户需要将演示文稿直接用于播放，也可将文件类型保存为"PowerPoint 放映"格式，即文件以".pps"格式保存。但需注意的是，"PowerPoint 放映"格式的演示文稿不能再进行编辑。

【拓展案例】

1. 公司年度总结报告演示文稿（见图 2.70）

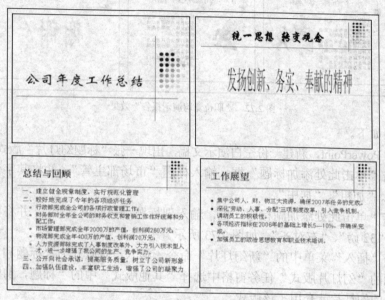

图 2.70　公司年度总结报告演示文稿

2. 述职报告演示文稿（见图 2.71）

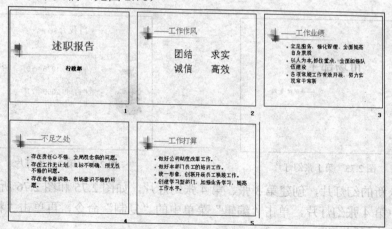

图 2.71　述职报告演示文稿

【拓展训练】

利用 PowerPoint 制作"职位竞聘演示报告"，用于竞聘职位时播放，如图 2.72 所示。

图 2.72 "职位竞聘演示报告"效果

操作步骤如下。

（1）启动 PowerPoint，新建一份空白演示文稿，出现一张"标题幻灯片"版式的幻灯片。

（2）单击"单击此处添加标题"框，输入标题"市场部主管"，并将其字体设置为"宋体"、"60磅"、"加粗"、"居中"。

（3）单击"单击此处添加副标题"框，输入副标题"—职位竞聘"，并将其字体设置为"华文行楷"、"32磅"、"右对齐"，如图 2.73 所示。

（4）单击"插入"菜单中的"新幻灯片"命令，插入一张版式为"标题和文本"的新幻灯片，在右侧的"幻灯片版式"任务窗格中选择"其他版式"中的"标题，剪贴画与文本"选项，新插入的幻灯片就套用了该版式。

（5）在该幻灯片的相应位置上分别输入图 2.74 所示的内容，并对字体、颜色等进行适当的设置。

图 2.73 第 1 张幻灯片

图 2.74 第 2 张幻灯片

（6）插入新的幻灯片，创建第 3 张、第 4 张幻灯片，如图 2.75 和图 2.76 所示。

（7）选中第 4 张幻灯片，单击"编辑"菜单中的"复制"命令，再单击"粘贴"命令，将第 4 张幻灯片复制一份。

（8）在复制出来的第 5 张幻灯片中输入图 2.77 所示的内容，重新插入所需的图片，并移动调整文本框和剪贴画的位置。

（9）最后，插入一张版式为"空白"的幻灯片，在幻灯片中插入艺术字"谢谢！"，并适当调整艺术字的大小和位置，如图 2.78 所示。

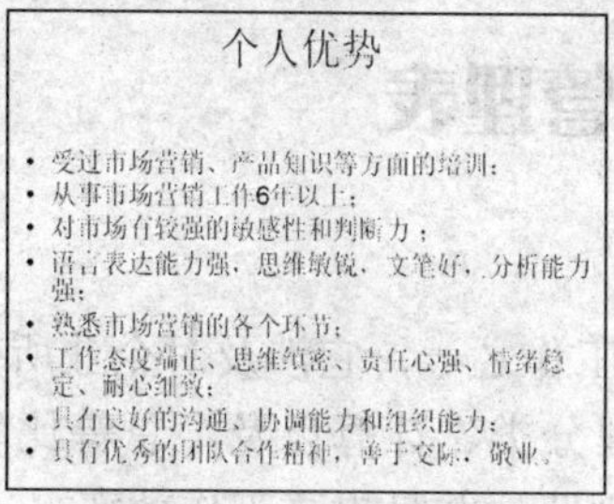

图 2.75　第 3 张幻灯片

图 2.76　第 4 张幻灯片

图 2.77　第 5 张幻灯片

谢谢！

图 2.78　第 6 张幻灯片

（10）单击"格式"菜单中的"幻灯片设计"命令，打开"幻灯片设计"任务窗格，在"幻灯片设计"任务窗格中选择"应用设计模板"中的"Blends"模板，将选中的幻灯片模板应用到所有幻灯片。

（11）分别为幻灯片中的对象设置适当的动画效果。

（12）将演示文稿中的幻灯片切换方式设置为"随机"。

（13）观看幻灯片放映，浏览所创建的演示文稿。

（14）以"职位竞聘演示报告"为名保存文档。

【案例小结】

本案例以制作"员工培训讲义"、"年度总结报告"、"述职报告"和"职位竞聘演示报告"等常见的幻灯片演示文稿为例，讲解了利用 PowerPoint 创建和编辑演示文稿、复制和移动幻灯片等相关操作，然后介绍了利用模板对演示文稿进行美化和修饰的操作方法。

幻灯片演示文稿的另外一个重要功能是实现了演示文稿的动画播放。本案例通过介绍演示文稿中对象的进入动画，讲解了自定义动画方案、幻灯片切换以及幻灯片播放等知识。

📖 学习总结

本案例所用软件	
案例中包含的知识和技能	
你已熟知或掌握的知识和技能	
你认为还有哪些知识或技能需要进行强化	
案例中可使用的 Office 技巧	
学习本案例之后的体会	

案例 5 制作员工人事档案、工资管理表

【案例分析】

人事档案、工资管理是企业人力资源部门的主要工作之一，它涉及对企业所有员工的基本信息、基本工资、津贴、薪级工资等数据进行整理分类、计算以及汇总等比较复杂的处理。在本案例中，使用 Excel 可以使管理变得简单、规范，并且提高工作效率。

【解决方案】

（1）启动 Excel，新建一份工作簿，将文件保存为"员工人事档案和工资管理表.xls"。

（2）在 Sheet1 工作表中输入图 2.79 所示的员工人事基本信息数据。

图 2.79 公司人事档案管理表

关于数据的录入技巧有以下两个方面。

① "序号"录入：对于连续的序列填充，可首先输入序号"1"、"2"，然后选中填有"1"、"2"的两个单元格，拖动填充句柄进行填充。或者，先输入数字序号"1"，然后选定填有"1"的单元格，按住【Ctrl】键，再拖动填充句柄进行填充。

② 对于"部门"、"职称"、"学历"、"性别"等列的录入，由于需要在多个区域输入同一数据（例如，在同一列的不同单元格中输入性别"男"），因此可以一次性输入：在按住【Ctrl】键的同时，分别选中需要输入同一数据的多个单元格区域，然后直接输入数据，输入完成后，按下【Ctrl】+【Enter】组合键确认即可。

（3）选中工作表 Sheet1，然后单击"格式"菜单中的"工作表"命令，从级联菜单中选择"重命名"命令，输入新的工作表名称"员工档案"，再按【Enter】键。

工作表重命名的方法还有下面两种。

① 选中要重命名的工作表，右击鼠标，从弹出的快捷菜单中选择"重命名"，输入新的工作表名称，再按【Enter】键。

② 用鼠标双击工作表标签，输入新的工作表名称，再按【Enter】键。

（4）单击 H 列，选择"插入"菜单中的"列"命令，在 H 列上插入一个空列，原来 H 列的数据后移。单击 H3 单元格，输入"年龄"。

（5）选择 H4 单元格，输入年龄的计算公式"=year(today())-year(K4)"，再按【Enter】键。其中"year(today())"表示取当前系统日期的年份，"year(K4)"表示对出生日期取年份，两者之差即为员工年龄。

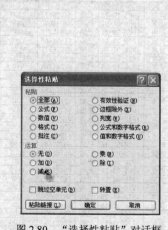

> 若年龄的计算结果不是一个常规数据，而是一个日期数据，则可单击"格式"菜单中的"单元格"命令，在弹出的"单元格格式"对话框中选择"数字"选项卡，从"分类"列表中选择"常规"，再单击"确定"按钮。

（6）选中 H4 单元格，拖动单元格右下角的填充句柄进行自动填充，计算出所有员工的年龄。

（7）选中工作表"员工档案"中的"A3:C33"以及"N3:N33"单元格，单击"编辑"菜单中的"复制"命令，再选择 Sheet2 工作表中的 A1 单元格，然后单击"编辑"菜单中的"粘贴"命令，将选中的内容复制到 Sheet2 中。

> 单击"编辑"菜单中的"选择性粘贴"命令，将弹出图 2.80 所示的"选择性粘贴"对话框，用户可根据需要选择相应的粘贴选项进行粘贴。

（8）在 Sheet2 工作表的"A1"单元格之前插入两个空行，然后在 A1 中输入"公司员工工资管理表"，并将工作表"Sheet2"重命名为"员工工资"。

（9）在"员工工资"表的 E3、F3 和 G3 单元格中，分别输入字段标题"薪级工资"、"津贴"和"应发工资"。

（10）在"薪级工资"一列中输入图 2.81 所示的数据。

图 2.80 "选择性粘贴"对话框　　　　　图 2.81 "员工工资"表的数据

（11）在"津贴"一列中，计算"津贴"数据，津贴的值为"基本工资*0.2"。单击 F4 单元格，输入"=D4*0.2"，再按【Enter】键，利用自动填充的方法计算出其他员工的津贴。

（12）单击选中 G4 单元格，然后单击"常用"工具栏中的"Σ"按钮，在单元格中出现图 2.82 所示的公式，按下【Enter】键，可计算出"应发工资"数据，利用自动填充，计算出其他员工的应发工资。

	A	B	C	D	E	F	G	H	I	J
1	公司员工工资管理表									
2										
3	序号	姓名	部门	基本工资	薪级工资	津贴	应发工资			
4	1	赵力	人力资源部	2100	725	420	=SUM(D4:F4)			
5	2	桑南	人力资源部	840	450	168	SUM(**number1**, [number2], ...)			
6	3	陈可可	人力资源部	2380	820	476				
7	4	刘光利	人力资源部	1260	625	252				
8	5	钱新	财务部	1860	820	372				

图 2.82 计算"应发工资"

（13）设置"员工档案"表的格式。

① 选择"员工档案"工作表，选定 A1:N1 单元格，单击"格式"工具栏中的"合并及居中"按钮，合并选定的单元格。

② 将合并后的标题格式设置为"黑体"、"22磅"、"深蓝色"。

③ 为数据区域自动套用格式。选中 A3:N33 单元格区域，单击"格式"菜单中的"自动套用格式"命令，打开图 2.83 所示的"自动套用格式"对话框，选择格式"序列 2"，单击"确定"按钮。

④ 为数据区域设置边框。选中 A3:N33 单元格区域，单击"格式"工具栏上的"边框"按钮旁的下拉按钮，先单击"所有框线"按钮回，再单击"粗匣框线"按钮口，为表格设置内细外粗的边框线。

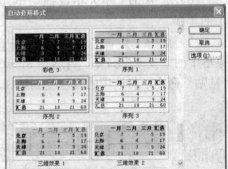

图 2.83 "自动套用格式"对话框

⑤ 将 A4:N33 单元格区域的对齐方式设置为水平居中。设置后的格式如图 2.84 所示。

	A	B	C	D	E	F	G	H	I	J	K	L	M	N
1	公司人事档案管理表													
2														
3	序号	姓名	部门	职务	职称	学历	参加工作时间	年龄	性别	籍贯	出生日期	婚否	联系电话	基本工资
4	1	赵力	人力资源部	统计	高级经济师	本科	1984-06-06	47	男	北京	1963-10-23	已婚	64000872	2100
5	2	桑南	人力资源部	统计	助理统计师	大专	1971-10-31	54	男	山东	1956-04-01	已婚	6bU34080	840
6	3	陈可可	人力资源部	部长	高级经济师	硕士	1988-07-15	48	男	四川	1962-08-25	已婚	63035376	2380
7	4	刘光利	人力资源部	科员	无	中专	1988-08-01	45	女	陕西	1965-07-13	已婚	64654756	1260
8	5	钱新	财务部	财务总监	高级会计师	本科	1991-07-20	42	男	甘肃	1968-07-04	未婚	66018871	1860
9	6	曾思杰	财务部	会计	助理会计师	本科	1987-05-16	43	女	南京	1967-09-10	已婚	66032221	1750
10	7	李莫蜜	财务部	出纳	助理会计师	本科	1989-06-10	44	男	北京	1966-12-15	已婚	69244765	910
11	8	周树家	行政部	部长	工程师	本科	1996-07-30	37	女	湖北	1973-08-30	已婚	63812307	1120
12	9	林帝	行政部	副部长	经济师	本科	1985-12-07	45	男	陕西	1965-09-13	已婚	68874344	1400
13	10	柯卿	行政部	科员	无	大专	1992-09-11	42	男	陕西	1968-10-12	已婚	65910605	1330
14	11	司马勤	行政部	科员	助理工程师	高中	1990-07-17	43	女	天津	1967-03-08	已婚	62175686	700
15	12	令狐克	行政部	内勤	无	高中	2000-02-22	35	女	北京	1975-02-14	未婚	64366059	740
16	13	慕容上	物流部	外勤	无	中专	2002-04-10	32	女	北京	1978-11-03	未婚	67225427	630
17	14	柏国兴	物流部	主管	工程师	硕士	1995-07-31	39	男	哈尔滨	1970-03-15	已婚	67017027	1430
18	15	全泉	物流部	项目监察	工程师	本科	2001-08-14	33	女	北京	1977-04-18	已婚	63267813	1120
19	16	文略南	物流部	项目主管	高级工程师	硕士	1985-03-17	44	男	四川	1966-07-16	已婚	65257851	1890
20	17	尔阿	物流部	业务员	无	本科	1998-09-18	44	女	安徽	1966-05-24	已婚	65761446	1050
21	18	英冬	物流部	业务员	无	大专	1995-04-03	40	女	北京	1970-06-13	已婚	67624956	680
22	19	皮维	物流部	项目监察	工程师	本科	1984-12-08	45	男	湖北	1965-03-21	已婚	67624978	1120
23	20	段齐	物流部	项目主管	工程师	本科	1997-05-06	35	女	北京	1975-04-16	未婚	64272683	1400
24	21	费乐	物流部	项目监察	工程师	本科	2003-07-13	34	男	四川	1976-08-09	未婚	65922950	1120
25	22	高玲珑	物流部	业务员	助理经济师	本科	1992-11-21	38	男	北京	1972-11-30	已婚	65966501	910
26	23	黄信念	物流部	内勤	无	高中	1983-12-15	50	女	陕西	1960-12-10	已婚	68190028	420
27	24	江席来	物流部	项目主管	高级经济师	本科	1986-7-15	46	男	天津	1964-5-8	已婚	64581924	1960
28	25	王俊钦	市场部	主管	经济师	本科	1990-7-6	42	男	重庆	1968-1-6	已婚	63661547	2100
29	26	张梦	市场部	业务员	助理经济师	中专	1992-8-9	40	女	四川	1970-5-9	已婚	65897823	1050
30	27	夏蓝	市场部	业务员	无	高中	1996-12-10	32	女	湖南	1978-5-23	已婚	64789321	910
31	28	白俊伟	市场部	外勤	工程师	本科	1987-6-30	45	男	四川	1965-8-5	已婚	68794651	1410
32	29	牛婷婷	市场部	主管	经济师	硕士	1995-7-18	40	女	重庆	1970-3-15	已婚	69712546	2130
33	30	米思南	市场部	部长	高级经济师	硕士	1992-8-1	50	男	山东	1970-10-18	已婚	67584251	3150

图 2.84 设置完成后的"员工档案"表

> **提示**　合并单元格的操作也可以先选定要合并的单元格，然后单击"格式"菜单中的"单元格"命令，在弹出的"单元格格式"对话框中选择"对齐"选项卡，选中"文本控制"中的"合并单元格"选项，如图 2.85 所示。

图 2.85　"单元格格式"对话框

（14）同样，可设置"员工工资"表的格式。

（15）导出"员工工资"表的数据。

为方便财务部进行工资的核算而不必重新输入数据，这里，我们将生成的员工工资数据导出备用。

① 选中"员工工资"工作表。

② 选择"文件"菜单中的"另存为"命令，弹出"另存为"对话框。

③ 将文件的保存类型设置为"CSV（逗号分隔）"类型，以"员工工资"为名保存在"人力资源篇/案例 10"中，如图 2.86 所示。

图 2.86　"另存为"对话框

> **提示**　.xls 文件是 Microsoft Excel 电子表格的文件格式，CSV（Comma Separated Value）是最通用的一种文件格式，它可以非常容易地被导入各种 PC 表格及数据库中，这种文件格式经常用来作为不同程序之间的数据交互的格式。
>
> CSV(*.csv)文件格式只能保存活动工作表中的单元格所显示的文本和数值。工作表中所有的数据行和字符都将被保存。数据列以逗号分隔，每一行数据都以回车符结束。如果单元格中包含逗号，则该单元格中的内容以双引号引起。如果单元格显示的是公式而不是数值，该公式将转换为文本方式。所有格式、图形、对象和工作表的其他内容将全部丢失。欧元符号将转换为问号。
>
> .csv 是逗号分割的文本文件，可以用文本编辑器和电子表格（如 Excel 等）打开；.xls 是 Excel 专用格式，只能用 Excel 打开。

④ 单击"保存"按钮，弹出图 2.87 所示的提示框。

⑤ 单击"确定"按钮，弹出图 2.88 所示的提示框。

⑥ 单击"是"按钮，完成文件的导出，导出的文件图标为。

图 2.87 保存为"CSV（逗号分隔）"类型的提示框   图 2.88 确认是否保持格式的提示框

提示   很多时候，我们也会导出 Excel 的数据为文本格式，以便以最节省的空间来存放数据文件。

①保存格式为文本文件时，只能保存一张工作表——活动工作表，故需要先确保"员工工资"为活动工作表。

由于一个工作簿中有多张工作表，Excel 会自动给出图 2.89 所示的提示框，单击"确定"按钮后，得到一个文本文件。

②有些格式不被文本文件兼容，文本文件只会保存为文本数据，Excel 会弹出图 2.90 所示的对话框，来选择保存时是否保留这些功能。

图 2.89 保存为文本文件时的提示框   图 2.90 选择保持格式的对话框

③由于要用来做外部数据，很可能用到数据库中去，因此最好是一个完整的数据清单，可以将原来的标题"公司员工工资管理表"删除掉。

当然，即使未删除标题，Excel 在导入外部数据时，也会自动识别数据清单和标题部分。

（16）复制工作表。选定"员工档案"工作表，将该工作表复制 4 份，并分别重命名为"基本工资最高的 5 名员工"、"学历为硕士的员工"、"70 后的男员工"和"汇总各学历的平均基本工资"。

提示   复制工作表的方法有以下三种。

①选中要复制的工作表，单击"编辑"菜单中的"移动或复制工作表"命令，弹出图 2.91 所示的"移动或复制工作表"对话框，单击"下列选定工作表之前"列表中的"员工工资"，选中"建立副本"选项，然后单击"确定"按钮。

②右击工作表标签，从快捷菜单中选择"移动或复制工作表"命令。

③按下【Ctrl】键，拖动要复制的工作表标签，到达新的位置后释放鼠标和【Ctrl】键。

图 2.91 "移动或复制
工作表"对话框

（17）筛选"基本工资最高的 5 名员工"。

①选定"基本工资最高的 5 名员工"工作表。

②单击任一数据区域的单元格，选择"数据"菜单中"筛选"命令的子命令"自动筛选"，系统在每个字段上添加一个下拉按钮，如图 2.92 所示。

③设置筛选条件。单击"基本工资"右边的下拉按钮，显示出图 2.93 所示的列表，单

击"前 10 个"选项,弹出"自动筛选前 10 个"对话框,如图 2.94 所示。

图 2.92 自动筛选工作表

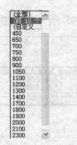

图 2.93 自动筛选项列表

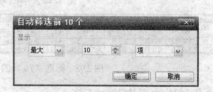

图 2.94 "自动筛选前 10 个"对话框

④ 将筛选项的值设置为"5",单击"确定"按钮后,筛选出基本工资最高的 5 名员工的数据。筛选结果如图 2.95 所示。

图 2.95 筛选出基本工资最高的 5 名员工的数据

(18)筛选"学历为硕士的员工"。

① 选定"学历为硕士的员工"工作表。

② 同样地,使用"自动筛选"命令,从"学历"的下拉列表中选择"硕士",则可得到图 2.96 所示的数据。

图 2.96 筛选出学历为"硕士"的员工数据

(19)筛选"70 后的男员工"数据。

① 选中"70 后的男员工"工作表。

② 同样地,使用"自动筛选"命令。首先在"出生日期"下拉列表中选择"自定义",打开"自定义自动筛选方式"对话框。

③ 如图 2.97 所示,设置筛选条件。

④ 单击"确定"按钮,完成条件"70 后"的设置。

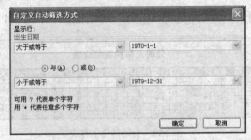

图 2.97　"自定义自动筛选方式"对话框

⑤ 然后，再从"性别"下拉列表中选择"男"，则可得到图 2.98 所示的数据。

	A	B	C	D	E	F	G	H	I	J	K	L	M	N
1							公司人事档案管理表							
3	序号	姓名	部门	职务	职称	学历	参加工作时间	年龄	性别	籍贯	出生日期	婚否	联系电话	基本工资
17	14	柏国力	物流部	部长	高级工程师	硕士	1995-07-31	39	男	哈尔滨	1971-03-15	未婚	67017027	1430
24	21	费乐	物流部	项目监实	工程师	本科	2003-07-13	34	男	四川	1976-08-09	未婚	65922960	1120
25	22	高玲珑	物流部	业务员	助理经理师	本科	1992-11-21	38	男	北京	1972-11-30	已婚	65966501	910
33	30	米思而	市场部	部长	高级经济师	本科	1992-8-1	40	男	山东	1970-10-18	已婚	67584251	3150

图 2.98　筛选"70 后的男员工"数据

（20）汇总各学历的平均基本工资。

① 选中"汇总各学历的平均基本工资"工作表。

② 单击"数据"菜单中的"排序"命令，弹出图 2.99 所示的"排序"对话框。设置"主要关键字"为"学历"，然后单击"确定"按钮。

> **提示**　进行分类汇总时，应先对要分类的字段值进行排序，使分类字段中相同的值排列在一起，再进行分类汇总。

③ 单击"数据"菜单中的"分类汇总"命令，弹出图 2.100 所示的"分类汇总"对话框。

图 2.99　"排序"对话框

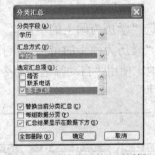

图 2.100　"分类汇总"对话框

④ 在"分类汇总"对话框的"分类字段"下拉列表中选择"学历"，在"汇总方式"下拉列表中选择"平均值"，在"选定汇总项"中选择"基本工资"，然后单击"确定"按钮，可生成各学历的平均基本工资汇总数据，如图 2.101 所示。

1 2 3		A	B	C	D	E	F	G	H	I	J	K	L	M	N
	1							公司人事档案管理表							
	2														
	3	序号	姓名	部门	职务	职称	学历	参加工作时间	年龄	性别	籍贯	出生日期	婚否	联系电话	基本工资
	20						本科 平均值								1503.75
	25						大专 平均值								992.5
	29						高中 平均值								690
	34						硕士 平均值								1957.5
	38						中专 平均值								980
	39						总计平均值								1362.3333

图 2.101　各学历的平均基本工资汇总数据

（21）统计各部门人数。

① 插入新工作表"统计各部门人数"。选中"员工工资"工作表，单击"插入"菜单中的"工作表"命令，插入一张新的工作表，将插入的工作表重命名为"统计各部门人数"。

② 在"统计各部门人数"工作表中创建图 2.102 所示的表格框架。

③ 选中 C4 单元格。

④ 单击"插入"菜单中的"函数"命令，打开图 2.103 所示的"插入函数"对话框，从"选择函数"列表中选择"COUNTIF"函数。

图 2.102　"统计各部门人数"表格框架　　　图 2.103　"插入函数"对话框

⑤ 单击"确定"按钮，打开"函数参数"对话框，设置图 2.104 所示的参数。

⑥ 单击"确定"按钮，得到"行政部"人数。

⑦ 同样地，将 COUNTIF 函数的参数 Criteria 设置为相应的"人力资源部"、"市场部"、"物流部"和"财务部"即可统计出各部门的人数，如图 2.105 所示。

图 2.104　"函数参数"对话框　　　　　　图 2.105　各部门人数统计结果

【拓展案例】

1. 物流部员工业绩评估表（见图 2.106）

图 2.106　物流部员工业绩评估表

2. 员工培训方案管理表（见图 2.107）

	A	B	C	D	E	F
1			员工培训方案管理表			
2,3	编号	员工姓名	培训项目	开始日期	结束日期	考核时间
4	0001	桑南	Word文字处理	2007-3-1	2007-3-3	2007-3-12
5	0001	桑南	Excel电子表格分析	2007-3-4	2007-3-5	2007-3-12
6	0001	桑南	PowerPoint幻灯片演示	2007-3-6	2007-3-8	2007-3-12
7	0002	刘光利	Word文字处理	2007-3-1	2007-3-3	2007-3-12
8	0002	刘光利	Excel电子表格分析	2007-3-4	2007-3-5	2007-3-12
9	0003	李莫蕭	Word文字处理	2007-3-1	2007-3-3	2007-3-12
10	0003	李莫蕭	Excel电子表格分析	2007-3-4	2007-3-5	2007-3-12
11	0004	蔡容上	Excel电子表格分析	2007-3-4	2007-3-5	2007-3-12
12	0005	尔阿	Word文字处理	2007-3-1	2007-3-3	2007-3-12
13	0005	尔阿	Excel电子表格分析	2007-3-4	2007-3-5	2007-3-12
14	0006	英冬	Word文字处理	2007-3-1	2007-3-3	2007-3-12
15	0006	英冬	Excel电子表格分析	2007-3-4	2007-3-5	2007-3-12
16	0006	英冬	PowerPoint幻灯片演示	2007-3-6	2007-3-8	2007-3-12
17	0007	段齐	Word文字处理	2007-3-1	2007-3-3	2007-3-12
18	0007	段齐	Excel电子表格分析	2007-3-4	2007-3-5	2007-3-12
19	0008	牛婷婷	Excel电子表格分析	2007-3-4	2007-3-5	2007-3-12
20	0009	黄信念	Word文字处理	2007-3-1	2007-3-3	2007-3-12
21	0009	黄信念	Excel电子表格分析	2007-3-4	2007-3-5	2007-3-12
22	0010	皮维	Excel电子表格分析	2007-3-4	2007-3-5	2007-3-12
23	0010	皮维	PowerPoint幻灯片演示	2007-3-6	2007-3-8	2007-3-12
24	0011	夏蓝	PowerPoint幻灯片演示	2007-3-6	2007-3-8	2007-3-12
25	0012	费乐	PowerPoint幻灯片演示	2007-3-7	2007-3-8	2007-3-12

图 2.107　员工培训方案管理表

3. 员工培训成绩表（见图 2.108）

	A	B	C	D	E	F	G
1			员工培训成绩表				
2	员工编号	员工姓名	Word文字处理	Excel电子表格分析	PowerPoint幻灯片演示	平均分	结果
3	0001	桑南	93	98	88	93	合格
4	0002	刘光利	90	80		85	合格
5	0003	李莫蕭	82	90		86	合格
6	0004	慕容上		88		88	合格
7	0005	尔阿	76	78		77	不合格
8	0006	英冬	70	70	88	76	不合格
9	0007	段齐	90	88		89	合格
10	0008	牛婷婷		90		90	合格
11	0009	黄信念	65	67		66	不合格
12	0010	皮维		88	90	89	合格
13	0011	夏蓝			78	78	不合格
14	0012	费乐			90	90	合格
15	各科平均成绩		80.9	83.7	86.8	83.9	

图 2.108　员工培训成绩表

【拓展训练】

利用前面创建的"员工人事档案和工资管理表"文件，计算员工工龄、筛选出 1992 年以后参加工作的员工、基本工资在 1 500 以上或职称为工程师的员工，并统计出各学历的人数。

操作步骤如下。

（1）打开所制作的"员工人事档案和工资管理表"。

（2）复制工作表。选择"员工档案"工作表，将其复制 3 份，分别命名为"员工工龄"、"1992 年以后参加工作的员工"、"基本工资在 1 500 以上或职称为工程师的员工"。

（3）计算员工工龄。选择"员工工龄"工作表，在"籍贯"字段列前插入一列为"工龄"，并计算出员工的工龄，公式为"=year(today())-year(参加工作时间)"。

（4）筛选 1992 年以后参加工作的员工。

① 选择"1992 年以后参加工作的员工"工作表，在"数据"菜单中选择"筛选"命令中的"自动筛选"子命令。

② 将"参加工作时间"字段设置为条件字段，单击"参加工作时间"右边的下拉按钮，从列表中选择"（自定义…）"，弹出图 2.109 所示的"自定义自动筛选方式"对话框。

③ 将条件设置为"大于"、"1992-12-31"，然后单击"确定"按钮，得到图 2.110 所示的筛选结果。

图 2.109　"自定义自动筛选方式"对话框

	A	B	C	D	E	F	G	H	I	J	K	L	M	N
1							公司人事档案管理表							
3	序	姓名	部门	职务	职称	学历	参加工作时间	年龄	性别	籍贯	出生日期	婚	联系电话	基本工
11	8	周树家	行政部	部长	工程师	本科	1996-07-30	37	女	湖北	1973-08-30	已婚	63812307	1120
15	12	令狐克	行政部	内勤	无	高中	2000-02-22	35	女	北京	1975-02-16	未婚	64366059	740
16	13	慕容上	物流部	外勤	无	中专	2002-04-10	32	女	北京	1978-11-03	未婚	67225427	630
17	14	柏国力	物流部	部长	高级工程师	硕士	1995-07-31	39	男	哈尔滨	1971-03-15	未婚	67017027	1430
18	15	仝泉	物流部	项目监察	工程师	本科	2001-08-14	33	女	北京	1977-04-18	未婚	63267813	1120
20	17	尔阿	物流部	业务员	工程师	本科	1998-09-18	44	女	安徽	1966-05-24	已婚	65761446	1050
21	18	英冬	物流部	业务员	无	大专	1995-04-03	40	女	北京	1970-06-13	已婚	67624956	680
23	20	段齐	物流部	项目主管	工程师	本科	1997-05-06	35	女	北京	1975-04-16	未婚	64272883	1400
24	21	费乐	物流部	项目监察	工程师	本科	2003-05-13	34	男	四川	1976-08-09	未婚	65922950	1120
30	27	夏蓝	市场部	业务员	无	中专	1996-12-10	32	女	湖南	1978-5-23	未婚	64789321	910
32	29	牛婷婷	市场部	主管	经济师	硕士	1995-7-18	40	女	重庆	1970-3-15	已婚	69712546	2130

图 2.110　筛选出 1992 年以后参加工作的员工

（5）筛选基本工资在 1 500 以上或职称为工程师的员工。

① 输入筛选条件。选择"基本工资在 1 500 以上或职称为工程师的员工"工作表，在 C36:D38 单元格中输入筛选条件，如图 2.111 所示。

> **提示**　此处的筛选为"高级筛选"。做"高级筛选"时，应先建立筛选条件，条件区域可根据需要在"数据区域"外自行选择。

② 然后单击数据区域的任一单元格，在"数据"菜单中选择"筛选"命令中的"高级筛选"子命令，弹出图 2.112 所示的"高级筛选"对话框。

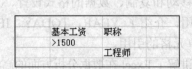

基本工资	职称
>1500	
	工程师

图 2.111　高级筛选的条件区域

图 2.112　"高级筛选"对话框

③ 选择"方式"为"在原有区域显示筛选结果"，设置列表区域和条件区域，如图 2.112 所示，单击"确定"按钮，得到图 2.113 所示的筛选结果。

（6）统计各学历的人数。

① 插入新工作表"统计各学历人数"。选中"员工工资"工作表，单击"插入"菜单中的"工作表"命令，插入一张新的工作表，将插入的工作表重命名为"统计各学历人数"。

② 在"统计各学历人数"工作表中创建图 2.114 所示的表格框架。

③ 选中 C4 单元格。

④ 单击"插入"菜单中的"函数"命令，打开"插入函数"对话框，从"选择函数"

列表中选择"COUNTIF"函数。

	A	B	C	D	E	F	G	H	I	J	K	L	M	N
1							公司人事档案管理表							
2														
3	序号	姓名	部门	职务	职称	学历	参加工作时间	年龄	性别	籍贯	出生日期	婚否	联系电话	基本工资
4	1	赵力	人力资源部	统计	高级经济师	本科	1984-06-06	47	男	北京	1963-10-23	已婚	64000872	2100
5	3	陈可可	人力资源部	部长	高级经济师	硕士	1988-07-15	48	男	四川	1962-08-25	已婚	63035376	2380
8	5	钱新	财务部	财务总监	高级会计师	本科	1991-07-20	42	男	甘肃	1968-07-04	未婚	66018871	1860
9	6	曾思杰	财务部	会计	会计师	本科	1987-05-16	43	女	南京	1967-09-10	已婚	66032221	1750
11	8	周树豪	行政部	部长	工程师	本科	1996-07-30	37	女	湖北	1973-08-30	已婚	63812307	1120
18	15	全泉	物流部	项目监察	工程师	本科	2001-08-14	33	女	北京	1977-04-18	未婚	63267813	1120
19	16	文路南	物流部	项目主管	高级工程师	硕士	1985-03-17	44	男	四川	1966-07-16	已婚	65257851	1890
20	17	尔阿	物流部	业务员	工程师	本科	1998-09-18	44	女	安徽	1966-05-24	已婚	65761446	1050
23	20	段齐	物流部	项目主管	工程师	本科	1997-05-06	35	女	北京	1975-04-16	未婚	64272883	1400
24	21	费乐	物流部	项目监察	工程师	本科	2003-07-13	34	男	四川	1976-08-09	未婚	65922950	1120
27	24	江庭来	物流部	项目主管	高级经济师	本科	1986-7-15	46	男	天津	1964-5-8	已婚	64581924	1960
28	25	王督钦	市场部	主管	经济师	本科	1990-7-6	42	男	重庆	1968-1-6	已婚	63661547	2100
31	28	白俊伟	市场部	外勤	工程师	本科	1987-6-30	45	男	四川	1965-8-5	已婚	68794651	1410
32	29	牛婷婷	市场部	主管	经济师	硕士	1995-7-18	40	女	重庆	1970-3-15	已婚	69712546	2130
33	30	米思杰	市场部	部长	高级经济师	本科	1992-8-1	40	男	山东	1970-10-18	已婚	67584251	3150

图 2.113　筛选出基本工资在 1 500 以上或职称为工程师的员工

⑤ 单击"确定"按钮，打开"函数参数"对话框，设置图 2.115 所示的参数。

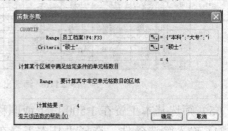

图 2.114　"统计各部门人数"表格框架　　　　图 2.115　"函数参数"对话框

⑥ 单击"确定"按钮，得到"硕士"人数。

⑦ 同样地，将 COUNTIF 函数的参数 Criteria 设置为相应的"本科"、"大专"、"中专"和"高中"即可统计出各学历的人数。

【案例小结】

本案例以制作"员工人事档案和工资管理表"、"员工业绩评估表"、"员工工作态度评估表"、"员工培训管理表"和"员工培训成绩表"等多个常见的人事管理表格为例，讲解了利用 Excel 电子表格创建和编辑工作表、工作表的移动和复制、数据的格式设置、工作表的重命名等基本操作。此外，通过讲解公式和函数应用，介绍了 YEAR、TODAY、IF、SUM 和 COUNTIF 等几个常用函数的用法，以及公式中单元格的引用。

通过数据排序、筛选、分类汇总等高级应用，讲解了 Excel 在数据分析方面的高级功能。

📖 学习总结

本案例所用软件	
案例中包含的知识和技能	
你已熟知或掌握的知识和技能	
你认为还有哪些知识或技能需要进行强化	
案例中可使用的 Office 技巧	
学习本案例之后的体会	

任何一个公司，要发展、成长、壮大，都离不开市场。在开发市场的过程中，会用到各种各样的电子文档来诠释公司的发展思路。其中，经常使用的是用 Word 软件来进行常规文档文件的处理，使用 Excel 电子表格软件来制作市场销售的表格，使用 PPT 软件制作宣传文档来展示市场发展的情况。

学习目标

1. 应用 Word 软件中的大纲视图、纲目结构、主控文档、子文档（删除、合并、拆除）、自动生成目录页、页眉页脚设置。

2. 应用 Excel 软件的公式和函数进行汇总、统计。

3. Excel 软件中数据格式的设置，条件格式的应用。

4. 用 Excel 软件的分类汇总、数据透视表、图表和方案功能进行数据分析。

5. 应用 PowerPoint 软件中的自选图形制作幻灯片，以及图形操作中的对齐和分布操作。

案例 1　制作投标书

【案例分析】

投标书是根据招标方提供的招标书中的要求所制作的文件，投标书文件通常都包含了详细的应对方案及投标方公司的一些相关资料，内容多，是典型的长义档。要正确方便地制作投标书，就应当使用大纲视图来完成长文档的结构。

• 大纲视图：用缩进文档标题的形式代表标题在文档中的级别，Word 简化了文本格式的设置，以便于用户将精力集中在文档结构上。

• 大纲级别：用于为文档中的段落指定等级结构（1 级～9 级）的段落格式。例如，指定

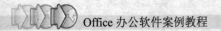

了大纲级别后，就可以在大纲视图或文档结构图中处理文档。

以下内容描述了大纲视图中出现的以及可以更改的格式。

（1）每一级标题都已经设置为对应的内置标题样式（"标题 1"～"标题 9"）或大纲级别。

可以在标题中使用这些样式或级别。在大纲视图中也可以将标题拖至相应级别，从而自动设置标题样式。如果想改变标题样式的外观，可以通过更改其格式设置来实现。

（2）Word 按照标题级别缩进该标题。该缩进只在大纲视图中出现，切换到其他视图时，Word 将取消该缩进。

（3）在大纲视图中不显示段落格式，而且不能使用标尺和段落格式命令。虽然可能看不到所有的样式格式，但是可以使用样式。要查看或修改段落格式，请切换到其他视图。

（4）如果发现字符（如大号字或斜体字）分散注意力，可以使用纯文本方式显示大纲。在"大纲"工具栏上，单击"显示格式"按钮即可。

（5）在大纲视图中编辑文档时，如果要查看文档的真实格式，可以拆分文档窗口。在一个窗格中使用大纲视图，而在其他窗格中使用页面视图或普通视图。在大纲视图中对文档所做的修改会自动显示在其他窗格中。

（6）如果要在大纲视图中插入制表符，可以按"【Ctrl】+【Tab】"快捷键。

案例效果如图 3.1 所示。

图 3.1　案例效果图

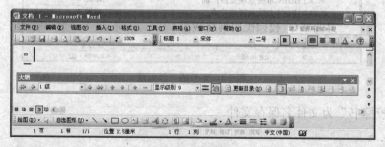

图 3.1　案例效果图（续）

【解决方案】

（1）利用大纲视图创建投标书纲目结构。

文档的纲目结构是评价一篇文档好坏的重要标准之一。同时，若要高效率地完成一篇长文档，应该首先完成文档的纲目结构，而大纲视图是构建文档纲目结构的最佳途径。在大纲视图中创建文档纲目结构的操作步骤如下。

① 启动 Word 2003，新建一个空白文档，单击菜单栏中的"视图"菜单，再单击"大纲视图"命令切换到大纲视图。

② 此时屏幕上将以大纲视图方式显示，如图 3.2 所示。同时，还将打开"大纲"工具栏。

图 3.2　大纲视图

③ 在文档中的插入点输入内容。首先，输入一级标题，用户会发现输入的文字在"大

纲"工具栏中的等级被自动默认为"1 级",而且所输入的文字被自动应用了内建样式"标题 1"。

　　可以单击"格式"菜单,再选择"样式和格式"命令,打开"样式和格式"任务窗格,这样可以更清楚地看到当前文字所应用的样式确实是"标题 1",如图 3.3 所示

④ 输入其余所有的一级标题,内容如图 3.3 所示。

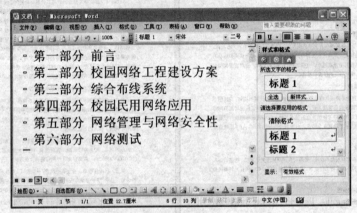

图 3.3　样式和格式图

⑤ 继续向文档中添加二级标题,如图 3.4 所示。

⑥ 输入完二级标题后,依次将所有的二级标题选中,再单击"大纲"工具栏中的"降低"按钮,将它降一级,最后的效果如图 3.4 所示。至此,纲目结构的制作就完成了。

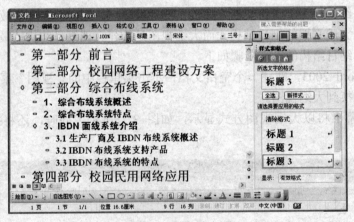

图 3.4　完整的二级标题

⑦ 以"投标书"为文件名保存文件。

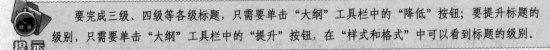　　要完成三级、四级等各级标题,只需要单击"大纲"工具栏中的"降低"按钮;要提升标题的级别,只需要单击"大纲"工具栏中的"提升"按钮,在"样式和格式"中可以看到标题的级别。

关于主控文档和子文档。

　　主控文档是一组单独文件（或子文档）的容器。使用主控文档可以创建并管理多个文档，例如，包含几章内容的一本书。主控文档包含与一系列相关子文档关联的链接，可以使用主控文档将长文档分成较小的、更易于管理的子文档，从而便于组织和维护。在工作组中，可以将主控文档保存在网络上，并将文档划分为独立的子文档，从而共享文档的所有权。

　　创建主控文档，需要从大纲着手，然后将大纲中的标题指定为子文档。也可以将当前文档添加到主控文档，使其成为子文档。

　　在主控文档中，用户可以利用子文档创建目录、索引、交叉引用以及页眉和页脚，可使用大纲视图来处理主控文档。例如，可以进行以下操作。

　　① 扩展或折叠子文档或者更改视图，以显示或隐藏详细信息。

　　② 通过添加、删除、组合、拆分、重命名和重新排列子文档，可以快速更改文档的结构。

　　如果要处理子文档的内容，请将其从主控文档中打开。如果子文档已在主控文档中进行了折叠，则每一个子文档都作为超链接出现。单击超链接后，子文档将在单独的文档窗口中显示。

　　在主控文档中使用的模板控制着查看和打印全部文档时所使用的样式。用户也可在主控文档和每个子文档中使用不同的模板，或在模板中使用不同的设置。

　　如果某人正在处理某一子文档，则该文档对于用户和其他人来说处于"锁定"状态，只能查看。除非此人关闭了子文档，否则不能进行修改。

　　如果希望防止未经授权的用户查看或更改主控文档或子文档，可以打开该文档，指定一个限制对文档的访问权的密码；也可以设置一个选项，将文件以只读方式打开（注意：如果用户将文件共享方式设置为只读，则对于其他人，子文档是"锁定"的）。

（2）创建主控文档和子文档。

这里，我们利用大纲视图创建主控文档和子文档。

若要创建主控文档，则应从大纲视图开始，并创建新的子文档或添加原有文档。将"第四部分　校园民用网络应用"和"第五部分　网络管理与网络安全性"单独创建为子文档，其操作步骤如下。

① 分别选中这两个标题，单击"大纲"工具栏中的"创建子文档"按钮，如图3.5所示。

图3.5　创建子文档按钮

② Word 在每个子文档之前和之后插入了连续的分节符，同时，在子文档标题的前面还显示了子文档图标。

③ 单击"文件"菜单，再单击"另存为"命令，选择好主控文档和子文档的保存位置后，在"文件名"文本框中输入主控文档的名称，然后单击"保存"按钮。

④ Word 将会根据主控文档大纲中子文档标题的起始字符，自动为每个新的子文档指定文件名，并与主控文档保存在同一目录下。例如打开上一步存放主控文档的文件夹，就会发

现该文件夹中自动创建了 2 个子文档，名称正好是大纲视图中的二级标题名称，如图 3.6 和图 3.7 所示。

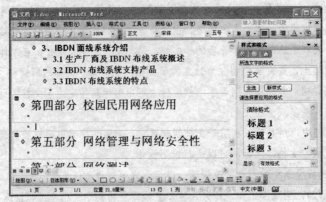

图 3.6　创建子文档

图 3.7　子文档文件

⑤ 单击主控文档图标，再次打开它，切换到页面视图，此时用户会发现子文档已自动变为超链接的形式，如图 3.8 所示。然后分别在主控文档和子文档中完成相应的内容。

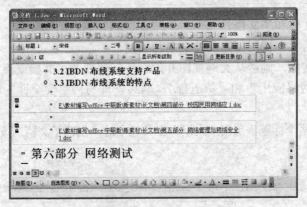

图 3.8　大纲视图下的子文档

在主控文档中打开子文档时，如果子文档处于折叠状态，可以在"大纲"工具栏中单击"展开子文档"按钮；如果子文档处于锁定状态（也就是在子文档图标下面显示锁状图标），那么要首先解除锁定，方法是在需解除锁定的位置单击，然后单击"大纲"工具栏中的"锁定文档"命令，再双击要打开的子文档图标即可打开；若要关闭子文档并返回到主控文档，请单击"文件"菜单中的"关闭"命令。

（3）从主控文档中删除子文档。

如果不再需要某个文档作为子文档，可以直接从主控文档中删除，操作步骤如下所述。

① 打开主控文档，并切换到大纲视图中。

② 如果子文档处于折叠状态，请单击"大纲"工具栏上的"展开子文档"命令将其展开。

③ 如果要删除的是锁定的子文档，请先解除锁定。

④ 单击要删除的子文档的图标，如果此时无法看到该图标，请在"大纲"工具栏中单击"主控文档视图"按钮显示子文档图标。

⑤ 按下键盘上的【Delete】键即可。

> 当从主控文档中删除子文档时，只是将它们之间的关系删除，并没有删除该文档本身，子文档文件还是放在原来的位置。

（4）合并和拆分子文档。

如果要合并或拆分的子文档处于锁定状态，请先按照前面介绍的方法解除锁定，确定此时大纲视图中显示了子文档的图标。

① 合并子文档。

a．如果要合并的子文档在主控文档中处于分散位置，请先移动要合并的子文档并使其两两相邻。单击子文档的图标，拖动鼠标就可以将它移到任意位置。

b．单击"大纲"工具栏上的"展开子文档"命令，然后选择第一个要合并的子文档。

c．在按住【Shift】键的同时，单击要合并的另一个子文档的图标，然后单击"大纲"工具栏中的"合并子文档"按钮，如图 3.9 所示。

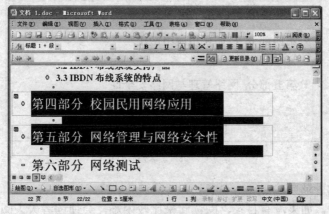

图 3.9　合并子文档

d．此时，用户会看到两个文档合并为一个子文档，"网络管理与网络安全性"前面的子文档图标消失了，如图 3.10 所示。

> 在大纲视图中，Word 会以合并的第一个子文档的文件名作为新的文件名来保存合并的子文档，但不会影响到文档在磁盘中的保存位置；也就是说，它们虽然在主控文档中合并了，但是在存放该文件的目录下，它们并没有发生任何变化。

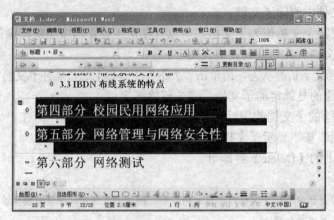

图3.10 合并子文档后的效果

② 拆分子文档。

子文档除了可以合并还可以拆分，接下来以前面合并的子文档为例介绍如何拆分子文档。同样，在拆分之前，如果要拆分的子文档处于锁定状态，请先按照前面介绍的方法解除锁定，确定此时大纲视图中显示了子文档图标。

选择该段落，单击"大纲"工具栏上的"拆分子文档"按钮，拆分后的效果如图 3.11所示，此时"网络管理与网络安全性"又成为一个独立的子文档。

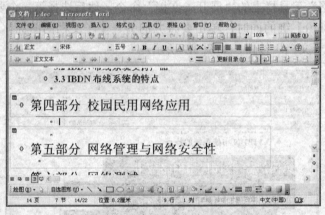

图3.11 拆分子文档后的效果

（5）自动生成目录页。

当文档较长时，如果没有目录，阅读起来比较困难，会使读者失去阅读的兴趣。为此，可以为长文档制作目录。操作步骤如下。

① 将插入点定位于第 2 页的最前面，单击"插入"菜单中的"引用"命令，然后单击"索引和目录"命令，如图 3.12 所示。

② 打开图 3.13 所示的"索引和目录"对话框。

③ 单击"目录"选项卡，如图 3.14 所示。勾选"显示页码"和"页码右对齐"复选框，单击"制表符前导符"下拉按钮可以打开多种前导符样式的下拉列表，这里选择小圆点样式的前导符。在"常规"区域的"格式"列表中选择"来自模板"，将"显示级别"设置

为"3",在"Web 预览"列表框的下方,取消勾选"使用超链接而不使用页码"复选框,然后单击"选项"按钮。

图 3.12 目录生成菜单

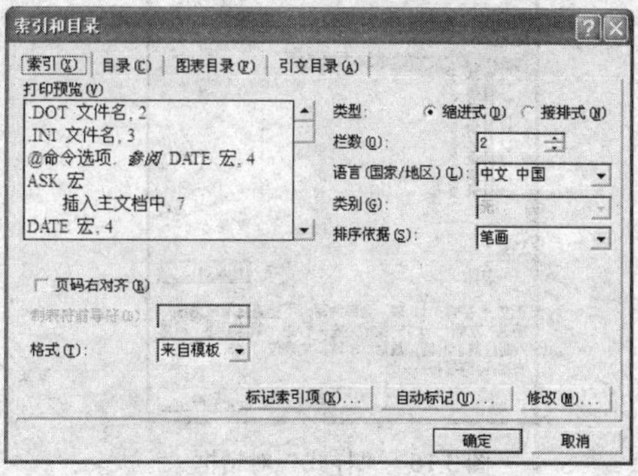

图 3.13 "索引和目录"对话框

④ 打开图 3.15 所示的"目录选项"对话框,勾选"样式"复选框,在"有效样式"列表框对应的"目录级别"中,分别将"标题 1"、"标题 2"及"标题 3"的目录级别设置为1、2、3 级,并勾选"大纲级别"复选框,然后单击"确定"按钮。

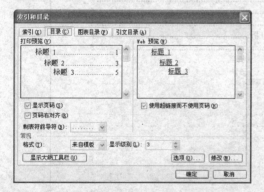

图 3.14 "目录"选项卡

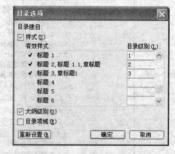

图 3.15 "目录"选项

如果文档中还有 4 级标题(也就是应用内建样式"标题 4"的段落)甚至更多,而且希望在目录中也显示出来,那么在图 3.15 中的"目录级别"中设置"标题 4"为 4 级目录就可以了。

⑤ 在"目录"选项卡中单击"修改"按钮,打开图 3.16 所示的"样式"对话框,在"样式"列表框中可以选择不同的目录样式,对于每种样式中包含的格式在"样式"对话框底部都有详细的说明,并且在"预览"区域还可以看到每种样式的预览效果。通常,系统默认的目录样式是"目录 1",它采用的字体格式是"宋体"、"小四"、"加粗"。

⑥ 如果用户对系统的内建目录样式都不太满意,可以选中某个样式,以此为基础进行修改。例如,选择"目录 1",然后单击"修改"按钮,打开图 3.17 所示的"修改样式"对话框。和前面介绍过的修改样式的方法一样,在这里修改字体、段落及边框等格式就可以了。

⑦ 修改好后,依次返回"索引和目录"对话框,然后单击"确定"按钮,插入自动目录,如图 3.18 所示,在目录页的上方输入目录标题文字"目录"。

图 3.16 "样式"对话框 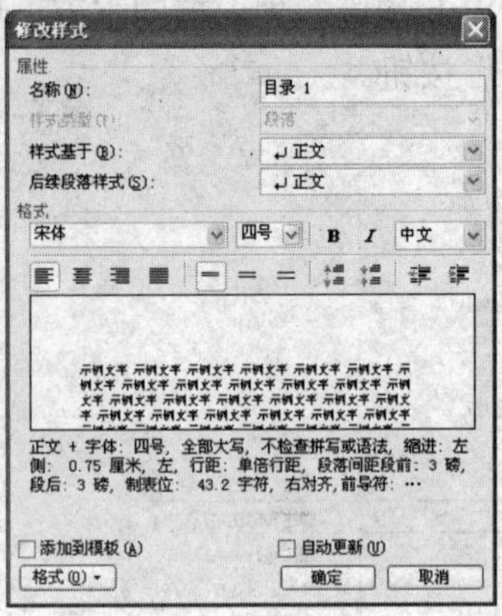 　　　　图 3.17 "修改样式"对话框

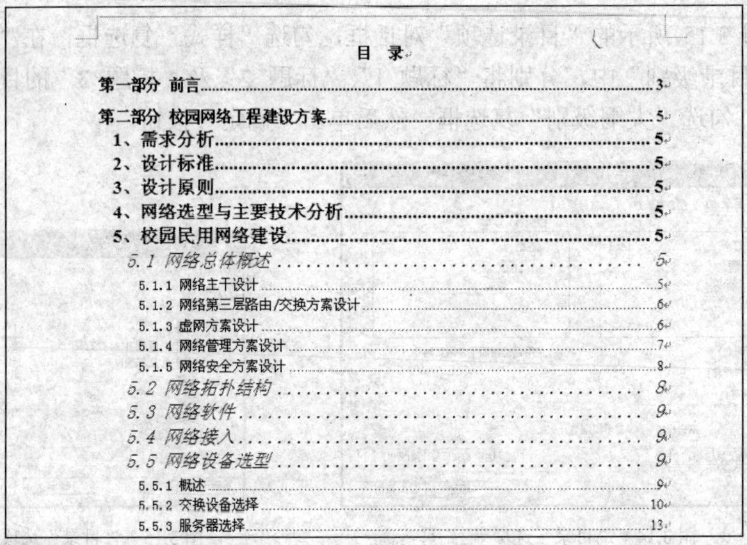

目　录

图 3.18 插入自动目录后的效果图

⑧ 插入的目录页自动应用"超链接"格式，将鼠标放在目录文字上，屏幕会显示黄色的提示信息。按照提示内容，按住键盘上的【Ctrl】键，单击目录即可链接到相应的内容页面。

（6）分章节设置页眉和页脚。

在长文档的实际使用中，会有不少的章节，应该在不同的章节使用不同的页眉，以便阅读时可以知道当前页面属于哪部分内容。

① 打开提供的长文档，在"第一部分　前言"的上一行，单击"插入"菜单中的"分隔符"，在弹出的对话框中，选定"下一页"单选按钮，如图 3.19 所示。

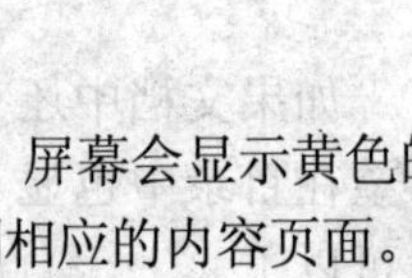

② 如法炮制，在其余五个部分的标题位置，插入分节符。

③ 回到"第一部分　前言"所在位置，单击"视图"菜单，再单击"页眉和页脚"，弹出页眉页脚工作界面，如图 3.20 所示，输入"前言"，并居中对齐，再单击"关闭"铵钮，完成第一部分的页眉设置。

图 3.19 分隔符对话框

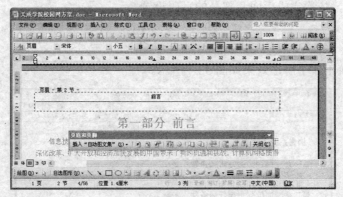

图 3.20 前言部分页眉

④ 将光标移动到"第二部分"所在的页面，单击"视图"菜单，再单击"页眉和页脚"，在弹出的"页眉和页脚"工具栏中，先单击"链接到前一个"按钮，取消本节与上一节的链接关系，再输入页眉的内容，如图 3.21 所示。

图 3.21 第二部分页眉

⑤ 如法炮制，依次将第三部分到第六部分的页眉改写成相应内容即可。

⑥ 完成各部分的页眉之后，再将光标移动到"第一部分"所在位置，单击"插入"菜单，再单击"页码"，在弹出的对话框中，按图 3.22 所示进行设置，再单击"确定"按钮，即在页面底端正中位置设置好了页码。

⑦ 再将光标移动到第二部分所在位置，单击"插入"菜单，再单击"页码"命令，在弹出的"页码"对话框中，单击"格式"按钮，打开图 3.23 所示的"页码格式"对话框，选择"页码编排"中的"续前节"单选按钮，即完成本节的页码设置。

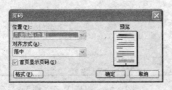

图 3.22 设置页码对话框

图 3.23 页码格式对话框

⑧ 如法炮制，依次完成后面几部分的页码设置。

【拓展案例】

制作销售系统工作手册，效果如图 3.24 所示。

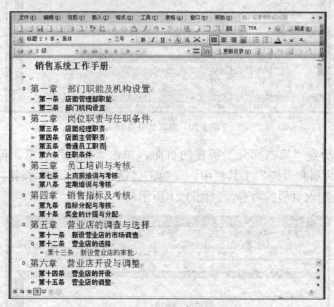

图 3.24　销售系统工作手册

【拓展训练】

　　除了前面所讲到的利用大纲视图创建主控文档和子文档外，还可以利用已有文件创建主控文档和子文档；可将已有的文档转换为主控文档，并在其中插入一些已经存在的文档，将其作为子文档。假如现在已有制作好的文档"第四部分　校园民用网络应用"及"第五部分　网络管理与网络安全性"存放在相应文件下，将其转换为主控文档的操作步骤如下。

　　① 首先打开需要用作主控文档的文档，这里打开"投标书"文档。

　　② 在该主控文档的菜单栏中单击"视图"菜单，再单击"大纲"命令切换到大纲视图。

　　③ 选中"第四部分　校园民用网络应用"，在"大纲"工具栏中单击图 3.25 所示的"插入子文档"按钮，将弹出图 3.26 所示的"插入子文档"对话框。

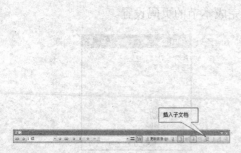

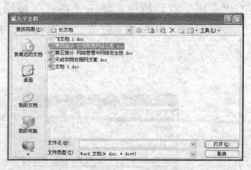

图 3.25　"插入子文档"按钮　　　　　图 3.26　"插入子文档"对话框

④ 在"插入子文档"对话框中选择要作为子文档插入的文件"第四部分　校园民用网络应用.DOC",然后单击"打开"按钮,该文档便作为子文档插入到了主控文档中,如图 3.27 所示。

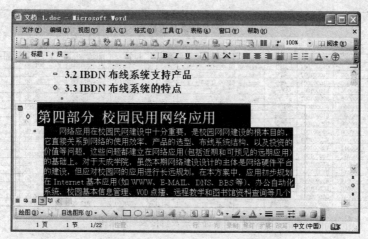

图 3.27　插入"第四部分"子文档效果图

⑤ 同上面的操作,将文件"第五部分　网络管理与网络安全性.DOC"作为子文档插入到主控文档中。

【案例小结】

通过本案例的学习,你将学会利用 Word 创建和编辑长文档,学会使用大纲视图,并能够学会创建长文档的索引和目录,能够设置不同的页眉和页脚。

📖 学习总结

本案例所用软件	
案例中包含的知识和技能	
你已熟知或掌握的知识和技能	
你认为还有哪些知识或技能需要进行强化	
案例中可使用的 Office 技巧	
学习本案例之后的体会	

案例 2　制作产品目录及价格表

【案例分析】

产品是企业的核心,是了解企业的窗口,而客户除了了解企业信息之外,对企业的产品和价格也很感兴趣。这里制作的产品目录及价格表，就是希望通过产品目录及价格使客户能清楚地了解到企业信息，从而赢得商机，为企业带来经济效益。"产品目录及价格表"的效果如图 3.28 所示。

序号	产品编号	产品类型	产品型号	单位	出厂价	建议零售价	批发价	备注
				产品目录及价格表				
	公司名称：					零售价加价率：	20%	
	公司地址：					批发价加价率：	10%	
序号	产品编号	产品类型	产品型号	单位	出厂价	建议零售价	批发价	备注
000001	C10001001	CPU	Celeron E1200 1.6GHz（盒）	颗	¥ 275.00	¥ 330.00	¥ 302.50	
000002	C10001002	CPU	Pentium E2210 2.2GHz（盒）	颗	¥ 390.00	¥ 468.00	¥ 429.00	
000003	C10001003	CPU	Pentium E5200 2.5GHz（盒）	颗	¥ 480.00	¥ 576.00	¥ 528.00	
000004	R10001002	内存条	宇瞻 经典2GB	根	¥ 175.00	¥ 210.00	¥ 192.50	
000005	R20001001	内存条	威刚 万紫千红2GB	根	¥ 180.00	¥ 216.00	¥ 198.00	
000006	R30001001	内存条	金士顿 1GB	根	¥ 100.00	¥ 120.00	¥ 110.00	
000007	D10001001	硬盘	希捷酷鱼7200.12 320GB	块	¥ 340.00	¥ 408.00	¥ 374.00	
000008	D20001001	硬盘	西部数据320GB(蓝版)	块	¥ 305.00	¥ 366.00	¥ 335.50	
000009	D30001001	硬盘	日立 320GB	块	¥ 305.00	¥ 366.00	¥ 335.50	
000010	V10001001	显卡	昂达 魔剑P45+	块	¥ 699.00	¥ 838.80	¥ 768.90	
000011	V20001002	显卡	华硕 P5QL	块	¥ 569.00	¥ 682.80	¥ 625.90	
000012	V30001001	显卡	微星 X58M	块	¥ 1,399.00	¥ 1,678.80	¥ 1,538.90	
000013	M10001004	主板	华硕 9800GT水刃版	块	¥ 799.00	¥ 958.80	¥ 878.90	
000014	M10001005	主板	微星 N250GTS-2D暴雪	块	¥ 798.00	¥ 957.60	¥ 877.80	
000015	M10001006	主板	盈通 GTX260+游戏高手	块	¥ 1,199.00	¥ 1,438.80	¥ 1,318.90	
000016	LCD001001	显示器	三星 943NW+	台	¥ 899.00	¥ 1,078.80	¥ 988.90	
000017	LCD002002	显示器	优派 VX1940w	台	¥ 990.00	¥ 1,188.00	¥ 1,089.00	
000018	LCD003003	显示器	明基 G900HD	台	¥ 760.00	¥ 912.00	¥ 836.00	

图 3.28 "产品目录及价格表"效果图

【解决方案】

（1）启动 Excel 2003，录入图 3.29 所示的表中的所有数据。

	序号	产品编号	产品类型	产品型号	单位	出厂价	建议零售价	批发价	备注
产品目录及价格表									
公司名称：						零售价加价率:20%			
公司地址：						批发价加价率:10%			
序号	产品编号	产品类型	产品型号		单位	出厂价	建议零售价	批发价	备注
1	C10001001	CPU	Celeron E1200 1.6GHz（盒）		颗	275			
2	C10001002	CPU	Pentium E2210 2.2GHz（盒）		颗	390			
3	C10001003	CPU	Pentium E5200 2.5GHz（盒）		颗	480			
4	R10001002	内存条	宇瞻 经典2GB		根	175			
5	R20001001	内存条	威刚 万紫千红2GB		根	180			
6	R30001001	内存条	金士顿 1GB		根	100			
7	D10001001	硬盘	希捷酷鱼7200.12 320GB		块	340			
8	D20001001	硬盘	西部数据320GB(蓝版)		块	305			
9	D30001001	硬盘	日立 320GB		块	305			
10	V10001001	显卡	昂达 魔剑P45+		块	699			
11	V20001002	显卡	华硕 P5QL		块	569			
12	V30001001	显卡	微星 X58M		块	1399			
13	M10001004	主板	华硕 9800GT水刃版		块	799			
14	M10001005	主板	微星 N250GTS-2D暴雪		块	798			
15	M10001006	主板	盈通 GTX260+游戏高手		块	1199			
16	LCD001001	显示器	三星 943NW+		台	899			
17	LCD002002	显示器	优派 VX1940w		台	990			
18	LCD003003	显示器	明基 G900HD		台	760			

图 3.29 "产品目录及价格表"数据

（2）使用绝对引用，计算零售价和批发价。

① 选中 G5 单元格，输入公式"= F5*（1+$H$2）"，按【Enter】键，可计算出相应的"建议零售价"。

② 选中 H5 单元格，输入公式"= F5*（1+$H$3）"，按【Enter】键，可计算出相应的"批发价"。

③ 选中 G5 单元格，拖动其填充句柄至 G22 单元格，可计算出所有的"建议零售价"数据。

④ 类似地，拖动 H5 的填充句柄至 H22 单元格，可计算出所有的"批发价"数据。生成的结果如图 3.30 所示。

	A	B	C	D	E	F	G	H	I
1	产品目录及价格表								
2	公司名称：						零售价加价率：20%		
3	公司地址：						批发价加价率：10%		
4	序号	产品编号	产品类型	产品型号	单位	出厂价	建议零售价	批发价	备注
5	1	C10001001	CPU	Celeron E1200 1.6GHz（盒）	颗	275	330	302.5	
6	2	C10001002	CPU	Pentium E2210 2.2GHz（盒）	颗	390	468	429	
7	3	C10001003	CPU	Pentium E5200 2.5GHz（盒）	颗	480	576	528	
8	4	R10001002	内存条	宇瞻 经典2GB	根	175	210	192.5	
9	5	R20001001	内存条	威刚 万紫千红2GB	根	180	216	198	
10	6	R30001001	内存条	金士顿 1GB	根	100	120	110	
11	7	D10001001	硬盘	希捷酷鱼7200.12 320GB	块	340	408	374	
12	8	D20001001	硬盘	西部数据320GB(蓝标)	块	305	366	335.5	
13	9	D30001001	硬盘	日立 320GB	块	305	366	335.5	
14	10	V10001001	显卡	昂达P45+	块	699	838.8	768.9	
15	11	V20001002	显卡	华硕 P5QL	块	569	682.8	625.9	
16	12	V30001001	显卡	微星 X58M	块	1399	1678.8	1538.9	
17	13	M10001004	主板	华硕 9800GT冰刃版	块	799	958.8	878.9	
18	14	M10001005	主板	微星 N250GTS-2D暴雪	块	798	957.6	877.8	
19	15	M10001006	主板	盈通 GTX260+游戏高手	块	1199	1438.8	1318.9	
20	16	LCD001001	显示器	三星 943NW+	台	899	1078.8	988.9	
21	17	LCD002002	显示器	优派 VX1940w	台	990	1188	1089	
22	18	LCD003003	显示器	明基 G900HD	台	760	912	836	

图 3.30　绝对引用后的结果

① 绝对引用的概念

有时候，在公式中需要引用某单元格，无论在哪个结果单元格中，它都固定使用该单元格的数据，不能随着公式的位置变化而变化，这种引用单元格的方式叫做绝对引用。

② 绝对引用的书写方法

引用单元格时有同时固定列号和行号、只固定列号、只固定行号这三种方法。输入单元格名称时，在要固定的列号或行号前面直接加上 "$" 符号即可。

（3）设置数据格式

① 设置"序号"数据格式。选中序号所在列数据，单击"格式"菜单，再单击"单元格格式"，弹出"单元格格式"对话框，在"数字"选项卡中，选择"自定义"，在"类型"下方的文本框中，输入 6 个零 "000000"，如图 3.31 所示，然后再单击"确定"按钮即可。

② 设置货币格式。选中"出厂价"、"建议零售价"和"批发价"对应的三列数据，再单击"格式"工具栏中的"货币样式"，则完成货币样式的设置，得到图 3.32 所示的结果。

图 3.31　"单元格格式"对话框

	A	B	C	D	E	F	G	H	I
1	产品目录及价格表								
2	公司名称：						零售价加价率：20%		
3	公司地址：						批发价加价率：10%		
4	序号	产品编号	产品类型	产品型号	单位	出厂价	建议零售价	批发价	备注
5	000001	C10001001	CPU	Celeron E1200 1.6GHz（盒）	颗	￥ 275.00	￥ 330.00	￥ 302.50	
6	000002	C10001002	CPU	Pentium E2210 2.2GHz（盒）	颗	￥ 390.00	￥ 468.00	￥ 429.00	
7	000003	C10001003	CPU	Pentium E5200 2.5GHz（盒）	颗	￥ 480.00	￥ 576.00	￥ 528.00	
8	000004	R10001002	内存条	宇瞻 经典2GB	根	￥ 175.00	￥ 210.00	￥ 192.50	
9	000005	R20001001	内存条	威刚 万紫千红2GB	根	￥ 180.00	￥ 216.00	￥ 198.00	
10	000006	R30001001	内存条	金士顿 1GB	根	￥ 100.00	￥ 120.00	￥ 110.00	
11	000007	D10001001	硬盘	希捷酷鱼7200.12 320GB	块	￥ 340.00	￥ 408.00	￥ 374.00	
12	000008	D20001001	硬盘	西部数据320GB(蓝标)	块	￥ 305.00	￥ 366.00	￥ 335.50	
13	000009	D30001001	硬盘	日立 320GB	块	￥ 305.00	￥ 366.00	￥ 335.50	
14	000010	V10001001	显卡	昂达P45+	块	￥ 699.00	￥ 838.80	￥ 768.90	
15	000011	V20001002	显卡	华硕 P5QL	块	￥ 569.00	￥ 682.80	￥ 625.90	
16	000012	V30001001	显卡	微星 X58M	块	￥ 1,399.00	￥ 1,678.80	￥ 1,538.90	
17	000013	M10001004	主板	华硕 9800GT冰刃版	块	￥ 799.00	￥ 958.80	￥ 878.90	
18	000014	M10001005	主板	微星 N250GTS-2D暴雪	块	￥ 798.00	￥ 957.60	￥ 877.80	
19	000015	M10001006	主板	盈通 GTX260+游戏高手	块	￥ 1,199.00	￥ 1,438.80	￥ 1,318.90	
20	000016	LCD001001	显示器	三星 943NW+	台	￥ 899.00	￥ 1,078.80	￥ 988.90	
21	000017	LCD002002	显示器	优派 VX1940w	台	￥ 990.00	￥ 1,188.00	￥ 1,089.00	
22	000018	LCD003003	显示器	明基 G900HD	台	￥ 760.00	￥ 912.00	￥ 836.00	

图 3.32　特殊格式效果图

当设置货币样式之后，随着货币符号和小数位数的增加，部分单元格将出现"###"符号，此时只需适当调整列宽即可。

（4）设置条件格式。

① 选定要设置条件格式的单元格区域 H5:H22。

② 单击"样式"菜单中的"条件格式"命令，弹出图 3.33 所示的"条件格式"对话框。

③ 选择"单元格数值"选项，再选择"介于"，后面的两个数值分别输入 500 和 1 000。再单击"格式"按钮，出现图 3.34 所示的对话框，选择字形为"加粗"、"倾斜"，颜色为"红色"，单击"确定"按钮返回，再次单击"确定"按钮完成设置，得到图 3.35 所示的结果。

图 3.33　"条件格式"对话框

图 3.34　设置条件格式的格式

图 3.35　设置条件格式后的效果图

　在设置条件格式时，可以单击"添加"按钮，以增加更多的条件，最终的效果是符合条件的单元格按照设置的格式来显示。

（5）设置工作表格式。

① 将表格标题"产品目录及价格表"设置为"合并及居中"，并将其字体设置为"宋

体”、“18 磅”、“加粗”。

② 设置表格边框。为 A4∶I22 单元格区域设置外粗内细的边框线。

③ 设置数据的居中对齐。将表格中除“出厂价”、“建议零售价”和“批发价”外的数据设置为“水平居中”对齐。

【拓展案例】

制作出货单，效果如图 3.36 所示。

出货单								
买方公司								
地址								
出货日期								
序号	货品名称	货品号码	规格	数量	单位	单价	总价	备注
0001	显示器	GB/T1393	飞利浦105E	5	台	￥2,000.00	￥4,000.00	
0002	显示器	GB/F1059	*飞利浦107F5*	6	台	*￥1,100.00*	￥6,600.00	
0003	显示器	GB/T1428	飞利浦107P4	4	台	￥1,200.00	￥4,800.00	
0004	显示器	GB/T1547	飞利浦107T	2	台	￥1,350.00	￥2,700.00	
0005	显示器	GB/F1064	飞利浦107X4	1	台	￥1,280.00	￥1,280.00	
0006	显示器	GB/F1081	飞利浦107B4	2	台	￥1,680.00	￥3,360.00	

图 3.36　“出货单”效果图

【拓展训练】

在实际工作中，我们不可能只处理一张表，一个工作簿中也不可能只放一张表，很可能要把多个文件中的表放到同一个文件中，从而便于集中进行管理，这就要用到工作表的复制或者移动功能。制作“存货月度统计表”，效果如图 3.37 所示。

存货月度统计表																	
序号	代码	品名	规格	单位	上月结存			本月购进			本月发出			本月结存			
					单价	数量	金额	单价	数量	金额	单价	数量	金额	单价	数量	金额	备注
1	LQ10001	金士顿	512M	个	￥160.00	200		￥160.00	300		￥160.00	350					
2	LQ10025	三星	512M	个	￥140.00	300		￥140.00	350		￥140.00	400					
3	LQ10028	现代	512M	个	￥130.00	350		￥130.00	400		￥130.00	500					
4	LQ10034	黑金刚	512M	个	￥145.00	400		￥145.00	500		￥145.00	400					
5	LQ10038	威刚	512M	个	￥130.00	500		￥130.00	400		￥130.00	400					
6	LQ10042	胜创	512M	个	￥125.00	400		￥125.00	400		￥125.00	350					
7	LQ10002	金士顿	1G	个	￥300.00	400		￥300.00	350		￥300.00	450					
8	LQ10035	三星	1G	个	￥290.00	350		￥290.00	450		￥290.00	500					
9	LQ10043	现代	1G	个	￥270.00	450		￥270.00	500		￥270.00	340					
10	LQ10039	黑金刚	1G	个	￥260.00	500		￥260.00	340		￥260.00	430					
11	LQ10040	威刚	1G	个	￥255.00	340		￥255.00	430		￥255.00	440					
12	LQ20001	胜创	1G	个	￥255.00	430		￥255.00	440		￥255.00	320					
13	LQ20002	金士顿	2G	个	￥450.00	440		￥450.00	320		￥450.00	400					
14	LQ20025	三星	2G	个	￥445.00	320		￥445.00	400		￥445.00	400					
15	LQ20028	现代	2G	个	￥430.00	400		￥430.00	400		￥430.00	420					
16	LQ20034	黑金刚	2G	个	￥440.00	400		￥440.00	420		￥440.00	350					
17	LQ20035	威刚	2G	个	￥430.00	420		￥430.00	350		￥430.00	300					
18	LQ20038	胜创	2G	个	￥430.00	350		￥430.00	300		￥430.00	200					

一月数据 / 二月数据 / 三月数据 / 四月数据 / Sheet2 / Sheet3

就绪

图 3.37　“存货月度统计表”效果图

操作步骤如下。

（1）打开素材文件“第 3 篇　市场篇”中的“存货月度统计表”文件。

（2）右击 Sheet1 工作表标签，在快捷菜单中选择“移动或复制工作表”，弹出图 3.38 所示的“移动或复制工作表”对话框。

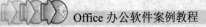

（3）选择"建立副本"复选框，在"下列选定工作表之前"文本框内选择 Sheet2。

（4）单击"确定"按钮，在 Sheet2 工作表之前将出现一张名为"Sheet1 (2)"的工作表，该工作表为 Sheet1 的副本。

（5）重复以上操作，再复制 2 张工作表，并分别将这些工作表重命名为"一月数据"、"二月数据"、"三月数据"和"四月数据"。

图 3.38 "移动或复制工作表"对话框

（6）然后在二、三、四月数据工作表中作适当的修改，就成为新的月份的数据。

【案例小结】

通过本案例的学习，你将学会利用 Excel 软件中的绝对引用进行计算，还能够应用数据有效性来进行数据处理，还可以学会应用条件格式、更改删除条件格式、查找条件格式的方法，以及部分特殊格式进行数据格式的设置。

📖 学习总结

本案例所用软件	
案例中包含的知识和技能	
你已熟知或掌握的知识和技能	
你认为还有哪些知识或技能需要进行强化	
案例中可使用的 Office 技巧	
学习本案例之后的体会	

案例3 制作销售统计分析

【案例分析】

在企业日常经营运转中，随时要注意公司的产品销售情况，了解各种产品的市场需求量以及生产计划，并分析地区性差异等各种因素，为公司领导者制定政策和决策提供依据。将这些数据制作成图表，就可以直观地表达所要说明的数据变化和差异。当数据以图形方式显示在图表中时，图表与相应的数据相链接，当更新工作表数据时，图表也会随之更新。案例效果如图 3.39 所示。

【解决方案】

（1）完成数据的录入。

打开 Excel 2003，在 Sheet1 工作表中录入图 3.40 所示表格中的所有数据。将表格标题设置为"宋体"、"14 磅"、"加粗"、"跨列居中"。

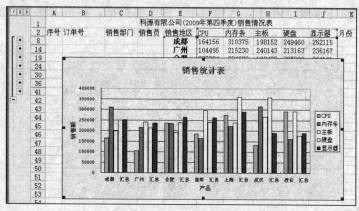

图 3.39　案例效果图

序号	订单号	销售部门	销售员	销售地区	CPU	内存条	主板	硬盘	显示器	月份

科源有限公司(2009年第四季度)销售情况表

序号	订单号	销售部门	销售员	销售地区	CPU	内存条	主板	硬盘	显示器	月份
1	2009100001	销售1部	张三	成都	8288	51425	66768	18710	26460	十月
2	2009100002	销售1部	李四	上海	19517	16259	91087	62174	42220	十月
3	2009100003	销售2部	王五	武汉	13566	96282	49822	80014	31638	十月
4	2009100004	销售2部	赵钱	广州	12474	8709	52583	18693	22202	十月
5	2009100005	销售3部	孙李	合肥	68085	49889	59881	79999	41097	十月
6	2009100006	销售3部	周武	西安	77420	73538	34385	64609	99737	十月
7	2009100007	销售4部	郑王	昆明	42071	19167	99404	99602	88099	十月
8	2009100008	销售1部	张三	成都	53674	63075	33854	25711	92321	十月
9	2009100009	销售1部	李四	上海	71698	77025	14144	97370	92991	十月
10	2009100010	销售2部	王五	武汉	29359	53482	3907	99350	4495	十月
11	2009100011	销售2部	赵钱	广州	8410	29393	31751	14572	83571	十月
12	2009100012	销售3部	孙李	合肥	51706	38997	56011	32459	89328	十一月
13	2009110002	销售3部	周武	西安	65202	1809	66804	33340	35765	十一月
14	2009110003	销售4部	郑王	昆明	57326	21219	92793	63128	71520	十一月
15	2009110004	销售1部	张三	成都	17723	56595	22205	67495	81653	十一月
16	2009110005	销售1部	李四	上海	96637	23486	15642	74709	68262	十一月
17	2009110006	销售2部	王五	武汉	16824	67552	86777	66796	45230	十一月
18	2009110007	销售2部	赵钱	广州	31245	63061	74979	45847	63020	十一月
19	2009110008	销售3部	孙李	合肥	70349	54034	70650	42594	78449	十一月
20	2009110009	销售3部	周武	西安	75798	35302	95066	77020	10116	十一月
21	2009120001	销售4部	郑王	昆明	72076	76589	95283	45520	11737	十二月
22	2009120002	销售1部	张三	成都	59656	82279	68639	91543	45355	十二月
23	2009120003	销售1部	李四	上海	27160	75187	73733	38040	39247	十二月
24	2009120004	销售2部	王五	武汉	966	25580	69084	13143	68285	十二月
25	2009120005	销售2部	赵钱	广州	4732	59736	71129	47832	36725	十二月
26	2009120006	销售3部	孙李	合肥	45194	91768	5819	82756	55287	十二月
27	2009120007	销售3部	周武	西安	73064	50697	95780	1907	43737	十二月
28	2009120008	销售4部	郑王	昆明	14016	47497	8214	32014	90393	十二月
29	2009120009	销售1部	张三	成都	24815	57002	6686	46001	6326	十二月
30	2009120010	销售1部	李四	上海	59696	29807	43581	87799	45832	十二月
31	2009120011	销售2部	王五	武汉	70638	72774	55735	97650	39928	十二月
32	2009120012	销售3部	孙李	广州	47635	54332	9701	86218	30648	十二月

图 3.40　数据录入

（2）复制并重命名工作表。

① 将 Sheet1 工作表复制 1 份。

② 分别将两张工作表重命名为"分类汇总"和"数据透视表"。

（3）数据分类汇总。

① 选中"分类汇总"工作表，将鼠标移动到"销售地区"所在列，单击有数据的任一单元格，再单击工具栏中的"升序排列"按钮，将销售地区按升序进行排序。

② 再单击"数据"菜单，单击"分类汇总"，在弹出的对话框中，选择按"销售地区"分类，汇总方式为"求和"，选定汇总项为其他有数值数据的项目，如图 3.41 所示，再单击"确定"按钮。

图 3.41　分类汇总选项

③ 在出现的汇总数据表格中，选择显示二级汇总数据，将得到图 3.42 所示的效果。

图 3.42 分类汇总结果

（4）创建图表。

① 在分类汇总结果的基础上，选择图表数据区域 E2:J41，即只选择了汇总数据所在区域，如图 3.43 所示。

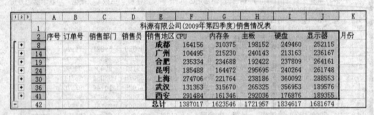

图 3.43 选定图表区域

② 单击"插入"菜单中的"图表"命令，打开图表向导对话框。在"图表类型"列表框中指定图表的类型为"折线图"，再在右边的子图表类型中选择"数据点折线图"，如图 3.44 所示。

③ 单击"下一步"按钮，进入"图表源数据"对话框，设置系列产生在"行"选项，如图 3.45 所示。

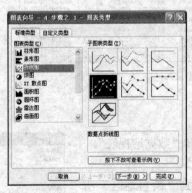

图 3.44 选择图表类型

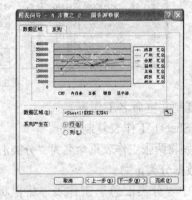

图 3.45 选择图表源数据

提示
　　图 3.45 给出了图表的样本，如果想改变图表的数据来源，可以选取所要的单元格区域。在"系列产生在"区域中还可以通过选择"行"或"列"，来决定将行或列中的哪一个作为主要分析对象，这个分析对象就是图表中的横坐标。

④ 单击"下一步"按钮，进入"图表选项"对话框，在"标题"选项卡中输入图 3.46 所示的标题。同时单击"网格线"选项卡，选中"分类轴"中的"主要网格线"选项，就可以让"产品"轴上也有一定的基准。

⑤ 单击"下一步"按钮，设置图表位置，如图 3.47 所示。在此处选择"作为其中的对象插入"，最后生成图 3.48 所示的效果图。

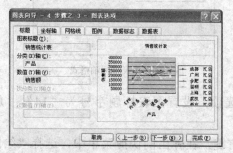

图 3.46　设置图表标题

图 3.47　选择图表生成位置

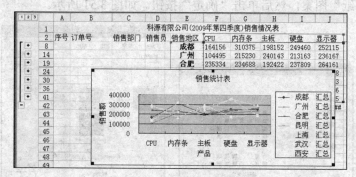

图 3.48　图表生成效果图

（5）修改图表。

① 修改图表类型。将鼠标移动到图表区域，单击鼠标右键，在弹出的快捷菜单中，单击"图表类型"，选择"柱型图"中的"簇状柱型图"，再单击"确定"按钮。

② 修改数据系列。鼠标指向图表区域，单击鼠标右键，再单击"数据源"，在弹出的"数据区域"中，选择"系列产生在"对应的"列"，再单击"确定"按钮，就实现了以"销售地区"作为横坐标。

（6）设置图表格式。

① 单击"视图"菜单中的"工具栏"命令，再选择"图表"命令，打开图 3.49 所示的"图表"工具栏，再单击"图表对象"的下拉按钮，打开下拉列表框，选择"分类轴"后，单击　键，弹出图 3.50 所示的"坐标轴格式"对话框，选中"字体"选项卡，设置字号为"8"。

② 依照上面步骤的方法，将"数值轴"文字大小也设置为"8"。

③ 将鼠标移动并指向横坐标标题，单击鼠标右键，在弹出的快捷菜单中，选择"坐标轴标题格式"，并单击左键，弹出对话框，将坐标轴的字体大小设置为"10"。如法炮制，将纵坐标轴的标题以及图例中的字体大小都设置为"10 号"。

图 3.49　"图表"工具栏　　　　　图 3.50　图表坐标轴格式

④ 如前步骤，选择"图表标题格式"选项，设置图表标题字号为"14"、"加粗"、"蓝色"。

⑤ 将鼠标移动到"绘图区"，单击鼠标右键，在弹出的快捷菜单中，选择"绘图区格式"，并单击左键，打开"绘图区格式"对话框，单击"填充效果"，再切换到"纹理"选项卡，选择"新闻纸"图案，然后单击"确定"按钮。如图 3.51 所示。

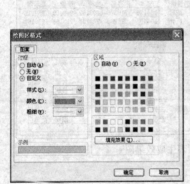

图 3.51　图表绘图区域的填充格式

⑥ 如前步骤，打开"绘图区格式"对话框，单击"填充效果"，切换到"纹理"选项，选择"蓝色面巾纸"图案，单击"确定"按钮。

⑦ 选择图表类型为"柱状图"，最后修改的效果如图 3.52 所示。

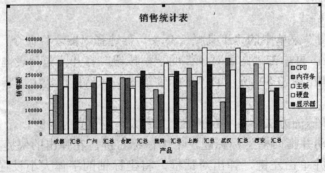

图 3.52　设置好的图表效果图

（7）制作数据透视表。效果如图 3.53 所示。

① 选中"数据透视表"工作表。

② 使用鼠标选中数据区域的任一单元格。

③ 单击"数据"菜单中的"数据透视表和数据透视图"命令，弹出"数据透视表和数据透视图向导"对话框。

④ 指定待分析数据的数据源类型和所需创建的报表类型，如图 3.54 所示，然后单击"下一步"按钮。

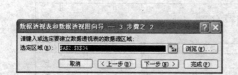

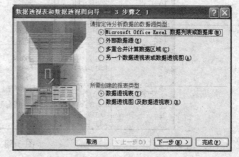

图 3.53 数据透视表效果图　　　　　　图 3.54 数据透视表和数据透视图向导——3 步骤之 1

⑤ 按图 3.55 所示，指定数据源 A2:K34，单击"下一步"按钮。

⑥ 定义数据透视表的显示位置为"新建工作表"，如图 3.56 所示。

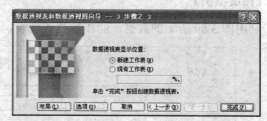

图 3.55 数据透视表和数据透视图向导——3 步骤之 2　　图 3.56 数据透视表和数据透视图向导——3 步骤之 3

⑦ 单击"布局"按钮，弹出图 3.57 所示的对话框。

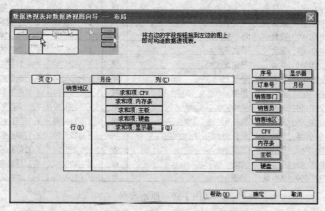

图 3.57 "数据透视表和数据透视图向导——布局"对话框

⑧ 按住图 3.57 中右边的"月份"按钮不放，并拖动到"列（C）"位置，成为列标题；拖动"销售地区"按钮至"行（R）"位置，成为行标题；依次拖动"CPU"、"内存条"、

"主板"、"硬盘"、"显示器"按钮至"数据（D）"处，成为数据项，再单击"确定"按钮，生成图 3.58 所示的结果，可以将数据格式设置成无小数位数值。

销售地区	数据	十月	十一月	十二月	总计
成都	求和项:CPU	61962	17723	84471	164156
	求和项:内存条	114499	56595	139281	310375
	求和项:主板	100622	22205	75325	198152
	求和项:硬盘	44421	67495	137544	249460
	求和项:显示器	118780	81653	51681	252115
广州	求和项:CPU	20884	31245	52367	104495
	求和项:内存条	38102	63061	114068	215230
	求和项:主板	84334	74979	80830	240143
	求和项:硬盘	33266	45847	134050	213163
	求和项:显示器	105773	63020	67374	236167
合肥	求和项:CPU	68085	122054	45194	235334
	求和项:内存条	49889	93031	91768	234688
	求和项:主板	59881	126722	5819	192422
	求和项:硬盘	79999	75054	82756	237809
	求和项:显示器		167774	55907	264151
昆明	求和项:CPU				
	求和项:内存条				
	求和项:主板	99404	92793	103497	295695
	求和项:硬盘	99602	63128	77534	240264

图 3.58　数据透视表结果

⑨ 在图 3.58 中，可以单击"销售地区"、"月份"或者"数据"对应的下拉按钮，选择需要的数据进行查看，以达到对数据透视的目的，如图 3.53 所示。

【拓展案例】

利用图 3.59 所示的数据，制作数据透视表，如图 3.60 所示。

产品目录及价格表

公司名称：　　　　　　　　　　　　　　　　零售价加价率:20%
公司地址：　　　　　　　　　　　　　　　　批发价加价率:10%

序号	产品编号	产品类型	产品型号	单位	出厂价	建议零售价	批发价
1	C10001001	CPU	Celeron E1200 1.6GHz(盒)	颗	￥ 275.00	￥ 330.00	￥ 302.50
2	C10001002	CPU	Pentium E2210 2.2GHz(盒)	颗	￥ 390.00	￥ 468.00	￥ 429.00
3	C10001003	CPU	Pentium E5200 2.5GHz(盒)	颗	￥ 480.00	￥ 576.00	￥ 528.00
4	R10001002	内存条	宇瞻 经典2GB	根	￥ 175.00	￥ 210.00	￥ 192.50
5	R20001001	内存条	威刚 万紫千红2GB	根	￥ 180.00	￥ 216.00	￥ 198.00
6	R30001001	内存条	金士顿 1GB	根	￥ 100.00	￥ 120.00	￥ 110.00
7	D10001001	硬盘	希捷酷鱼7200.12 320GB	块	￥ 340.00	￥ 408.00	￥ 374.00
8	D20001001	硬盘	西部数据320GB(蓝版)	块	￥ 305.00	￥ 366.00	￥ 335.50
9	D30001001	硬盘	日立 320GB	块	￥ 305.00	￥ 366.00	￥ 335.50
10	V10001001	显卡	昂达 魔剑P45+	块	￥ 699.00	￥ 838.80	￥ 768.90
11	V20001002	显卡	华硕 P5QL	块	￥ 569.00	￥ 682.80	￥ 625.90
12	V30001001	显卡	微星 X53M	块	￥1,399.00	￥1,678.80	￥1,538.90
13	M10001004	主板	华硕 9800GT冰刃版	块	￥ 799.00	￥ 958.80	￥ 878.90
14	M10001005	主板	微星 N250GTS-2D暴雪	块	￥ 798.00	￥ 957.60	￥ 877.80
15	M10001006	主板	盈通 GTX260+游戏高手	块	￥1,199.00	￥1,438.80	￥1,318.90
16	LCD001001	显示器	三星 943NW+	台	￥ 899.00	￥1,078.80	￥ 988.90
17	LCD002002	显示器	优派 VX1940w	台	￥ 990.00	￥1,188.00	￥1,089.00
18	LCD003003	显示器	明基 G900HD	台	￥ 760.00	￥ 912.00	￥ 836.00

图 3.59　原始数据

【拓展训练】

利用 Excel 提供的方案管理器，可以进行更复杂的分析，模拟为达到预算目标选择不同方式的大致结果。每种方式的结果都称为一个方案，对多个方案进行对比分析，可以考查不同方案的优势，从中选择最适合公司目标的方案。

3	求和项:出厂价	产品类型				
4	产品型号	内存条	显卡	显示器	硬盘	总计
5	昂达 魔剑P45+		699			699
6	华硕 P5QL		569			569
7	金士顿 1GB	100				100
8	明基 G900HD			760		760
9	日立 320GB				305	305
10	三星 943NW+		899			899
11	威刚 万紫千红2GB	180				180
12	微星 X58M		1399			1399
13	西部数据320GB(蓝版)				305	305
14	希捷酷鱼7200.12 320GB				340	340
15	优派 VX1940w			990		990
16	宇瞻 经典2GB	175				175
17	总计	455	2667	2649	950	6721

图 3.60 数据透视表效果图

我们就商品的毛利计算，知道实际上涉及的变量之间有一定的关系：一般商品销量越高，进价越低，而销售费用越高。下面就这一问题，我们在加价百分比一定的条件下，利用方案分析它们对最终毛利的影响。

操作步骤如下。

（1）创建方案：在数据表中，输入图 3.61 所示的数据，在 B6 处输入毛利求算公式"=B2*B3*B4-B5"，或利用名称输入公式"=进货成本*加价百分比*销售数量-销售费用"。

（2）选择菜单栏"工具"中的"方案"命令，弹出"方案管理器"对话框，如图 3.61 所示，单击右侧的"添加"按钮，弹出"添加方案"对话框。

（3）在"方案名"处输入方案名称"1 000 件"，选取"可变单元格"的"选择"按钮，按住【Ctrl】键，间隔选择 B1、B3、B4 单元格后返回，如图 3.62 所示。单击"确定"按钮后弹出"方案变量值"对话框，分别设定"进货成本"、"销售数量"和"销售费用"的值，如图 3.63 所示。单击"确定"按钮完成"1 000 件"销售方案的设定。

图 3.61 "方案管理器"对话框

图 3.62 "添加方案"对话框

（4）按照上面操作分别设定"2 000 件"、"3 000 件"、"4 000 件"和"5 000 件"的销售方案，如图 3.64 和图 3.65 所示。

（5）在"方案管理器"对话框的方案列表中选择任意方案，如选择 4 000 件方案，然后单击右侧的"显示"按钮即可显示相应的方案结果，如图 3.66 所示。

（6）在"方案管理器"中还可以单击右侧的"摘要"按钮，在出现的"方案摘要"对话框中选择"方案摘要"或"方案数据透视表",单击"确定"按钮以生成方案摘要,如图 3.67 所示。

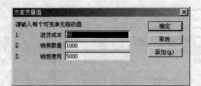

图 3.63　"方案变量值"对话框

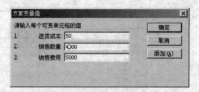

图 3.64　设定 4 000 件的"方案变量值"

图 3.65　"方案管理器"对话框

图 3.66　4 000 件的方案结果

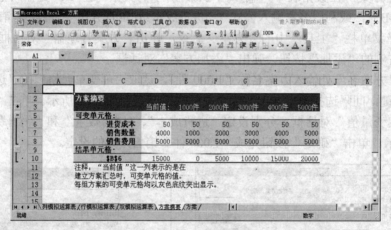

图 3.67　生成的方案摘要

　　Excel 为数据分析提供了更为高级的分析方法,即通过使用方案来对多个变化因素对结果的影响进行分析。方案是指产生不同结果的可变单元格的多次输入值的集合。每个方案可以使用多种变量进行数据分析。

【案例小结】

　　通过本案例的学习,你将学会利用 Excel 软件中的函数自动求和进行计算,能够根据要求制作图表,并能够对图表进行不同的修改以达到需要的结果,还能够进行简单的数据透视表的操作。

📖 学习总结

本案例所用软件	
案例中包含的知识和技能	
你已熟知或掌握的知识和技能	
你认为还有哪些知识或技能需要进行强化	
案例中可使用的 Office 技巧	
学习本案例之后的体会	

案例4　制作产品行业推广方案

【案例分析】

在将某个新产品或者新技术投入到新的行业之前，首先必须要说服该行业的人员，使他们从心理上接受制作者的产品或者技术。而要想让他们接受，最直接的办法就是要让他们觉得需要这样的产品或者技术，此时一份全面详细的产品行业推广方案是必不可少的。案例效果如图 3.68 所示。

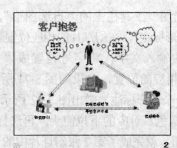
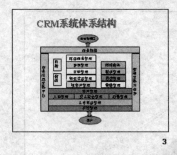
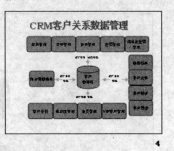

图 3.68　"产品行业推广方案"效果图

【解决方案】

（1）启动 PowerPoint 2003。

（2）使用"标题幻灯片"版式制作第 1 张幻灯片。

（3）利用自选图形制作第 2 张幻灯片。

PowerPoint 提供了丰富的自选图形样式，可用来创建多种简单或者复杂的图形，在进行

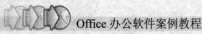

演示时，直观的图形往往比文字具有更强的说服力，第 2、3、4 三张幻灯片用不同的自选图形来制作。具体操作步骤如下。

① 插入一张"只有标题"版式的幻灯片。输入标题文字，如图 3.69 所示，插入并调整图片；利用文本框输入文字，并使用"绘图"工具栏中的"箭头"绘制箭头线，将"线型"设置为"圆点"虚线。

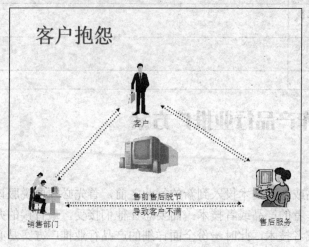

图 3.69　初始图形

② 单击"绘图"工具栏上的"自选图形"，从弹出的菜单中选择"标注"中的"云形标注"，在幻灯片的相应位置画图，如图 3.70 所示。

③ 在标注中输入文字，将字号设置成"12"；然后，单击黄色句柄，将其拖到相应的位置，效果如图 3.71 所示。

④ 双击每一个云形标注，弹出图 3.72 所示的对话框，在"填充"选项中，选择"颜色"对应的下拉箭头，再选择"无填充颜色"，最后单击"确定"按钮，就完成了第 2 张幻灯片中的自选图形。

图 3.70　自选云形标注

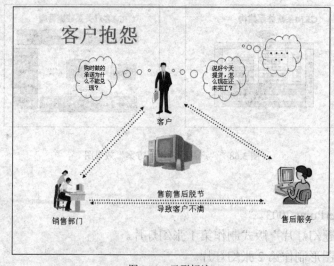

图 3.71　云形标注

（4）制作第 3 张幻灯片。

① 首先选择自选图形中的"矩形"，画出一个矩形图，再右击图形，出现快捷菜单，单击复制，再按【Ctrl】+【V】结合键，复制出 4 个相同的矩形图，如图 3.73 所示。

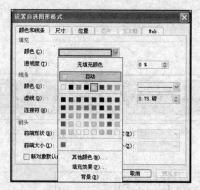

图 3.72 自选图形格式

图 3.73 复制矩形图

② 按照前面的方法，如图 3.74 所示制作出所有的矩形图形，再绘制出两个椭圆图形和两个箭头，并在每个自选图形中录入文字，字号都设成"18"。

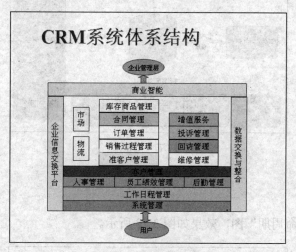

图 3.74 第 3 张幻灯片效果图

③ 填充图形颜色。将每个不同的图形设置成需要的填充色。

（5）完成第 4 张幻灯片。

① 按照前面使用的复制方法，在幻灯片中画好 14 个圆角矩形，并在图形中录入相应的文字。

② 按住【Shift】键，同时选中需要水平对齐的图形，即最上面的一排图形。

③ 单击"绘图"工具栏上的"绘图"按钮，再单击"对齐或分布"，选择"顶端对齐"命令，如图 3.75 所示。

④ 单击"绘图"工具栏上的"绘图"选项，接着单击"对齐或分布"，选择"横向分布"命令，即可使对应的矩形框在水平方向上间隔平均分布，形成图 3.76 所示的效果。

⑤ 然后分别在相应的位置上添加圆柱体、箭头和文本框，结合前面所讲的设置颜色等

操作，最终的效果如图 3.77 所示。

图 3.75　对齐分布菜单

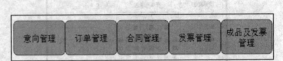

图 3.76　水平分布效果

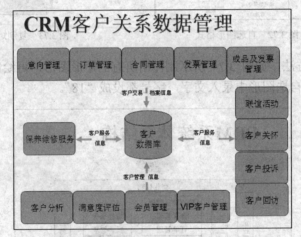

图 3.77　效果图

【拓展案例】

制作"软件的生命周期"图，效果如图 3.78 所示。

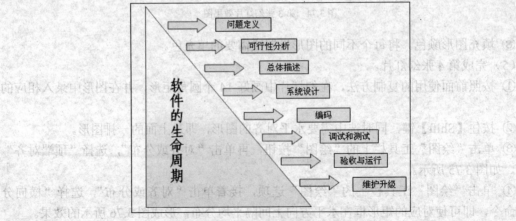

图 3.78　"软件的生命周期"效果图

【拓展训练】

市场部在制订一项城市白领的个人消费调查表，用以了解当前社会中白领的消费状况，为将来市场部的下一步运作提供参考数据和依据，制订出的效果图如图 3.79 所示。

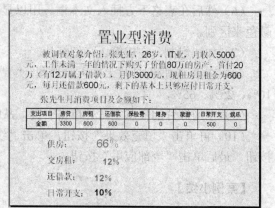

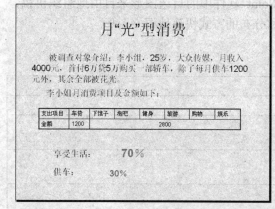

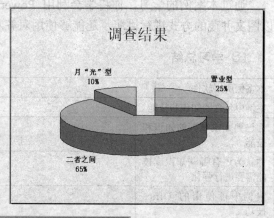

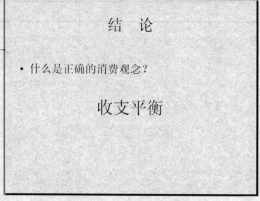

图 3.79　"白领个人消费调查"效果图

操作步骤如下。

（1）打开素材文件"第 3 篇　市场篇"中的"白领个人消费调查"。

（2）单击第 2 张幻灯片，单击"插入"菜单，再单击"表格"命令，在空白处插入表格。

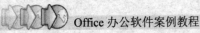
（3）在弹出的对话框中，输入"8 列"、"2 行"，即出现一表格，在表格的右下角出现自动更正按钮，单击"撤销自动版式"。

（4）调整表格到效果图中的大小及位置。

（5）在表格中输入数据。

（6）然后在表格下方插入文本框，用以显示各项支出所占当月收入的比例，可以用不同颜色来区别。

（7）如法炮制，完成第 3 张幻灯片。

（8）在第 4 张幻灯片上插入饼形图，"置业型"、"月光型"、"二者之间"的比例分别是 10%、25%、65%。

（9）在幻灯片的任意空白处单击右键，从弹出的快捷菜单中选择"背景"。

（10）再单击"填充效果"按钮，单击"纹理"选项卡，选择"新闻纸"，单击"确定"按钮，最后单击"全部应用"按钮。

【案例小结】

通过本案例的学习，你将学会利用 PowerPoint 软件中的自选图形来自由地组织讲稿，以图文并茂的方式进行讲演，还能够使用对齐和分布的方式快速地调整图形。

学习总结

本案例所用软件	
案例中包含的知识和技能	
你已熟知或掌握的知识和技能	
你认为还有哪些知识或技能需要进行强化	
案例中可使用的 Office 技巧	
学习本案例之后的体会	

第4篇

物流篇

对于一个公司来说，其仓库管理是物流系统中不可缺少的重要一环，仓库管理的规范化将为物流体系带来切实的便利。不管是销售型公司还是生产型公司，其商品或产品的进货入库、库存、销售出货等，都是每日工作的重要内容。公司仓库库存表格的规范设计是第一步要做好的；其次，准确地统计各类数据，汇总分析，完成对进货、销货、库存三方面的控制，不仅可以使公司以最小的成本获得最大的收益，还能够使资源得到最有效的配置和利用，而且通过各种方式对仓库出入库数据做出合理的统计，也是物流部门应该做好的工作。本篇使用 Excel 来实现公司的物流管理工作。

学习目标

1. 利用 Excel 创建公司的库存统计表，灵活设置各部分的格式。

2. 自定义数据格式。

3. 通过数据有效性的设置，来控制录入数据时必须输入符合规定的数据。

4. 学会合并多表数据，得到汇总结果。

5. 利用 Excel 制作公司生产成本预算表。

6. 在 Excel 中利用自动筛选和高级筛选实现显示满足条件的数据行。

7. 利用分类汇总来分类统计某些字段的汇总函数值。

8. 灵活地构造和使用数据透视表来满足各种需要的数据结果的显示要求。

9. 了解数据的多种表现形式，如图表、数据透视表等。

案例 1 公司库存表的规范设计

【案例分析】

公司供应商品库存表是对公司一个月来进货、销货、存货的统计，根据公司的性质不同，公司供应商品库存表可由财务部门制作，也可由仓库管理部门制作，但最终制作完毕的公司供应商品库存表需打印出来，交由仓库部门主管、财务会计、仓库管理员等签字才能生效。

库存表的制作，会涉及准确数据的录入、录入中数据的有效性控制、分类汇总或合并计算等操作。

本案例是通过将 5 月录入的如图 4.1 所示的"科源有限公司第一仓库出、入库明细表"和如图 4.2 所示的"科源有限公司第二仓库出、入库明细表"的数据，汇总到图 4.3 所示的"出、入库汇总表"中，来统计科源有限公司仓库 5 月份的各个产品品种的数量变化情况。

	A	B	C	D	E	F	G	H	I
1			科源有限公司第一仓库出、入库明细表						
2	统计日期		2009 年		5 月				
3	仓库主管	张宇		财务主管			仓库管理员		刘关
4	编号	入库/出库	日期	产品品种	产品名称	规格	数量	录入员代码	备注
5	NO-1-0001	1	2009-5-7	计算机	华硕	F85v笔记本	3	111	
6	NO-1-0002	2	2009-5-8	数码相机	尼康	S550	10	111	
7	NO-1-0003	1	2009-5-9	手机	诺基亚	N95	508	112	
8	NO-1-0004	1	2009-5-10	数码相机	佳能	A650 IS	5	111	
9	NO-1-0005	1	2009-5-11	手机	三星	E848	4	113	
10	NO-1-0006	2	2009-5-12	手机	多普达	P660	6	112	
11	NO-1-0007	2	2009-5-13	计算机	DELL	1200 笔记本	3	111	
12	NO-1-0008	1	2009-5-14	数码摄像机	索尼	SR65E	1	111	
13	NO-1-0009	1	2009-5-15	数码相机	索尼	W150	2	113	
14	NO-1-0010	2	2009-5-16	数码摄像机	JVC	GZ-MG130	5	113	
15	NO-1-0011	1	2009-5-17	手机	诺基亚	5300	10	113	
16	NO-1-0012	2	2009-5-18	数码相机	佳能	IXUS 90	8	111	
17	NO-1-0013	1	2009-5-19	计算机	华硕	A8H237 笔记本	6	111	
18	NO-1-0014	1	2009-5-20	数码相机	佳能	IXUS 960 IS	9	113	
19	NO-1-0015	1	2009-5-21	移动硬盘	联想	奥运纪念款160G	10	112	
20	NO-1-0016	2	2009-5-22	计算机	DELL	Vostor 200DT 台式机	20	112	
21	NO-1-0017	1	2009-5-23	计算机	三星	R26 笔记本	5	113	
22	NO-1-0018	2	2009-5-24	数码相机	尼康	S550	10	113	
23	NO-1-0019	1	2009-5-25	手机	诺基亚	N81	10	113	
24	NO-1-0020	2	2009-5-26	计算机	联想	F41A 笔记本	10	113	
25									

图 4.1 科源有限公司第一仓库出、入库明细表

	A	B	C	D	E	F	G	H	I
1			科源有限公司第二仓库出、入库明细表						
2	统计日期		2009 年		5 月				
3	仓库主管	陈林		财务主管			仓库管理员		乔小笑
4	编号	入库/出库	日期	产品品种	产品名称	规格	数量	录入员代码	备注
5	NO-2-0001	1	2009-5-7	计算机	华硕	F85v笔记本	10	211	
6	NO-2-0002	1	2009-5-8	手机	尼康	S550	2	211	
7	NO-2-0003	1	2009-5-8	计算机	诺基亚	N95	10	211	
8	NO-2-0004	2	2009-5-8	手机	佳能	A650 IS	5	211	
9	NO-2-0005	2	2009-5-9	手机	三星	E848	6	211	
10	NO-2-0006	1	2009-5-9	计算机	多普达	P660	8	211	
11	NO-2-0007	2	2009-5-10	数码相机	华硕	F85v笔记本	5	211	
12	NO-2-0008	1	2009-5-10	手机	尼康	S550	7	211	
13	NO-2-0009	2	2009-5-10	数码相机	诺基亚	N95	5	211	
14	NO-2-0010	2	2009-5-12	计算机	佳能	A650 IS	10	211	
15	NO-2-0011	1	2009-5-12	计算机	三星	E848	5	211	
16	NO-2-0012	1	2009-5-12	手机	多普达	P660	1	211	
17	NO-2-0013	2	2009-5-12	数码相机	华硕	F85v笔记本	1	211	
18	NO-2-0014	1	2009-5-20	手机	尼康	S550	2	211	
19	NO-2-0015	1	2009-5-21	数码摄像机	诺基亚	N95	1	211	
20	NO-2-0016	1	2009-5-22	手机	佳能	A650 IS	1	211	
21	NO-2-0017	2	2009-5-23	手机	三星	E848	1	211	
22	NO-2-0018	1	2009-5-25	数码摄像机	多普达	P660	6	211	
23	NO-2-0019	1	2009-5-27	计算机	华硕	F85v笔记本	5	211	
24	NO-2-0020	1	2009-5-29	计算机	尼康	S550	5	211	
25									
26									

图 4.2 科源有限公司的第二仓库出、入库明细表

【解决方案】

（1）启动 Excel 2003，创建文件"5 月出入库.xls"，将 Sheet1、Sheet2 和 Sheet3 工作表分别重命名为"第一仓库出、入库"、"第二仓库出、入库"和"出、入库汇总表"。

（2）在"第一仓库出、入库"工作表中输入标题数据，并对单元格的格式做适当的设置，如行高、列宽、合并单元格、垂直居中、字体设置等，效果如图 4.4 所示。

	A	B	C
1	产品品种	数量	
2	移动硬盘	10	
3	计算机	102	
4	手机	560	
5	数码相机	56	
6	数码摄像机	17	
7			

图 4.3 科源有限公司的"出、入库汇总表"

	A	B	C	D	E	F	G	H	I
1	科源有限公司第一仓库出、入库明细表								
2	统计日期			年		月			
3	仓库主管			财务主管			仓库管理员		
4	编号	入库/出库	日期	产品品种	产品名称	规格	数量	录入员代码	备注
5									
6									

图 4.4 输入标题数据后的"第一仓库出、入库"工作表

提示

合并单元格的操作，在选中需要合并的单元格区域后，既可以使用"格式"工具栏上的 图标实现，也可以使用鼠标右键，在弹出的快捷菜单中选择"设置单元格格式"，调出"单元格格式"对话框来实现设置，如图 4.5 所示。

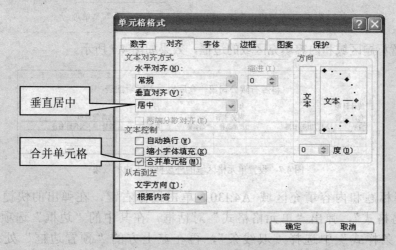

图 4.5 在"单元格格式"对话框中设置"垂直居中"和"合并单元格"

在"单元格格式"对话框中，可以同时将"文本对齐方式"中的"垂直对齐"设置为"居中"、"文本控制"设置为"合并单元格"，对于垂直方向上的文本对齐方式，使用"格式"工具栏是无法一次性设置好的。

若"格式"工具栏上没有出现 图标，则可以按以下步骤调出。

① 单击"格式"工具栏上的"工具栏选项"按钮，从菜单中选择"添加或删除按钮"命令。

② 在级联菜单中选择"格式"命令，再在下级菜单中为"合并及居中"命令打上勾，如图 4.6 所示。

图4.6 在"格式"工具栏上调出"合并及居中"菜单项

（3）设置标题区域和内容填充区域的边框，效果如图4.7所示。

图4.7 设置单元格区域的外边框和内边框效果

① 选择标题和内容填充区域 A4:I30，单击鼠标右键，在弹出的快捷菜单中选择"设置单元格格式"，弹出"单元格格式"对话框，在其中的"边框"选项卡中，先在右边的"线条样式"中选择"双线条"，再在左上方的"预置边框"处选择"外边框"，如图4.8所示。

② 在右边的"线条样式"中选择"单细线条"，再在左上方的"预置边框"中选择"内部"，如图4.9所示。

选择了线条样式之后，要运用于内外边框，既可以在"预置"处选择"外边框"或"内部"，也可以在左下方的"边框"里单击小按钮或直接在预览草图上单击要运用处。

③ 选中标题行的第4行，在工具栏的边框按钮 处，选择为该行设置双底框线，如图4.10所示。

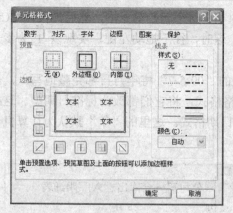

图 4.8 设置外边框

图 4.9 设置内部线条

图 4.10 为选中的标题行设置双底框线

（4）编号的输入。这里填列 1～20 号出入库记录的编号。

① 选中编号所在列 A 列，单击"格式"菜单中的"单元格…"命令，在弹出的"单元格格式"对话框中，切换到"数字"选项卡，在左侧"分类"中选择"自定义"；在右侧类型中，自己输入""NO-1-"0000"的自定义格式，单击"确定"按钮，如图 4.11 所示。

> 这里自定义的格式，是由双引号括起来的字符及后面输入的数字所组成的一个字符串，这里的双引号括起来的字符将会原样显示，并连接后面由 4 位数字组成的数字串。

数字部分用了 4 个"0"，表示如果输入的数字不够 4 位，则左方添"0"占位。

例如，当输入为"1"时，单元格中显示的是"NO-1-0001"，如图 4.12 所示。

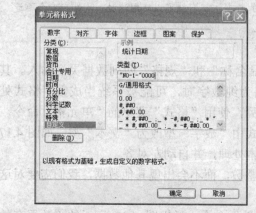

图 4.11 自定义单元格格式

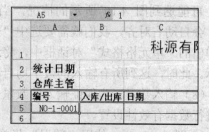

图 4.12 输入"1"时的编号显示

② 自动填充下方单元格：这里，可以先选中 A5 这个起始单元格，然后，按住【Ctrl】键，鼠标移到单元格的右下角，会出现"+"号，这时，往下拖动左键，实现以 1 为步长值的向下自动递增填充，如图 4.13 所示。

（5）填入每个记录的填列日期。可以用传统的"09-5-7"将年月日都完整地写入，也可以选中日期"C 列"，单击鼠标右键，设置单元格格式，将它们都改为标准日期型。这样，在"C 列"内只输入月日，便可得到标准的年月日期格式。这里的"年"默认为计算机当时的年份。效果如图 4.14 所示。

图 4.13　自动填充下方的编号

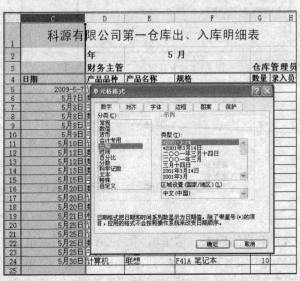

图 4.14　设置日期格式

（6）输入产品品种。

① 按住【Ctrl】键的同时，利用鼠标单击或拖动来选择多个不连续的区域：D5、D11、D17、D20、D21、D24，在 D24 内键入需要填充的数据，如"计算机"，然后使用【Ctrl】+【Enter】组合键，将这些单元格的数据都填充为"计算机"，如图 4.15 所示。

② 参照此方法及图 4.1 的最终效果，完成其余"产品品种"数据的输入。

 如果在不连续的单元格或区域中有很多相同的数据，我们就可以使用这种一次性在多个不连续的单元格里输入相同数据的方法来进行填充。

（7）输入"产品名称"和"规格"。将"产品名称"和"规格"两列数据灵活输入。其中，可能遇到图 4.16 所示的情况，当输入规格为纯数字时，可能被系统当成数字格式处理，会自动右对齐，我们就需要选中"规格"这列，使用"格式"菜单的"单元格"命令，在弹出的"单元格格式"对话框中，将这列的格式由"数字"型改为"文本"型，如图 4.17所示。此时，这列所有输入的数字均自动作为文本处理，并自动左对齐。

（8）输入数量。为保证输入的数量值均为正整数，而不会出现其他数据，我们需要对这列进行数据有效性设置。

① 选中 G 列，使用"数据"菜单的"有效性"命令，弹出图 4.18 所示的"数据有效

性"对话框。

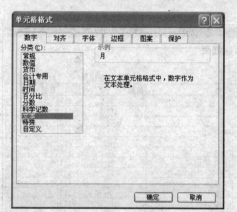

图 4.15　一次性在多个不连续单元格里输入相同的数据

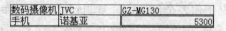

数码摄像机	JVC	GZ-MG130	
手机	诺基亚		5300

图 4.16　输入的型号为数字时

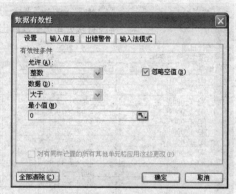

图 4.17　将单元格格式设置为文本数据

图 4.18　"数据有效性"对话框

② 在其中的"设置"选项卡中，设置好该列中的数据所允许的数值，如图 4.18 所示。

③ 在"输入信息"选项卡中，设置在工作表中进行输入时，鼠标移到该列时显示的提示信息，如图 4.19 所示。

④ 在"出错警告"选项卡中，设置在工作表中进行输入时，如果在该列中任意单元格输入了错误数据，弹出的对话框中的提示信息，如图 4.20 所示。

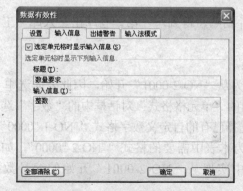

图 4.19　数据有效性设置输入时的提示信息

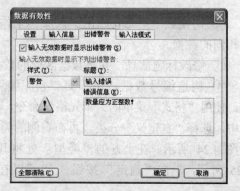

图 4.20　数据有效性设置输入错误时的出错警告

⑤ 设置完成后，在工作表中进行数量数据的输入，在该列单元格的右侧，会出现图 4.21 所示的提示信息；当输入错误数据时，会弹出如图 4.22 所示的对话框。

规格	数量	录入员代码
F85v 笔记本	3	111
S550		111
数量要求		111
N95	整数	112

图 4.21　有效性数据输入时的提示信息　　　　图 4.22　输入错误数据时弹出的提示对话框

（9）输入剩余的所有数据。

（10）开始输入"第二仓库出、入库"工作表的数据。由于"第二仓库出、入库"工作表中的大部分数据是与"第一仓库出、入库"工作表相同或类似，故先将"第一仓库出、入库"工作表全部选中，复制到"第二仓库出、入库"工作表中，作适当修改即可。

① 在"第一仓库出、入库"工作表中，单击工作表选取点，即行号和列号的交叉点，选中整张工作表，如图 4.23 所示。

	A	B	C	D	E	F	G	H	I
1			科源有限公司第一仓库出、入库明细表						
2	统计日期		2009 年		5 月				
3	仓库主管	张宇		财务主管			仓库管理员	刘关	
4	编号	入库/出库	日期	产品品种	产品名称	规格	数量	录入员代码	备注
5	NO-1-0001	1	2009-5-7	计算机	华硕	F85v笔记本	3	111	
6	NO-1-0002	2	2009-5-8	数码相机	尼康	S550	10	111	
7	NO-1-0003	1	2009-5-9	手机	诺基亚	N95	508	112	
8	NO-1-0004	1	2009-5-10	数码相机	佳能	A650 IS	5	111	
9	NO-1-0005	1	2009-5-11	手机	三星	E848	4	113	
10	NO-1-0006	2	2009-5-12	手机	多普达	P660	6	112	
11	NO-1-0007	2	2009-5-13	计算机	DELL	1200 笔记本	3	111	
12	NO-1-0008	1	2009-5-14	数码摄像机	索尼	SR65E	1	111	
13	NO-1-0009	1	2009-5-15	数码相机	索尼	W150	2	113	
14	NO-1-0010	2	2009-5-16	数码摄像机	JVC	GZ-MG130	5	113	
15	NO-1-0011	1	2009-5-17	手机	诺基亚	5300	10	113	
16	NO-1-0012	2	2009-5-18	数码相机	佳能	IXUS 90	8	111	
17	NO-1-0013	1	2009-5-19	计算机	华硕	A8H237 笔记本	6	111	
18	NO-1-0014	2	2009-5-20	数码相机	佳能	IXUS 960 IS	9	113	
19	NO-1-0015	1	2009-5-21	移动硬盘	联想	奥运纪念款160G	10	112	
20	NO-1-0016	2	2009-5-22	计算机	DELL	Vostor 200DT 台式机	20	112	
21	NO-1-0017	1	2009-5-23	计算机	三星	R26 笔记本	5	113	
22	NO-1-0018	2	2009-5-24	数码相机	尼康	S550	10	113	
23	NO-1-0019	1	2009-5-25	手机	诺基亚	N81	10	113	
24	NO-1-0020	2	2009-5-26	计算机	联想	F41A 笔记本	10	113	
25									
26									

图 4.23　选中"第一仓库出、入库"工作表

② 切换到"第二仓库出、入库"工作表中并粘贴，得到与"第一仓库出、入库"工作表相同的数据。

③ 修改标题信息，并将数据区域的数据删除。

④ 构造编号数据。由于第二仓库编号会变为从"NO-2-0001"开始，因此要先选中 A 列，使用"格式"菜单的"单元格"命令，在弹出的"单元格格式"对话框中的"数字"选项卡中，选择"自定义"分类，再在右侧的类型中选择已有的自定义数字格式""NO-1-"0000"，如图 4.24 所示，在上方的"类型"处将其修改为本表中需要的格式""NO-2-"0000"，如图 4.25 所示，单击"确定"按钮，就可以在本表中实现从"NO-2-0001"开始的编号数据填充了。

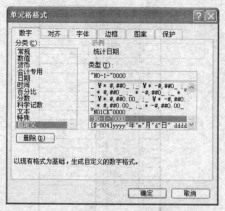

图 4.24 选择已有的自定义数据格式

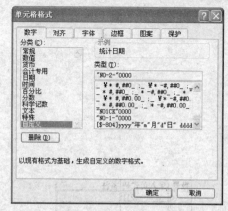

图 4.25 修改为本表中需要的数据格式

⑤ 日期数据。由于本表是复制"第一仓库出、入库"表，因此会延续该表的数据格式。由于在填充日期时已经做了标准日期的格式设置，这里只需要输入月日，就可以得到年月日的日期格式，如图 4.26 所示。

⑥ 输入产品品种。参照"第一仓库出、入库"工作表，对不连续单元格里的相同数据进行一次性输入。

⑦ 输入产品名称和规格。先在"第一仓库出、入库"工作表中，复制 E5:F10 区域的数据，粘贴到"第二仓库出、入库"工作表的 E5:F10 区域中，然后将鼠标移至该区域右下角，出现填充手柄时，使用鼠标拖动，在下方区域中按照所选区域的规律自动以序列方式填充数据，如图 4.27 所示。

产品品种	产品名称	规格	数量	录入员代码
计算机	华硕	F85v 笔记本		
手机	尼康	S550		
计算机	诺基亚	N95		
手机	佳能	A650 IS		
手机	三星	E848		
计算机	多普达	P660		
数码相机				
手机				
数码相机				
计算机				
计算机				
数码相机				
数码摄像机				
计算机				
数码摄像机			尼康	
数码相机				
计算机				

编号	入库/出库	日期
NO-2-0001	1	2009-5-7
NO-2-0002	1	2009-5-8
NO-2-0003	1	5-8
NO-2-0004	2	
NO-2-0005	2	
NO-2-0006	1	

图 4.26 输入月日自动应用为标准日期格式

图 4.27 使用鼠标拖动自动填充区域

⑧ 输入录入员代码。由于所有录入员代码都是"211"，所以可以先输入一个代码，如图 4.28 所示，再将鼠标移至该单元格的右下角，出现填充手柄时双击，便可自动填充数据至与左侧区域行数相同的地方，如图 4.29 所示。

（11）汇总统计"出、入库汇总表"。想汇总第一、二仓库中的数据，可以参考案例 4.3 中的灵活方法实现各种统计需要。这里，我们利用"合并计算"来统计科源有限公司仓库 5 月份的各个产品品种的数量变化情况。

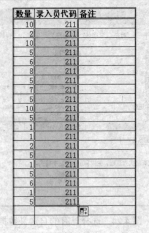

图 4.28　录入员代码

图 4.29　填充至与左侧区域行数相同的地方

① 将鼠标定位于"出、入库汇总表"的 A1 单元格，在这个单元格中填列合并计算的结果。

② 使用"数据"菜单的"合并计算"命令，调出如图 4.30 所示的"合并计算"对话框，选择合并的方式，即在"函数"处选择"求和"。

③ 添加第一个"引用位置"区域。单击"合并计算"对话框中的拾取按钮，切换到"第一仓库出、入库"工作表中，选取区域 D4:G24，如图 4.31 所示，再单击键，回到"合并计算"对话框，得到如图 4.32 所示的效果，单击"添加"按钮，将其加入到下方"所有引用位置"中。

图 4.30　"合并计算"对话框

图 4.31　选择第一个"引用位置"区域

如果要合并的数据是另外一个工作簿文件中的数据，则需要使用 浏览(B)... 按钮，打开其他文件，再进行区域的选择。

④ 继续添加第二个引用区域。按照上述方法，切换并选择"第二仓库出、入库"工作表中的区域 D4:G24，将其添加到"所有引用位置"中，如图 4.33 所示，并且选中"标签位置"的"首行"和"最左列"，单击"确定"按钮，完成合并，得到如图 4.34 所示的结果。

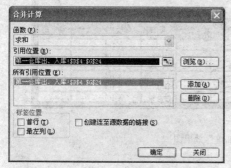

图 4.32　已选择并添加了一个引用位置

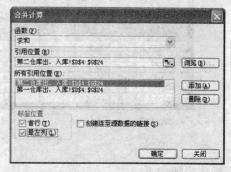

图 4.33　将所有引用位置都添加好

提示

由于结果会以所引用位置的数据首行和最左列作为汇总的数据标志，故这里需要将其选中。

⑤ 调整。将不需要的"产品名称"和"规格"列删除，将"产品品种"标题添上，并调整列宽，得到的最终效果如图 4.35 所示。

	A	B	C	D	E
1		产品名称	规格	数量	
2	移动硬盘			10	
3	计算机			102	
4	手机		5300	560	
5	数码相机			56	
6	数码摄像机			17	
7					

图 4.34　得到合并计算的结果

	A	B	C
1	产品品种	数量	
2	移动硬盘	10	
3	计算机	102	
4	手机	560	
5	数码相机	56	
6	数码摄像机	17	
7			

图 4.35　调整后的结果

【拓展案例】

材料采购明细表，如图 4.36 所示。

采购日期	采购编号	供应商号	采购货物	采购数量	单价	金额	验收日期	性质描述
2009-1-2	0001	100023	XSQ-1	20	￥800	￥16,000	2009-1-3	优
2009-1-6	0002	100012	XSQ-2	10	￥1,000	￥10,000	2009-1-9	优
2009-1-7	0003	100009	XSQ-3	10	￥1,180	￥11,800	2009-1-9	优
2009-1-13	0004	100010	CPU-1	20	￥1,000	￥20,000	2009-1-18	优
2009-1-19	0005	100022	CPU-2	12	￥1,500	￥18,000	2009-1-21	优
2009-1-22	0006	100013	CPU-3	12	￥900	￥10,800	2009-1-25	优
2009-1-25	0007	100010	CPU-1	8	￥1,000	￥8,000	2009-1-28	优

材料采购明细表／Sheet2／Sheet3／

图 4.36　材料采购明细表

【拓展训练】

制作一份商品出货明细单，效果如图 4.37 所示。在这个明细表中，会涉及数据有效性设置和自定义序列来构造下拉列表进行数据输入、自动筛选数据和冻结网格线等操作。

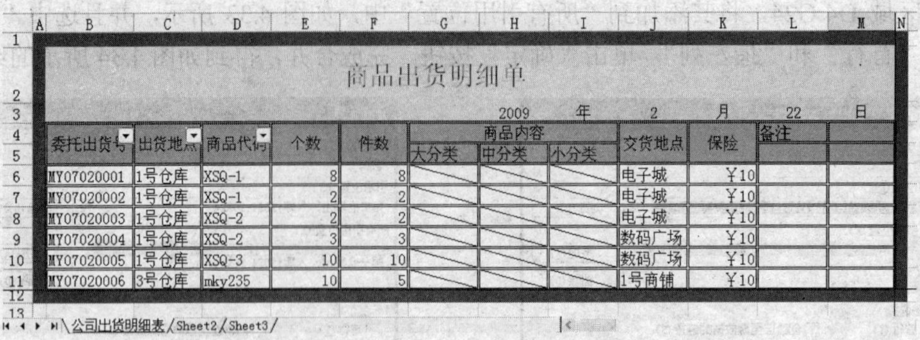

商品出货明细单

2009 年 2 月 22 日

委托出货号	出货地点	商品代码	个数	件数	商品内容 大分类	中分类	小分类	交货地点	保险	备注
MY07020001	1号仓库	XSQ-1	8	8				电子城	￥10	
MY07020002	1号仓库	XSQ-1	2	2				电子城	￥10	
MY07020003	1号仓库	XSQ-2	2	2				电子城	￥10	
MY07020004	1号仓库	XSQ-2	3	3				数码广场	￥10	
MY07020005	1号仓库	XSQ-3	10	10				数码广场	￥10	
MY07020006	3号仓库	mky235	10	5				1号商铺	￥10	

图 4.37 “商品出货明细单”效果图

操作步骤如下。

（1）如图 4.38 所示，建立商品出货明细表，输入各项数据，并设置明细表背景图案。

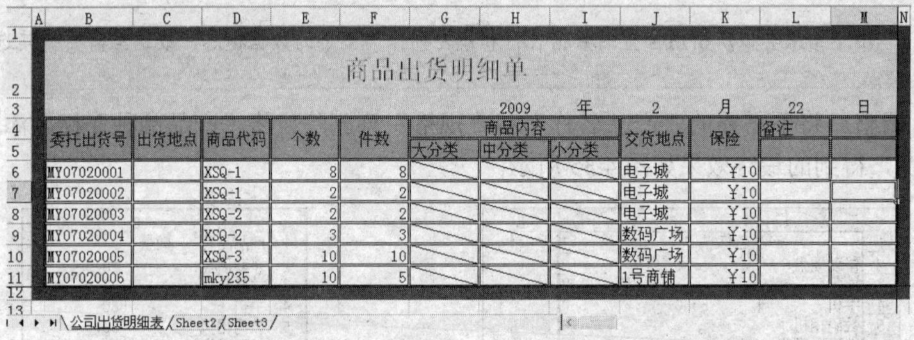

商品出货明细单

2009 年 2 月 22 日

委托出货号	出货地点	商品代码	个数	件数	商品内容 大分类	中分类	小分类	交货地点	保险	备注
MY07020001		XSQ-1	8	8				电子城	￥10	
MY07020002		XSQ-1	2	2				电子城	￥10	
MY07020003		XSQ-2	2	2				电子城	￥10	
MY07020004		XSQ-2	3	3				数码广场	￥10	
MY07020005		XSQ-3	10	10				数码广场	￥10	
MY07020006		mky235	10	5				1号商铺	￥10	

图 4.38 建立明细表表格、输入基本数据、设置背景图

（2）在（V4:V7）单元格中填入 1 号仓库、2 号仓库、3 号仓库和 4 号仓库。选择单元格（C6:C11），在菜单栏上选择“数据/有效性”命令，如图 4.39 所示；弹出“数据有效性”对话框，单击“设置”选项卡标签，切换至“设置”选项卡下，单击“允许”下拉列表按钮，在弹出的“允许”下拉列表中选择“序列”选项，单击“来源”文本框右侧的折叠按钮，然后在工作表中选择数据源区域，如图 4.40 所示。

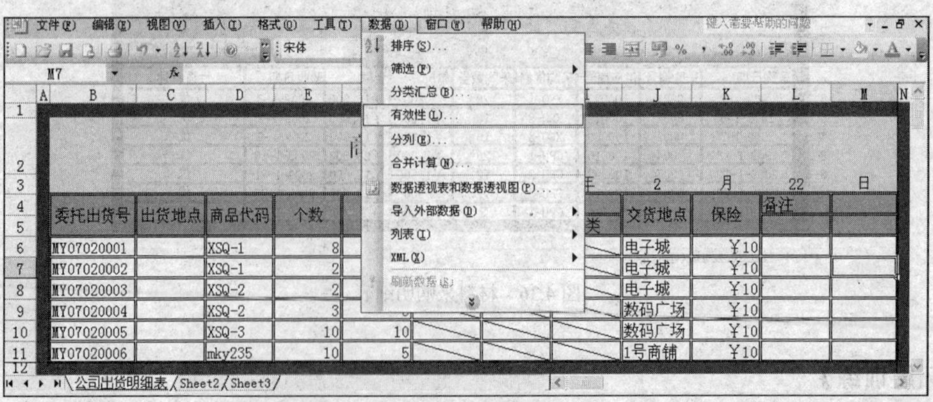

图 4.39 “数据/有效性”设置

（3）分别在"输入信息"选项卡和"出错警告"选项卡中进行图 4.41 和图 4.42 所示的设置，并保持"输入法模式"选项卡的系统默认设置。

（4）单击"确定"按钮，回到"公司出货明细表"工作表中，单击选定单元格 B6，则会在此单元格的右侧显示下拉列表按钮以及提示信息，如图 4.43 所示。单击下拉列表按钮，在弹出的下拉列表中选择正确的出货地点，如图 4.44 所示。

（5）按住【Shift】键的同时选定单元格区域 B4:D5，在"数据"菜单中选择"筛选"的下一级菜单"自动筛选"命令，如图 4.45 所示。

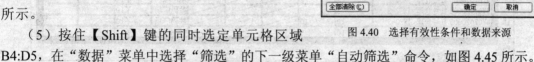

图 4.40 选择有效性条件和数据来源

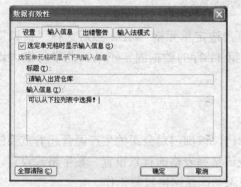

图 4.41 "输入信息"选项卡

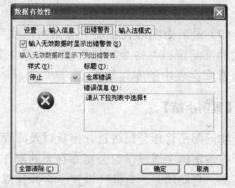

图 4.42 "出错警告"选项卡

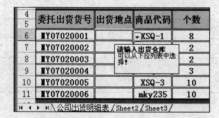

图 4.43 数据有效性设置效果图

图 4.44 选择仓库号

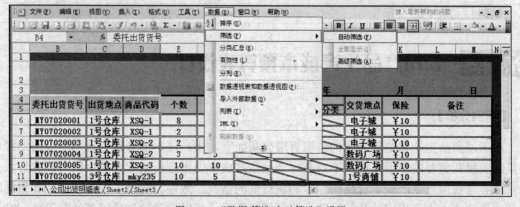

图 4.45 "数据/筛选/自动筛选"设置

（6）此时在“委托出货编号”、“出货地点”和“商品代码”单元格的右上角会显示下拉列表按钮。通过单击下拉列表，可以选择要查看的某种商品或某类商品，如图4.46所示。

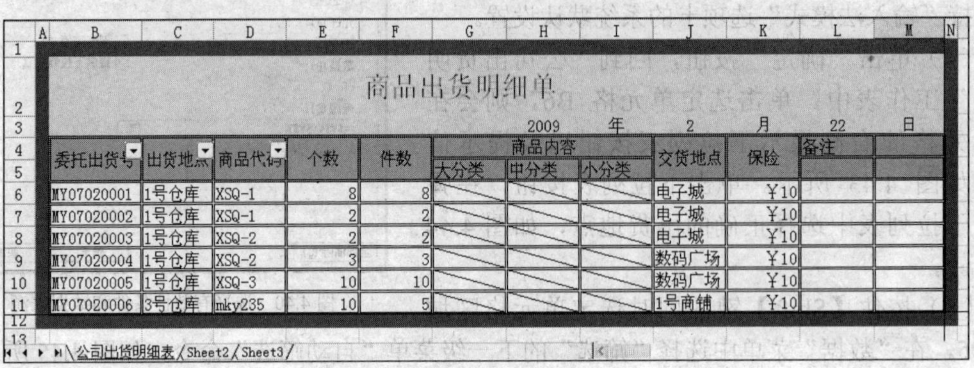

商品出货明细单

2009 年 2 月 22 日

委托出货号	出货地点	商品代码	个数	件数	商品内容			交货地点	保险	备注
					大分类	中分类	小分类			
MY07020001	1号仓库	XSQ-1	8	8				电子城	￥10	
MY07020002	1号仓库	XSQ-1	2	2				电子城	￥10	
MY07020003	1号仓库	XSQ-2	2	2				电子城	￥10	
MY07020004	1号仓库	XSQ-2	3	3				数码广场	￥10	
MY07020005	1号仓库	XSQ-3	10	10				数码广场	￥10	
MY07020006	3号仓库	mky235	10	5				1号商铺	￥10	

公司出货明细表 / Sheet2 / Sheet3

图4.46　设置自动筛选后的效果

（7）最后为明细表添加“冻结网格线”。单击选定单元格N12，然后选择“窗口”菜单的“冻结窗口”命令，使工作表中第1行～第11行的数据固定不动，此举将极大地方便查看库存表中的库存数据。

【案例小结】

物流部是管理公司进货、出货以及库存的部门，该部门对公司的生产经营起着重要的作用。在本案例中通过学习公司库存表的制作，应该掌握表格的背景设置、数字格式设置、函数添加、自动填充、有效性设置、合并计算以及添加冻结网格线等操作。

学习总结

本案例所用软件	
案例中包含的知识和技能	
你已熟知或掌握的知识和技能	
你认为还有哪些知识或技能需要进行强化	
案例中可使用的Office技巧	
学习本案例之后的体会	

案例2　公司产品生产成本预算表设计

【案例分析】

对于以商品生产和销售为主的科源有限公司而言，生产成本的分析与计划对公司的经营决策起着极其重要的作用。如果不对公司产品生产成本做出分析研究，那么很可能会导致公司管理者忽视由于生产成本过高而导致利润过低的情况，致使公司处于亏本状态。如果此时对公司生产成本进行相应的分析，那么公司的决策者就可以有的放矢地调整经营策略，在保证产品质量的前提下适当降低成本。

本案例中产品生产成本预算表的设计效果如图 4.47 和图 4.48 所示。

	主要产品单位成本表				
编制		张林	时间		2009年2月23日
产品名称	音响		本月实际产量	1000	本年计划产量	12000
规格	mky230-240		本年累计实际产量	11230	上年同期实际产量	8000
计量单位	对		销售单价	￥100.00	上年同期销售单价	￥105.00
成本项目	历史先进水平2000年	上年实际平均	本年计划	本月实际	本年累计实际平均
直接材料	￥14.00	￥15.50	￥15.00	￥15.00	￥15.10
其中，原材料	￥14.00	￥15.50	￥15.00	￥15.00	￥15.10
燃料及动力	￥0.50	￥0.70	￥0.70	￥0.70	￥0.70
直接人工	￥2.00	￥2.50	￥2.50	￥2.40	￥2.45
制造费用	￥1.00	￥1.10	￥1.00	￥1.00	￥1.00
产品生产成本	￥17.50	￥19.80	￥19.20	￥19.10	￥19.25

图 4.47　主要产品单位成本表

	产品生产成本表			
编制		张林	时间	2009年2月22日
项目		上年实际	本月实际	本年累计实际
生产费用				
直接材料		￥800,000.00	￥70,000.00	￥890,000.00
其中原材料		￥800,000.00	￥70,000.00	￥890,000.00
燃料及动力		￥20,000.00	￥2,000.00	￥21,000.00
直接人工		￥240,000.00	￥20,000.00	￥200,000.00
制造费用		￥200,000.00	￥1,800.00	￥210,000.00
生产费用合计		￥1,260,000.00	￥93,800.00	￥1,321,000.00
加：在产品、自制半成品期初余额		￥24,000.00	￥2,000.00	￥24,500.00
减：在产品、自制半成品期末余额		￥22,000.00	￥2,000.00	￥22,500.00
产品生产成本合计		￥1,262,000.00	￥93,800.00	￥1,323,000.00
减：自制设备		￥2,000.00	￥120.00	￥2,100.00
减：其他不包括在商品产品成本中的生产费用		￥5,000.00	￥200.00	￥5,450.00
商品产品总成本		￥1,255,000.00	￥93,480.00	￥1,315,450.00

图 4.48　产品生产成本表

【解决方案】

（1）启动 Excel 2003，将工作簿保存为"公司产品生产成本预算表.xls"，并分别将
Sheet1 和 Sheet2 工作表重命名为"主要产品单位成本表"和"总体产品生产成本表"。

（2）在"主要产品单位成本表"中录入数据，并进行背景、字体、对齐、边框等格式的
合适设置，效果如图 4.49 所示。

	主要产品单位成本表				
编制			时间		
产品名称		本月实际产量		本年计划产量	
规格		本年累计实际产量		上年同期实际产量	
计量单位		销售单价		上年同期销售单价	
成本项目	历史先进水平2000年	上年实际平均	本年计划	本月实际	本年累计实际平均
直接材料					
其中，原材料					
燃料及动力					
直接人工					
制造费用					
产品生产成本					

图 4.49　"主要产品单位成本表"的内容

（3）在"编制"单元格右侧的单元格中填入编制此工作表的工作人员姓名"张林"，在"时间"单元格右侧的单元格中输入公式"=TODAY()"，单元格中将显示出编制表格当天的日期，如图 4.50 所示。

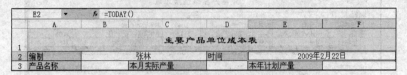

图 4.50　输入当前日期为"编制时间"

（4）将日期的格式设置为符合要求的格式。

① 右键单击日期所处的单元格，在弹出的快捷菜单中选择"设置单元格格式"命令，弹出"单元格格式"对话框。

② 单击"数字"选项卡，在"分类"下的列表中选择"日期"选项，在其右侧的"类型"列表框中选择"2001 年 3 月 14 日"选项，如图 4.51 所示，单击"确定"按钮，得到如图 4.52 所示的结果。

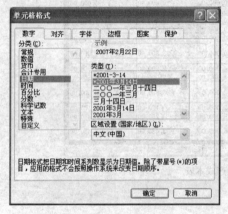

图 4.51　设置日期格式

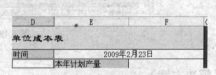

图 4.52　设置日期效果后的日期

（5）在表格中输入公司主要经营产品的数据，进行样式格式化后的效果如图 4.53 所示。

	A	B	C	D	E	F
1			主要产品单位成本表			
2	编制		张林	时间		2009年2月23日
3	产品名称	音响	本月实际产量	1000	本年计划产量	12000
4	规格	mky230-240	本年累计实际产量	11230	上年同期实际产量	8000
5	计量单位	对	销售单价	￥100.00	上年同期销售单价	￥105.00
6						
7	成本项目	历史先进水平2000年	上年实际平均	本年计划	本月实际	本年累计实际平均
8	直接材料	￥14.00	￥15.50	￥15.00	￥15.00	￥15.10
9	其中，原材料	￥14.00	￥15.50	￥15.00	￥15.00	￥15.10
10	燃料及动力	￥0.50	￥0.70	￥0.70	￥0.70	￥0.70
11	直接人工	￥2.00	￥2.50	￥2.50	￥2.40	￥2.45
12	制造费用	￥1.00	￥1.10	￥1.00	￥1.00	￥1.00
13	产品生产成本					

主要产品单位成本表／总体产品单位成本表／Sheet3

图 4.53　输入数据并进行格式化后的效果

（6）计算"产品生产成本"。选定单元格 B13，输入公式"=SUM(B8,B10:B12)"，按键盘上的【Enter】键确认输入，则单元格B13将显示历史先进水平年的产品生产成本，如图4.54所示。

B13	▼	fx	=SUM(B8,B10:B12)		
	A	B	C	D	E	F

	A	B	C	D	E	F
1	主要产品单位成本表					
2	编制		张林	时间		2009年2月22日
3	产品名称		本月实际产量		本年计划产量	
4	规格	mky230-240	本年累计实际产量	11230	上年同期实际产量	8000
5	计量单位	对	销售单价	¥100.00	上年同期销售单价	¥105.00
6						
7	成本项目	历史先进水平2000年	上年实际平均	本年计划	本月实际	本年累计实际平均
8	直接材料	¥14.00	¥15.50	¥15.00	¥15.00	¥15.10
9	其中，原材料	¥14.00	¥15.50	¥15.00	¥15.00	¥15.10
10	燃料及动力	¥0.50	¥0.70	¥0.70	¥0.70	¥0.70
11	直接人工	¥2.00	¥2.50	¥2.50	¥2.40	¥2.45
12	制造费用	¥1.00	¥1.10	¥1.00	¥1.00	¥1.00
13	产品生产成本	¥17.50				
14						

主要产品单位成本表 / 总体产品单位成本表 / Sheet3

图4.54 计算历史先进水平年（2000）的产品生产成本

（7）利用填充手柄将单元格 B13 中的公式复制到上年实际平均、本年计划、本月实际和本年累计实际平均所对应的单元格中，效果如图4.55所示。

F13	▼	fx	=SUM(F8,F10:F12)		
	A	B	C	D	E	F

	A	B	C	D	E	F
1	主要产品单位成本表					
2	编制		张林	时间		2009年2月22日
3	产品名称		本月实际产量		本年计划产量	
4	规格	mky230-240	本年累计实际产量	11230	上年同期实际产量	8000
5	计量单位	对	销售单价	¥100.00	上年同期销售单价	¥105.00
6						
7	成本项目	历史先进水平2000年	上年实际平均	本年计划	本月实际	本年累计实际平均
8	直接材料	¥14.00	¥15.50	¥15.00	¥15.00	¥15.10
9	其中，原材料	¥14.00	¥15.50	¥15.00	¥15.00	¥15.10
10	燃料及动力	¥0.50	¥0.70	¥0.70	¥0.70	¥0.70
11	直接人工	¥2.00	¥2.50	¥2.50	¥2.40	¥2.45
12	制造费用	¥1.00	¥1.10	¥1.00	¥1.00	¥1.00
13	产品生产成	¥17.50	¥19.80	¥19.20	¥19.10	¥19.25

主要产品单位成本表 / 总体产品单位成本表 / Sheet3

图4.55 计算产品生产成本

（8）制作总体产品生产成本表。在"产品生产成本表"中录入数据，并进行合适的格式设置，效果如图4.56所示。

	A	B	C	D	E
1		产品生产成本表			
2		编制		时间	
3		项目	上年实际	本月实际	本年累计实际
4		生产费用			
5		直接材料			
6		其中原材料			
7		燃料及动力			
8		直接人工			
9		制造费用			
10		生产费用合计			
11		加，在产品、自制半成品期初余额			
12		减，在产品、自制半成品期末余额			
13		产品生产成本合计			
14		减，自制设备			
15		减，其他不包括在商品产品成本中的生产费用			
16		商品产品总成本			

主要产品单位成本表 / 总体产品生产成本表 / Sheet3

图4.56 格式化表格

（9）在表格中填入编制人和时间值，输入各个明细项目的具体数据，计算并自动填充上年实际、本月实际和本年累计实际的"生产费用合计"、"产品生产成本合计"及"商品产品总成本"，效果如图 4.57 所示。

图 4.57　计算商品产品总成本

构造计算公式时，将会用到如下公式。

① 生产费用合计=直接材料+燃料动力+直接人工+制造费用；

② 产品生产成本合计=生产费用合计+在产品、自制半成品期初余额−在产品、自制半成品期末余额；

③ 商品产品总成本=产品生产成本合计−自制设备−其他不包括在商品产品成本中的生产费用。

【拓展案例】

公司成本、收益与利润表，如图 4.58 所示。

	产品代号	产量	价格	总收益	平均收益	总成本	利润
3	CHP001	5	￥20	￥100	￥20	￥800	￥−700
4	CHP002	10	￥30	￥300	￥30	￥1,000	￥−700
5	CHP003	30	￥20	￥600	￥20	￥1,200	￥−600
6	CHP004	56	￥20	￥1,120	￥20	￥1,400	￥−280
7	CHP005	94	￥20	￥1,880	￥20	￥1,600	￥280
8	CHP006	120	￥20	￥2,400	￥20	￥1,800	￥600
9	CHP007	150	￥20	￥3,000	￥20	￥2,000	￥1,000
10	CHP008	166	￥20	￥3,320	￥20	￥2,200	￥1,120
11	CHP009	178	￥20	￥3,560	￥20	￥2,400	￥1,160
12	CHP010	170	￥20	￥3,400	￥20	￥2,600	￥800

图 4.58　成本、收益与利润表

【拓展训练】

设计一份科源有限公司的生产预算表，如图 4.59 所示。

操作步骤如下。

（1）启动 Excel 2003，将工作簿保存为"科源有限公司生产预算表.xls"，分别将 Sheet1、Sheet2、Sheet3 工作表重命名为"预计销量表"、"定额成本资料表"和"生产预算表"。

	项目	第一季度	第二季度	第三季度	第四季度
3	预计销售量（件）	1900	2700	3500	2500
4	预计期末存货量	405	525	375	250
5	预计需求量	2305	3225	3875	2750
6	期初存货量	320	405	525	375
7	预计产量	1985	2820	3350	2375
8	直接材料消耗（KG）	3573	5076	6030	4275
9	直接人工消耗（小时）	10917.5	15510	18425	13062.5

图 4.59　科源有限公司生产预算表

152

（2）"生产预算表"需要引用"预计销量表"和"定额成本资料表"，因此先来制作这两张表。单击"预计销量表"工作表标签，切换至预计销量表中，在其中建立预计销量表格，并进行相应的格式化，然后输入数据，如图 4.60 所示。

（3）单击"定额成本资料表"工作表标签，切换至"定额成本资料表"工作表中，在其中建立定额成本资料表格，并进行相应的格式化，然后输入数据，如图 4.61 所示。

	A	B	C
1	预计销售表		
2	时间	销量量（件）	销售单价（元）
3	第一季度	1900	￥105.00
4	第二季度	2700	￥105.00
5	第三季度	3500	￥105.00
6	第四季度	2500	￥105.00

图 4.60　预计销量表

	A	B
1	定额成本资料表	
2	项目	数值
3	单位产品材料消耗定额(Kg)	1.8
4	单位产品定时定额（工作时间）	5.5
5	单位工作时间的工资率（元）	5.8

图 4.61　定额成本资料表

（4）单击"生产预算表"工作表标签，切换至"生产预算表"工作表中，生产预算表的主要内容是预计销售量，期初、期末存货和预计产量等，据此在其中建立生产预算分析表格，并进行背景和字体颜色等设置，效果如图 4.62 所示。

（5）计算"预计销售量（件）"：单击选定单元格 B3，然后输入公式"=VLOOKUP（生产预算表!B2，预计销量表!$A$2:$C$6,2,0）"，按【Enter】键确认输入，单元格 B3 显示出所引用的"预计销量表"中的数据，如图 4.63 所示。

	A	B	C
1	生产预算分析表		
2	项目	第一季度	第二季度
3	预计销量量（件）		
4	预计期末存货量		
5	预计需求量		
6	期初存货量		
7	预计产量		
8	直接材料消耗（KG）		
9	直接人工消耗（小时）		

图 4.62　生产预算分析表

B3　fx =VLOOKUP(生产预算表!B2,预计销量表!$A$2:$C$6, 2, 0)

	A			
1	生产预算分析表			
2	项目	第一季度	第二季度	第三季度	第四季
3	预计销量量（件）	1900			
4	预计期末存货量				

图 4.63　在单元格 B3 中引用"预计销量表"中的数据

（6）利用填充手柄将单元格 B3 中的公式填充到"预计销售量（件）"项目的其余 3 个季度单元格中，如图 4.64 所示。

（7）计算"预计期末存货量"时此项目应根据公司往年的数据制定，这里知道科源公司的各季度期末存货量等于下一季度的预

	A	B	C	D	E
2	项目	第一季度	第二季度	第三季度	第四季度
3	预计销量量（件）	1900	2700	3500	2500
4	预计期末存货量				

图 4.64　填充其余 3 个季度的预计销售量（件）

计销售量的 15%，并且第四季度的预计期末存货量为 250 件，按此输入第四季度数据。然后单击选定单元格 B4，并输入公式"=C3*15%"，按【Enter】键确认输入，则单元格 B4 将显示出第一季度的预计期末存货量，如图 4.65 所示。

（8）利用填充手柄将单元格 B4 中的公式填充至"预计期末存货量"项目的其余两个季度单元格中，计算结果如图 4.66 所示。

（9）计算各个季度的"预计需求量"。

（10）计算"期初存货量"。第一季度的期初存货量应该等于去年年末存货量，此数据按理可以从资产负债表中的存货中取出，但是这里只假定第一季度的期初存货量为 320 件，而

其余 3 个季度的期初存货量等于上一季度的期末存货量，因此单击选定单元格 C6，然后输入公式"=B4"，按【Enter】键确认输入，第二季度的期末存货量的计算结果如图 4.67 所示。

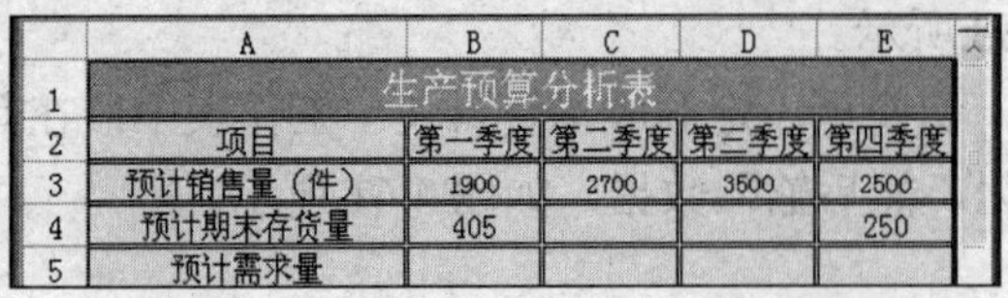

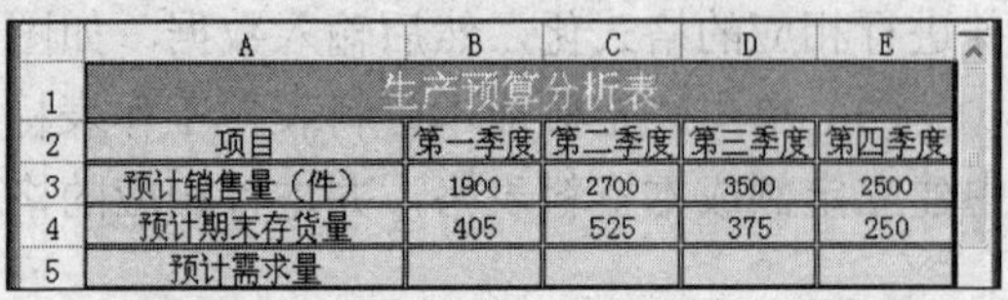

图 4.65　计算第一季度的预计期末存货量　　　　图 4.66　自动填充其余两季度的预计期末存货量

（11）使用填充手柄将此单元格的公式复制到单元格 D6 和 E6 中，"期初存货量"第三、四季度的值如图 4.68 所示。

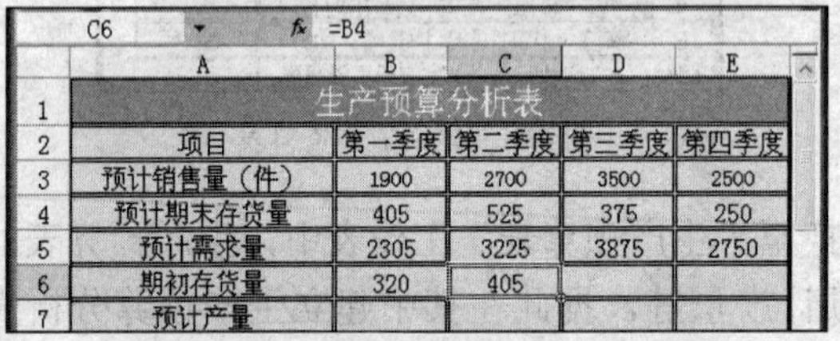

图 4.67　计算第二季度的期初存货量　　　　图 4.68　自动填充第三、四季度的期初存货量

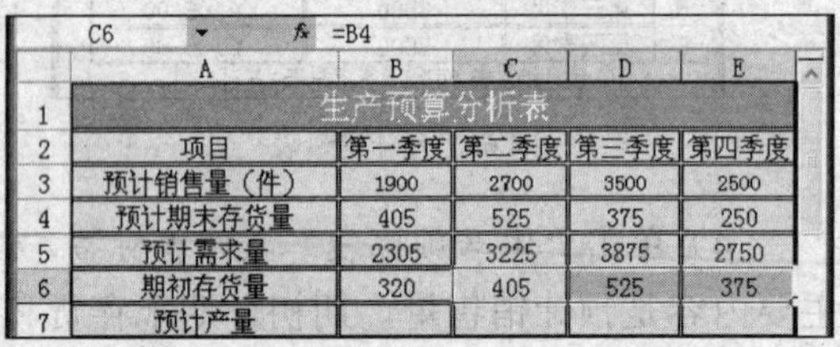

（12）计算各个季度的"预计产量"。

预计产量等于预计需求量减去期初存货量的值。

（13）计算各个季度的"直接材料消耗"。直接材料消耗等于预计产量乘以定额成本资料表中的单位产品材料消耗定额的积，因此单击选定单元格 B8，然后输入公式"=B7*定额成本资料表!$B$3"，按【Enter】键确认输入，则第一季度的直接材料消耗的值如图 4.69 所示。使用填充手柄将此单元格的公式复制到 C8、D8 和 E8 中。

（14）计算"直接人工消耗"。直接人工消耗等于预计产量乘以定额成本资料表中的单位产品定时定额的积，因此单击选定单元格 B9，然后输入公式"=B7*定额成本资料表!$B$4"，按【Enter】键确认输入，则第一季度的直接人工消耗值如图 4.70 所示。使用填充手柄将此单元格的公式复制到单元格 C9、D9 和 E9 中，完成表格制作。

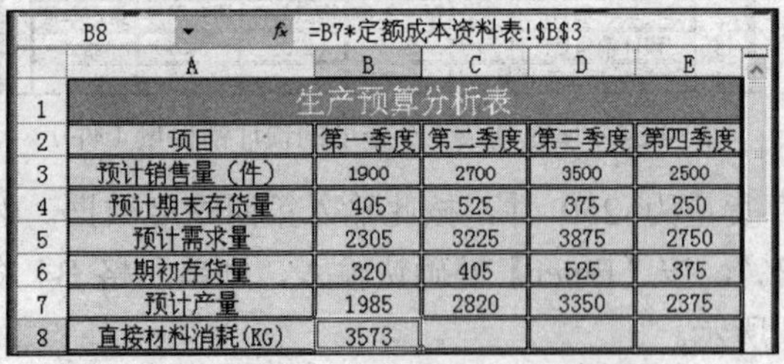

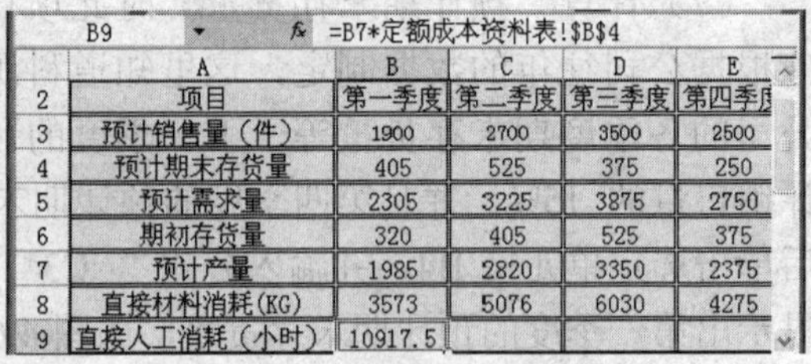

图 4.69　计算第一季度的直接材料消耗　　　　图 4.70　计算第一季度的直接人工消耗

【案例小结】

公式计算是 Excel 的一项重要功能，通过应用公式可以简化输入，而公式的自动填充也能让工作效率大大提高，方便使用者构造公式。

📖 学习总结

本案例所用软件	
案例中包含的知识和技能	
你已熟知或掌握的知识和技能	
你认为还有哪些知识或技能需要进行强化	
案例中可使用的 Office 技巧	
学习本案例之后的体会	

案例3 公司仓库出入库数据的分析透视

【案例分析】

本案例针对案例 1 中所制作的公司仓库出、入库数据，进行多种数据汇总统计，并比较各种方法的优势和特点，以便公司的决策者充分掌握有效的仓库出、入库情况。

可以利用自动筛选、高级筛选、分类汇总、数据透视表、数据透视图等方法，分别从不同的侧重点对公司仓库出、入库数据进行符合要求的统计分析。

【解决方案】

（1）打开已有的工作簿文件"5 月出入库.xls"，并另存为"5 月出入库数据分析.xls"。

（2）将"出、入库汇总表"选中，在"编辑"菜单中选择"清除"的下一级菜单中的"全部"命令，将原有数据及格式全部清除。

（3）将"第一仓库出、入库"表和"第二仓库出、入库"表的数据全部复制到"出、入库汇总表"中，作为后续分析的基础数据，如图 4.71 所示。

图 4.71 将公司第一、二仓库表的数据全部汇总到"出、入库汇总表"

（4）复制 4 张"出、入库汇总表"。复制方法是，鼠标单击"出、入库汇总表"的工作表标签，按住【Ctrl】键，使用鼠标向右拖动，释放鼠标按键，得到"出、入库汇总表（2）"工作表，按此方法，得到"出、入库汇总表（3）"、"出、入库汇总表（4）"和"出、入库汇总表（5）"，如图 4.72 所示。

（5）将复制的 4 张工作表更名为"自动筛选"、"高级筛选"、"分类汇总"和"数据透视"，工作表标签如图 4.73 所示。

| ◄ ◄ ► ►|\出、入库汇总表 (3)\出、入库汇总表 (4)\出、入库汇总表 (5)/ |

图 4.72 复制 4 张"出、入库汇总表"时的工作表标签

| ◄ ◄ ► ►|\出、入库汇总表\自动筛选\高级筛选\分类汇总\数据透视/ |

图 4.73 重命名后的 4 张工作表的标签

（6）根据实际需要，完成各个项目的自动筛选。

> 自动筛选，就是在列的下拉列表中制造条件，将满足条件的数据行留下，不满足条件的数据行隐藏起来，以达到显示满足某条件的数据的目的。设置了自动筛选条件的列的下拉箭头会变成蓝色，而筛选出的数据行的行标也会是蓝色的。
>
> 如果我们想恢复全部数据，可以利用"数据"菜单"筛选"中的"显示全部"命令，消除筛选效果。

① 切换到"自动筛选"工作表中，在"数据"菜单中选择"筛选"中的"自动筛选"命令，这时可看到，每个列标题的右侧出现了一个 ▼ 下拉箭头，如图 4.74 所示。我们可以根据需要，在每个列的箭头处打开下拉列表，如图 4.75 所示，在其中构造筛选的条件以实现自动筛选。

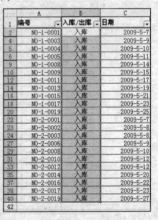

	A	B	C	D	E	F
1	编号 ▼	入库/出 ▼	日期 ▼	产品编 ▼	产品名 ▼	规格 ▼
2	NO-1-0001	1	2008-5-7	计算机	华硕	F85v 笔记本

图 4.74 自动筛选的准备

	A	B	C
1	编号 ▼	入库/出库 ▼	日期 ▼
2	NO-1-0001	升序排列	2009-5-7
3	NO-1-0002	降序排列	2009-5-8
4	NO-1-0003	(全部)	2009-5-9
5	NO-1-0004	(前 10 个…)	2009-5-10
6	NO-1-0005	(自定义…)	2009-5-11

图 4.75 筛选条件的下拉列表

② 实现筛选结果的整体替换。在"入库/出库"列的下拉列表中选择内容"1"，得到该列中所填列的数据为"1"的全部数据行，如图 4.76 所示，将其一次性地替换为"入库"，如图 4.77 所示，用同样方法将所有的"2"替换为"出库"。

	A	B	C
1	编号 ▼	入库/出库 ▼	日期 ▼
2	NO-1-0001	1	2009-5-7
4	NO-1-0003	1	2009-5-9
5	NO-1-0004	1	2009-5-10
6	NO-1-0005	1	2009-5-11
9	NO-1-0008	1	2009-5-14
10	NO-1-0009	1	2009-5-15
12	NO-1-0011	1	2009-5-17
14	NO-1-0013	1	2009-5-19
16	NO-1-0015	1	2009-5-21
18	NO-1-0017	1	2009-5-23
20	NO-1-0019	1	2009-5-25
22	NO-2-0001	1	2009-5-7
23	NO-2-0002	1	2009-5-8
24	NO-2-0003	1	2009-5-8
27	NO-2-0006	1	2009-5-9
29	NO-2-0008	1	2009-5-10
31	NO-2-0010	1	2009-5-12
33	NO-2-0012	1	2009-5-17
35	NO-2-0014	1	2009-5-20
37	NO-2-0016	1	2009-5-22
38	NO-2-0017	1	2009-5-23
40	NO-2-0019	1	2009-5-27
42			

图 4.76 筛选出"入库/出库"中值为"1"的数据行

	A	B	C
1	编号 ▼	入库/出库 ▼	日期 ▼
2	NO-1-0001	入库	2009-5-7
4	NO-1-0003	入库	2009-5-9
5	NO-1-0004	入库	2009-5-10
6	NO-1-0005	入库	2009-5-11
9	NO-1-0008	入库	2009-5-14
10	NO-1-0009	入库	2009-5-15
12	NO-1-0011	入库	2009-5-17
14	NO-1-0013	入库	2009-5-19
16	NO-1-0015	入库	2009-5-21
18	NO-1-0017	入库	2009-5-23
20	NO-1-0019	入库	2009-5-25
22	NO-2-0001	入库	2009-5-7
23	NO-2-0002	入库	2009-5-8
24	NO-2-0003	入库	2009-5-8
27	NO-2-0006	入库	2009-5-9
29	NO-2-0008	入库	2009-5-10
31	NO-2-0010	入库	2009-5-12
33	NO-2-0012	入库	2009-5-17
35	NO-2-0014	入库	2009-5-20
37	NO-2-0016	入库	2009-5-22
38	NO-2-0017	入库	2009-5-23
40	NO-2-0019	入库	2009-5-27
42			

图 4.77 将所有的"1"替换为"入库"

③ 取消筛选效果，恢复显示全部数据行。在"入库/出库"的下拉列表中选择"全部"，如图
4.78 所示，这样就取消了刚才所做的筛选，而这个筛选，也可以理解为筛选出全部的数据行。

④ 筛选出出、入库数量最多的 3 个数据。在"数量"的下拉列表中选择"前 10
个…"，如图 4.79 所示，弹出图 4.80 所示的"自动筛选前 10 个"对话框，在其中选择显示
"最大"的 3 项，单击"确定"按钮，得到筛选结果，如图 4.81 所示。

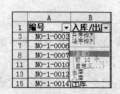

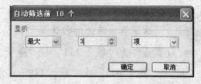

图 4.78　显示全部行　　　　图 4.79　筛选"前 10 个"　　　图 4.80　"自动筛选前 10 个"对话框

1	编号	入库/出库	日期	产品品种	产品名称	规格	数量	录入员代码	备注
3	NO-1-0002	出库	2009-5-8	数码相机	尼康	S550	10	111	
4	NO-1-0003	入库	2009-5-9	手机	诺基亚	N95	508	112	
12	NO-1-0011	入库	2009-5-17	手机	诺基亚	5300	10	113	
16	NO-1-0015	入库	2009-5-21	移动硬盘	联想	奥运纪念款160G	10	112	
17	NO-1-0016	出库	2009-5-22	计算机	DELL	Vostor 200DT 台式机	20	112	
19	NO-1-0018	入库	2009-5-24	数码相机	尼康	S550	10	113	
20	NO-1-0019	入库	2009-5-25	手机	诺基亚	N81	10	113	
21	NO-1-0020	出库	2009-5-26	计算机	联想	F41A 笔记本	10	113	
22	NO-2-0001	入库	2009-5-7	计算机	华硕	F85v笔记本	10	211	
24	NO-2-0003	入库	2009-5-8	计算机	诺基亚	N95	10	211	
31	NO-2-0010	入库	2009-5-12	计算机	佳能	A650 IS	10	211	

图 4.81　筛选出前"3"个最大的数量值的数据行

 这里之所以不是 3 行而是 11 行，是由于选择显示的是最大的 3 项，即最大的 3 种值的数据行，而第 3 种值"10"，有 9 行数据的数量都是"10"，所以都显示了出来。

可以筛选出最大或最小的前 N 项或百分之 N 的数据行，是自动筛选才具备而高级筛选
不具备的功能。

⑤ 筛选出 111 号和 112 号录入员录入的数据。先取消上步所作的筛选，在"录入员
代码"的下拉列表中选择"自定义…"，弹出如图 4.82 所示的"自定义自动筛选方式"
对话框，在其中设置筛选条件为"等于 111"或"等于 112"，单击"确定"按钮，得到
筛选结果，如图 4.83 所示。

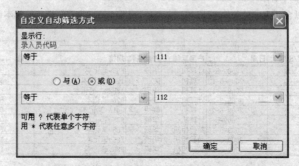

图 4.82　"自定义自动筛选方式"对话框里的设置

	A	B	C	D	E	F	G	H	I
1	编号	入库/出库	日期	产品品种	产品名称	规格	数量	录入员代码	备注
2	NO-1-0001	入库	2009-5-7	计算机	华硕	F85v笔记本	3	111	
3	NO-1-0002	出库	2009-5-8	数码相机	尼康	S550	10	111	
4	NO-1-0003	入库	2009-5-9	手机	诺基亚	N95	508	112	
5	NO-1-0004	入库	2009-5-10	数码相机	佳能	A650 IS	5	111	
7	NO-1-0006	入库	2009-5-12	手机	多普达	P660	6	112	
8	NO-1-0007	出库	2009-5-13	计算机	DELL	1200 笔记本	3	111	
9	NO-1-0008	入库	2009-5-14	数码摄像机	索尼	SR65E	1	111	
13	NO-1-0012	出库	2009-5-18	数码相机	佳能	IXUS 90	8	111	
14	NO-1-0013	入库	2009-5-19	计算机	华硕	A8H237 笔记本	6	111	
16	NO-1-0015	入库	2009-5-21	移动硬盘	联想	奥运纪念款160G	10	112	
17	NO-1-0016	出库	2009-5-22	计算机	DELL	Vostor 200DT 台式机	20	112	

图 4.83　筛选出 111 号和 112 号录入员录入的数据

这里要求筛选的叙述是"111 和 112"，但是我们在"自定义自动筛选方式"对话框里不能设置条件为"等于 111"与"等于 112"，因为二者分别具有如下的含义。

"等于 111"或"等于 112"：录入员代码是 111 的数据行或者录入员代码是 112 的数据行，这时，我们得到的就是 2 种录入员代码的数据的和，也就是符合筛选要求的"和"。

"等于 111"与"等于 112"：录入员代码既要是 111 又要同时是 112 的数据行，是没有哪个单元格里装的数据既等于 111 又等于 112 的，所以，如果设置了这样的条件，筛选结果将是 0 个数据行。

上述的设置筛选条件"等于 111"或"等于 112"，也可以设置成"小于或等于 112"，如图 4.84 所示，结果是相同的。

⑥ 筛选出所有的笔记本计算机的数据。先取消上步所作的筛选，在"规格"的下拉列表中选择"自定义…"，在弹出的"自定义自动筛选方式"对话框中设置筛选条件为"止于笔记本"，如图 4.85 所示。单击"确定"按钮，得到筛选结果，如图 4.86 所示。

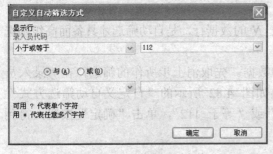

图 4.84　也可以合并为一种条件

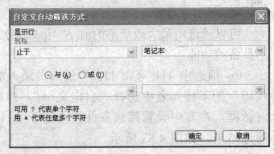

图 4.85　设置筛选"笔记本计算机"的自定义条件

	A	B	C	D	E	F	G	H	I
1	编号	入库/出库	日期	产品品种	产品名称	规格	数量	录入员代码	备注
2	NO-1-0001	入库	2009-5-7	计算机	华硕	F85v笔记本	3	111	
8	NO-1-0007	出库	2009-5-13	计算机	DELL	1200 笔记本	3	111	
14	NO-1-0013	入库	2009-5-19	计算机	华硕	A8H237 笔记本	6	111	
18	NO-1-0017	入库	2009-5-23	计算机	三星	R26 笔记本	5	113	
21	NO-1-0020	入库	2009-5-26	计算机	联想	F41A 笔记本	10	113	
22	NO-2-0001	入库	2009-5-7	计算机	华硕	F85v笔记本	10	211	
28	NO-2-0007	出库	2009-5-10	数码相机	华硕	F85v笔记本	5	211	
34	NO-2-0013	出库	2009-5-12	数码相机	华硕	F85v笔记本	1	211	
40	NO-2-0019	入库	2009-5-27	数码相机	华硕	F85v笔记本	1	211	

图 4.86　筛选出所有的笔记本计算机的数据

提示

由于所有的笔记本计算机的数据都是以"笔记本"结尾的，故可以作图 4.85 所示的设置，也可以设置为如图 4.87 所示的"等于*笔记本"，这里利用了通配符"*"，表示数据前面的字符可以为任意多个任意字符，最后以"笔记本"三个字结尾，单击"确定"按钮后，再次打开"自定义自动筛选方式"对话框，将会看到系统自动调整为图 4.85 所示的设置了，因为这两种设置的含义是一样的。

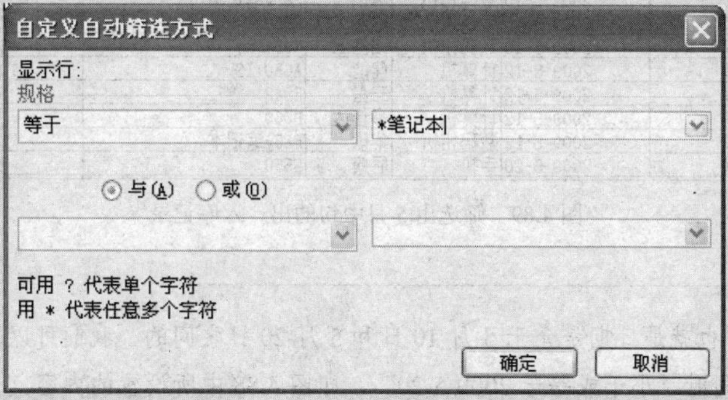

自定义自动筛选方式

显示行：
规格

| 等于 | ▾ | *笔记本 | ▾ |

○与(A)　○或(O)

| | ▾ | | ▾ |

可用 ？代表单个字符
用 * 代表任意多个字符

确定　取消

图 4.87　设置"止于'笔记本'"条件的另外一种表示方法

在自定义筛选条件的时候，是可以利用两种通配符来构造条件值的："？"表示该位置可以是任何一个字符，"*"表示该位置可以是任意多个任意字符。

还有一种表示方法是"包含笔记本"，使用这种方法，在表格中将筛选出一样的数据行，但是含义是不同的。"包含"表示整个字符串中出现了"笔记本"三个字，而这三个字的位置可能是开头、中间或者结尾。

⑦ 筛选出 5 月中旬的出、入库记录。先取消上步所作的筛选，在"日期"的下拉列表中选择"自定义…"，在弹出的"自定义自动筛选方式"对话框中设置筛选条件为"大于或等于 2009-5-10"与"小于或等于 2009-5-20"，如图 4.88 所示。单击"确定"按钮，得到筛选结果，如图 4.89 所示。

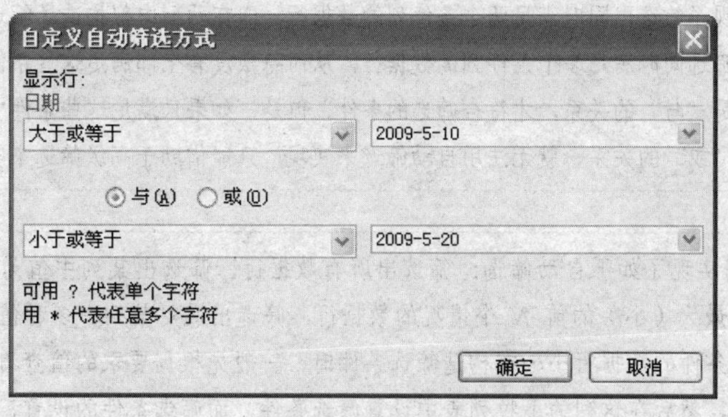

自定义自动筛选方式

显示行：
日期

| 大于或等于 | ▾ | 2009-5-10 | ▾ |

○与(A)　○或(O)

| 小于或等于 | ▾ | 2009-5-20 | ▾ |

可用 ？代表单个字符
用 * 代表任意多个字符

确定　取消

图 4.88　设置条件为 5 月中旬的表示方法

	A	B	C	D	E	F	G	H	I
1	编号	入库/出库	日期	产品品种	产品名称	规格	数量	录入员代码	备注
5	NO-1-0004	入库	2009-5-10	数码相机	佳能	A650 IS	5	111	
6	NO-1-0005	入库	2009-5-11	手机	三星	E848	4	113	
7	NO-1-0006	出库	2009-5-12	手机	多普达	P660	6	112	
8	NO-1-0007	出库	2009-5-13	计算机	DELL	1200 笔记本	3	111	
9	NO-1-0008	入库	2009-5-14	数码摄像机	索尼	SR65E	1	111	
10	NO-1-0009	入库	2009-5-15	数码相机	索尼	W150	2	113	
11	NO-1-0010	出库	2009-5-16	数码摄像机	JVC	GZ-MG130	5	113	
12	NO-1-0011	入库	2009-5-17	手机	诺基亚	5300	10	113	
13	NO-1-0012	出库	2009-5-18	数码相机	佳能	IXUS 90	8	111	
14	NO-1-0013	入库	2009-5-19	计算机	华硕	A8H237 笔记本	6	111	
15	NO-1-0014	出库	2009-5-20	数码相机	佳能	IXUS 960 IS	9	113	
28	NO-2-0007	入库	2009-5-10	计算机	华硕	F85v笔记本	5	211	
29	NO-2-0008	入库	2009-5-10	手机	尼康	S550	7	211	
30	NO-2-0009	出库	2009-5-10	数码相机	诺基亚	N95	5	211	
31	NO-2-0010	入库	2009-5-12	计算机	佳能	A650 IS	10	211	
32	NO-2-0011	入库	2009-5-12	手机	三星	E848	5	211	
33	NO-2-0012	入库	2009-5-12	计算机	多普达	P660	1	211	
34	NO-2-0013	出库	2009-5-12	数码相机	华硕	F85v笔记本	1	211	
35	NO-2-0014	入库	2009-5-20	手机	尼康	S550	2	211	

图 4.89 筛选出 5 月中旬的出、入库记录

> 5 月中旬，也就是日期是介于 5 月 10 日和 5 月 20 日之间的，我们可以表示为"大于或等于 2009-5-10"，同时"小于或等于 2009-5-20"，即图 4.88 中所设置的内容。
>
> 在计算机中，是把日期作为特殊的数值来处理的，越在前面的日期越小，越在后面的日期越大，所以 5 月 11 日、5 月 12 日……5 月 19 日都是大于 5 月 10 日并且小于 5 月 20 日的。

⑧ 筛选出 5 月入库的所有华硕产品：先取消上步所作的筛选，在"入库/出库"的下拉列表中选择"入库"，在"产品名称"的下拉列表中选择"华硕"，得到筛选结果，如图 4.90 所示。

	A	B	C	D	E	F	G	H	I
1	编号	入库/出库	日期	产品品种	产品名称	规格	数量	录入员代码	备注
2	NO-1-0001	入库	2009-5-7	计算机	华硕	F85v笔记本	3	111	
14	NO-1-0013	入库	2009-5-19	计算机	华硕	A8H237 笔记本	6	111	
22	NO-2-0001	入库	2009-5-7	计算机	华硕	F85v笔记本	10	211	
40	NO-2-0019	入库	2009-5-27	数码相机	华硕	F85v笔记本	1	211	

图 4.90 筛选出 5 月入库的所有华硕产品

> 本操作实现了筛选出同时满足两个条件列的数据行，即在两列中都构造了筛选条件。我们可以用自动筛选实现筛选同时满足多个条件列的数据行，从而隐藏没有全部满足这些条件的数据行，即多个列的条件必须是"与"的关系，才符合筛选的条件。但是，如果只满足这些条件中的部分条件，即多个条件之间是"或"的关系，就无法用自动筛选来实现，只能借助于高级筛选来实现了。

> 以上我们实现了如下自动筛选：筛选出所有数据行，筛选出某列中值为已有的数据值的数据行，筛选出最大（小）的前 N 个情况的数据行，筛选出满足某列中多种值的数据行，筛选出同时满足多列条件的数据行……在构造筛选条件时，一般先根据要求的值查看对应工作表中的哪列存放了该值，然后在这列的下拉列表中设置筛选条件，而筛选条件的设置，需要根据题目的叙述，准确理解含义，在相应的位置或对话框中寻找方式表示出来。

（7）高级筛选。切换到"高级筛选"工作表中，根据实际需要，完成各个项目的高级筛选。

高级筛选，就是在数据区域的旁边（上方或右侧）写出筛选的条件（列标题和条件的表达式），根据所设置的条件，在原有数据区域或其他位置显示筛选结果。

条件区域和原数据区域之间至少要相隔一个空白行或一个空白列，即若要在原数据区域上方构造一个条件，则需要在上方插入至少三个空白行。由于有些条件会使用不止一行表示，故在本案例中，均在右侧构造条件区域。

条件区域必须具有列标题来控制执行高级筛选时到该列寻找满足条件的数据，并显示出来，而在列标题下面的行中，须键入所要匹配的条件。

若要通过隐藏不符合条件的数据行来筛选区域，就选择图 4.92 中的"在原有区域显示筛选结果"；若要通过将符合条件的数据行复制到工作表的其他位置来筛选区域，则选择"将筛选结果复制到其他位置"，然后在"复制到"编辑框中单击鼠标左键，再单击要在该处粘贴行的区域的左上角。

如果我们想恢复全部数据，可以利用"数据"菜单的"筛选"中的"显示全部"命令，消除筛选效果。

① 筛选出 5 月入库产品的数据：在原数据区域的右侧构造筛选条件，在单元格 K1 中键入列标题"入库/出库"，在单元格 K2 中键入条件"1"，如图 4.91 所示。

图 4.91　构造筛选条件

图 4.92　"高级筛选"对话框

这里的条件是"入库/出库"列中的数据为"1"，本来条件应写为"=1"，但是使用"="的时候，"="均可省略直接写出具体值即可。

② 用鼠标单击原数据区域中的任意单元格，表示对该数据区域中的数据进行高级筛选。

③ 使用"数据"菜单的"筛选"中的"高级筛选"命令，弹出如图 4.92 所示的"高级筛选"对话框，这时由于上一步单击了原数据区域，故会自动获取该数据区域为"列表区域"，如图 4.93 所示。

④ 选择"方式"为"在原有区域显示筛选结果"，单击"条件区域"的拾取按钮，选择 K1:K2 区域作为条件区域，如图 4.94 所示。回到"高级筛选"对话框，单击"确定"按钮，实现筛选，结果如图 4.95 所示。

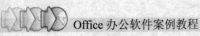

	A	B	C	D	E	F	G	H	I	J	K
1	编号	入库/出库	日期	产品品种	产品名称	规格		数量	录入员代码	备注	入库/出库
2	NO-1-0001	1	2009-5-7	计算机	华硕	F85v笔记本		3	111		1
3	NO-1-0002	2	2009-5-8	数码相机	尼康	S550		10	111		
4	NO-1-0003	1	2009-5-9	手机	诺基亚	N95		508	112		
5	NO-1-0004	1	2009-5-10	数码相机	佳能	A650 IS		5	111		
6	NO-1-0005	1	2009-5-11	手机	三星	E848					
7	NO-1-0006	2	2009-5-12	手机	多普达	P660					
8	NO-1-0007	2	2009-5-13	计算机	DELL	1200					
9	NO-1-0008	1	2009-5-14	数码摄像机	索尼	SR65					
10	NO-1-0009	1	2009-5-15	数码相机	索尼	W150					
11	NO-1-0010	2	2009-5-16	数码摄像机	JVC	GZ-M					
12	NO-1-0011	1	2009-5-17	手机	诺基亚	5300					
13	NO-1-0012	1	2009-5-18	计算机	佳能	IXUS					
14	NO-1-0013	1	2009-5-19	计算机	华硕	A8H2					
15	NO-1-0014	2	2009-5-20	数码相机	佳能	IXUS					
16	NO-1-0015	1	2009-5-21	移动硬盘	联想	奥运					
17	NO-1-0016	2	2009-5-22	计算机	DELL	Vost					
18	NO-1-0017	1	2009-5-23	三星	R26						
19	NO-1-0018	2	2009-5-24	数码相机	尼康	S550					
20	NO-1-0019	1	2009-5-25	手机	诺基亚	N81					
21	NO-1-0020	1	2009-5-26	计算机	联想	F41A笔记本		10	113		
22	NO-2-0001	1	2009-5-7	计算机	华硕	F85v笔记本		10	211		
23	NO-2-0002	1	2009-5-8	尼康	S550			2	211		
24	NO-2-0003	1	2009-5-8	计算机	诺基亚	N95		10	211		
25	NO-2-0004	2	2009-5-8	手机	佳能	A650 IS		5	211		
26	NO-2-0005	2	2009-5-9	三星	E848			2	211		
27	NO-2-0006	1	2009-5-9	计算机	多普达	P660		8	211		
28	NO-2-0007	2	2009-5-10	数码相机	华硕	F85v笔记本		1	211		
29	NO-2-0008	1	2009-5-10	手机	尼康	S550		7	211		
30	NO-2-0009	1	2009-5-10	数码相机	诺基亚	N95		5	211		
31	NO-2-0010	1	2009-5-12	计算机	佳能	A650 IS		10	211		
32	NO-2-0011	1	2009-5-12	手机	三星	E848		5	211		
33	NO-2-0012	1	2009-5-12	计算机	多普达	P660		5	211		
34	NO-2-0013	1	2009-5-12	数码相机	华硕	F85v笔记本		1	211		
35	NO-2-0014	2	2009-5-20	手机	尼康	S550		2	211		
36	NO-2-0015	2	2009-5-21	数码摄像机	诺基亚	N95		5	211		
37	NO-2-0016	2	2009-5-22	手机	佳能	A650 IS		5	211		
38	NO-2-0017	1	2009-5-23	计算机	三星	E848		5	211		
39	NO-2-0018	2	2009-5-25	数码摄像机	多普达	P660		6	211		
40	NO-2-0019	1	2009-5-27	数码相机	华硕	F85v笔记本		1	211		
41	NO-2-0020	2	2009-5-29	计算机		S550			211		

对话框"高级筛选":

方式：
- ⊙ 在原有区域显示筛选结果(F)
- ○ 将筛选结果复制到其他位置(O)

列表区域(L)：$A$1:$I$41
条件区域(C)：$K$18:$M$20
复制到(T)：$A$70:$I$70

☐ 选择不重复的记录(R)

[确定] [取消]

图 4.93　自动获取数据区域作为"列表区域"

	A	B	C	D	E	F	G	H	I	J	K
1	编号	入库/出库	日期	产品品种	产品名称	规格		数量	录入员代码	备注	入库/出库
2	NO-1-0001	1	2009-5-7	计算机	华硕	F85v笔记本		3	111		
3	NO-1-0002	2	2009-5-8	数码相机	尼康	S550		10	111		
4	NO-1-0003	1	2009-5-9	诺基亚	N95				111		
5	NO-1-0004	1	2009-5-10	数码相机	佳能	A650 IS			111		
6	NO-1-0005	1	2009-5-11	手机	三星	E848			111		
7	NO-1-0006	2	2009-5-12	手机	多普达	P660		6	112		
8	NO-1-0007	2	2009-5-13	计算机	DELL	1200 笔记本		3	111		
9	NO-1-0008	1	2009-5-14	数码摄像机	索尼	SR65E		1	111		
10	NO-1-0009	1	2009-5-15	数码相机	索尼	W150		2	113		
11	NO-1-0010	2	2009-5-16	数码摄像机	JVC	GZ-MG130		5	113		
12	NO-1-0011	1	2009-5-17	诺基亚	5300			10	111		
13	NO-1-0012	2	2009-5-18	数码相机	佳能	IXUS 90		8	111		
14	NO-1-0013	1	2009-5-19	计算机	华硕	A0II237 笔记本		6	111		
15	NO-1-0014	1	2009-5-20	数码相机	佳能	IXUS 960 IS		9	113		

对话框"高级筛选 - 条件区域："

'高级筛选 (2)'!$K$1:$K$2

图 4.94　选择条件区域

	A	B	C	D	E	F	G	H	I	J	K
1	编号	入库/出库	日期	产品品种	产品名称	规格		数量	录入员代码	备注	入库/出库
2	NO-1-0001	1	2009-5-7	计算机	华硕	F85v笔记本		3	111		1
4	NO-1-0003	1	2009-5-9	手机	诺基亚	N95		508	112		
5	NO-1-0004	1	2009-5-10	数码相机	佳能	A650 IS		5	111		
6	NO-1-0005	1	2009-5-11	手机	三星	E848		4	113		
9	NO-1-0008	1	2009-5-14	数码摄像机	索尼	SR65E		1	111		
10	NO-1-0009	1	2009-5-15	数码相机	索尼	W150		2	113		
12	NO-1-0011	1	2009-5-17	诺基亚	5300			10	111		
14	NO-1-0013	1	2009-5-19	计算机	华硕	A8H237 笔记本		6	111		
16	NO-1-0015	1	2009-5-21	移动硬盘	联想	奥运纪念款160G		10	112		
18	NO-1-0017	1	2009-5-23	三星	R26 笔记本			5	113		
20	NO-1-0019	1	2009-5-25	手机	诺基亚	N81		10	113		
22	NO-2-0001	1	2009-5-7	计算机	华硕	F85v笔记本		10	211		
23	NO-2-0002	1	2009-5-8	尼康	S550			2	211		
24	NO-2-0003	1	2009-5-8	计算机	诺基亚	N95		10	211		
27	NO-2-0006	1	2009-5-9	计算机	多普达	P660		8	211		
29	NO-2-0008	1	2009-5-10	手机	尼康	S550		7	211		
31	NO-2-0010	1	2009-5-12	计算机	佳能	A650 IS		10	211		
33	NO-2-0012	1	2009-5-12	计算机	多普达	P660		5	211		
35	NO-2-0014	1	2009-5-20	手机	尼康	S550		2	211		
37	NO-2-0016	1	2009-5-22	手机	佳能	A650 IS		5	211		
38	NO-2-0017	1	2009-5-23	计算机	三星	E848		5	211		
40	NO-2-0019	1	2009-5-27	数码相机	华硕	F85v笔记本		1	211		

图 4.95　筛选出 5 月入库产品的数据

第4篇　物流篇

这里在原数据区域显示筛选结果，仍然是留下满足条件的结果，同时隐藏不满足条件的数据行，故也能看到结果的行标是蓝色的。

⑤ 筛选出 5 月中、下旬的出、入库的手机记录。在 K11:L12 区域中输入列标题"日期"、"产品品种"及条件">=2009-5-10"、"手机"，如图 4.96 所示。单击原数据区域，使用"数据"菜单的"筛选"中的"高级筛选"命令，如图 4.97 所示。在弹出的"高级筛选"对话框中构造好条件及"将筛选结果复制到其他位置"，用"复制到"后的拾取按钮选择单元格 A54，作为筛选结果放置的开始，如图 4.98 所示。单击"确定"按钮，得到筛选结果，如图 4.99 所示。

图 4.96　条件表示

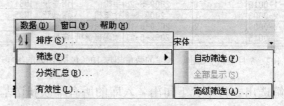

图 4.97　高级筛选

图 4.98　高级筛选

	A	B	C	D	E	F	G	H	I
54	编号	入库/出库	日期	产品品种	产品名称	规格	数量	录入员代码	备注
55	NO-1-0005	1	2009-5-11	手机	三星	E848	4	113	
56	NO-1-0006	2	2009-5-12	手机	多普达	P660	6	112	
57	NO-1-0011	1	2009-5-17	手机	诺基亚	5300	10	111	
58	NO-1-0019	1	2009-5-25	手机	诺基亚	N81	10	113	
59	NO-2-0008	1	2009-5-10	手机	尼康	S550	7	211	
60	NO-2-0014	1	2009-5-20	手机	尼康	S550	2	211	

图 4.99　筛选出 5 月中旬的出、入库记录

两个条件同时满足，或多个条件之间是"与"关系，则将多个条件的列标题写出，并在下方的同行写出各个条件的表达式，这里是">=2009-5-10"和"手机"同时满足。

163

⑥ 筛选出 5 月中、下旬出、入库的数量超过 10（包括 10）的华硕产品和 5 月出、入库的诺基亚产品的数据：在 K14:M16 区域中输入列标题及条件，如图 4.100 所示。单击原数据区域，使用"数据"菜单的"筛选"中的"高级筛选"命令，在弹出的"高级筛选"对话框中构造好条件及"将筛选结果复制到其他位置"，用"复制到"后的拾取按钮选择单元格 A62，作为筛选结果放置的开始，单击"确定"按钮，得到筛选结果，如图 4.102 所示。

日期	产品名称	数量
>=2009-5-10	华硕	>=10
	诺基亚	

图 4.100　条件表示

日期	产品名称	数量
>=2009-5-10	华硕	>=10
>=2009-5-10	诺基亚	>=10

图 4.101　条件表示

62	编号	入库/出库	日期	产品品种	产品名称	规格	数量	录入员代码	备注
63	NO-1-0003	1	2009-5-9	手机	诺基亚	N95	508	112	
64	NO-1-0011	1	2009-5-17	手机	诺基亚	5300	10	111	
65	NO-1-0019	1	2009-5-25	手机	诺基亚	N81	10	113	
66	NO-2-0003	1	2009-5-8	计算机	诺基亚	N95	10	211	
67	NO-2-0009	2	2009-5-10	数码相机	诺基亚	N95	5	211	
68	NO-2-0015	2	2009-5-21	数码摄像机	诺基亚	N95	5	211	

图 4.102　5 月中、下旬出、入库的数量超过 10（包括 10）的华硕产品和 5 月出、入库的诺基亚产品的数据

⑦ 筛选出 5 月中、下旬出、入库的所有华硕和诺基亚产品中数量超过 10（包括 10）的数据。在 K18:M20 区域中输入列标题及条件，如图 4.101 所示。单击原数据区域，使用"数据"菜单的"筛选"中的"高级筛选"命令，在弹出的"高级筛选"对话框中构造好条件及"将筛选结果复制到其他位置"，用"复制到"后的拾取按钮选择单元格 A70，作为筛选结果放置的开始，单击"确定"按钮，得到筛选结果，如图 4.103 所示。

70	编号	入库/出库	日期	产品品种	产品名称	规格	数量	录入员代码	备注
71	NO-1-0011	1	2009-5-17	手机	诺基亚	5300	10	111	
72	NO-1-0019	1	2009-5-25	手机	诺基亚	N81	10	113	

图 4.103　5 月中、下旬出、入库的所有华硕和诺基亚产品中数量超过 10（包括 10）的数据

　请仔细对比上面两个条件的区别，即不同列的条件在同一行和不同列的条件在不同行书写的含义。

以上我们实现了如下高级筛选：筛选出某列中的值等于某值的数据行，筛选出满足某列中多种值的数据行，筛选出同时满足多列条件的数据行……在构造筛选条件时，一般先根据要求的值，查看对应工作表中的哪列存放了该值，然后在原数据区域旁边的条件区域内，键入该列标题，再在下方单元格中键入筛选条件。而筛选条件的设置，需要根据题目的叙述，理解准确的含义，在相应的位置或对话框中用表达式表示出来。

（8）分类汇总。切换到"分类汇总"工作表中，根据实际需要，完成各个项目的分类汇总。

提示

分类汇总，就是根据某分类列的数值，将连续的相同数值作为一种情况。每种情况均汇总统计某些列里数值的和、平均、最大、最小、个数……函数的值，并且可以控制结果显示的明细级别。明细级别会在工作表左侧，以类似于"资源管理器"里文件夹的树状管理的方式来控制显示级别。

为了能将要进行分类汇总的行组合到一起，即在分类汇总结果中，所有相同分类字段的汇总结果只出现一次，我们需要在分类汇总之前，先根据分类字段做排序工作。

例如，我们没有做排序，就使用"数据"菜单的"分类汇总"命令，在弹出的图 4.104 所示的对话框中设置了根据"入库/出库"列中的情况进行分类，再对"数量"列的数据进行"求和"的汇总，结果如图 4.106 所示，"入库/出库"列中的"1"和"2"会由于不是连续行，中间互相间隔，而出现很多个汇总值，这根本就不是我们需要的汇总情况。正确的做法是：先根据"入库/出库"列，单击工具栏上的 或 来排升序或降序，如图 4.105 所示。让入库的数据行排列在一起，出库的数据行排列在一起，再进行上述的分类汇总，结果才是我们想要的，如图 4.107 所示。

图 4.104　"分类汇总"对话框

	A	B	C	D	E	F	G	H	I	J
1	编号		入库/出库	日期	产品品种	产品名称	规格	数量	录入员代码	备注
2	NO-1-0001		1	2009-5-7	计算机	华硕	F85v笔记本	3	111	
3	NO-1-0003		1	2009-5-9	手机	诺基亚	N95	508	112	
4	NO-1-0004		1	2009-5-10	数码相机	佳能	A650 IS	5	111	
5	NO-1-0005		1	2009-5-11	手机	三星	E848	4	113	
6	NO-1-0008		1	2009-5-14	数码摄像机	索尼	SR65E	1	111	
7	NO-1-0009		1	2009-5-15	数码相机	索尼	W150	2	113	
8	NO-1-0011		1	2009-5-17	手机	诺基亚	5300	10	113	
9	NO-1-0013		1	2009-5-19	计算机	华硕	A8H237 笔记本	6	111	
10	NO-1-0015		1	2009-5-21	移动硬盘	联想	奥运纪念款160G	10	112	
11	NO-1-0017		1	2009-5-23	计算机	三星	R26 笔记本	5	113	
12	NO-1-0019		1	2009-5-25	手机	诺基亚	N81	10	113	
13	NO-2-0001		1	2009-5-7	计算机	华硕	F85v笔记本	10	211	
14	NO-2-0002		1	2009-5-8	手机	尼康	S550	2	211	
15	NO-2-0003		1	2009-5-8	计算机	诺基亚	N95	10	211	
16	NO-2-0006		1	2009-5-9	手机	多普达	P660	8	211	
17	NO-2-0008		1	2009-5-10	手机	尼康	S550	7	211	
18	NO-2-0010		1	2009-5-12	计算机	佳能	A650 IS	10	211	
19	NO-2-0012		1	2009-5-12	手机	多普达	P660	1	211	
20	NO-2-0014		1	2009-5-20	手机	尼康	S550	2	211	
21	NO-2-0016		1	2009-5-22	计算机	佳能	A650 IS	1	211	
22	NO-2-0017		1	2009-5-23	计算机	三星	E848	5	211	
23	NO-2-0019		1	2009-5-27	数码相机	华硕	F85v笔记本	1	211	
24	NO-1-0002		2	2009-5-8	数码相机	尼康	S550	10	111	
25	NO-1-0006		2	2009-5-9	手机	多普达	P660	6	112	
26	NO-1-0007		2	2009-5-13	计算机	DELL	1200 笔记本	3	111	
27	NO-1-0010		2	2009-5-16	数码摄像机	JVC	GZ-MG130	5	113	
28	NO-1-0012		2	2009-5-18	数码相机	佳能	IXUS 90	8	111	
29	NO-1-0014		2	2009-5-20	数码相机	佳能	IXUS 960 IS	9	113	
30	NO-1-0016		2	2009-5-22	计算机	DELL	Vostor 200DT 台式机	20	112	
31	NO-1-0018		2	2009-5-24	数码相机	尼康	S550	10	113	
32	NO-1-0020		2	2009-5-26	计算机	联想	F41A 笔记本	10	113	
33	NO-2-0004		2	2009-5-8	手机	佳能	A650 IS	5	211	
34	NO-2-0005		2	2009-5-9	手机	三星	E848	5	211	
35	NO-2-0007		2	2009-5-10	数码相机	华硕	F85v笔记本	5	211	
36	NO-2-0009		2	2009-5-10	手机	诺基亚	N95	5	211	
37	NO-2-0011		2	2009-5-12	计算机	三星	E848	5	211	
38	NO-2-0013		2	2009-5-12	数码相机	华硕	F85v笔记本	1	211	
39	NO-2-0015		2	2009-5-21	数码摄像机	华硕	N95	5	211	
40	NO-2-0018		2	2009-5-25	数码摄像机	多普达	P660	6	211	
41	NO-2-0020		2	2009-5-29	计算机	尼康	S550	5	211	

图 4.105　先根据"入库/出库"列进行升序排序

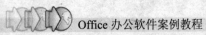

	编号	入库/出库	日期	产品品种	产品名称	规格	数量	录入员代码	备注
	A	B	C	D	E	F	G	H	I
1	编号	入库/出库	日期	产品品种	产品名称	规格	数量	录入员代码	备注
2	NO-1-0001	1	2009-5-7	计算机	华硕	F85v笔记本	3	111	
3		1 汇总					3		
4	NO-1-0002	2	2009-5-8	数码相机	尼康	S550	10	111	
5		2 汇总					10		
6	NO-1-0003	1	2009-5-9	手机	诺基亚	N95	508	112	
7	NO-1-0004	1	2009-5-10	数码相机	佳能	A650 IS	5	111	
8	NO-1-0005	1	2009-5-11	手机	三星	E848	4	113	
9		1 汇总					517		
10	NO-1-0006	2	2009-5-12	手机	多普达	P660	6	112	
11	NO-1-0007	2	2009-5-13	计算机	DELL	1200 笔记本	3	111	
12		2 汇总					9		
13	NO-1-0008	1	2009-5-14	数码摄像机	索尼	SR65E	1	111	
14	NO-1-0009	1	2009-5-15	数码相机	索尼	W150	2	113	
15		1 汇总					3		
16	NO-1-0010	2	2009-5-16	数码摄像机	JVC	GZ-MG130	5	113	
17		2 汇总					5		
18	NO-1-0011	1	2009-5-17	手机	诺基亚	5300	10	113	
19		1 汇总					10		
20	NO-1-0012	2	2009-5-18	数码相机	佳能	IXUS 90	8	111	
21		2 汇总					8		
22	NO-1-0013	1	2009-5-19	计算机	华硕	A8H237 笔记本	6	111	
23		1 汇总					6		
24	NO-1-0014	2	2009-5-20	数码相机	佳能	IXUS 960 IS	9	113	
25		2 汇总					9		
26	NO-1-0015	1	2009-5-21	移动硬盘	联想	奥运纪念款160G	10	112	
27		1 汇总					10		
28	NO-1-0016	2	2009-5-22	计算机	DELL	Vostor 200DT 台式机	20	112	
29		2 汇总					20		
30	NO-1-0017	1	2009-5-23	计算机	三星	R26 笔记本	5	113	
31		1 汇总					5		
32	NO-1-0018	2	2009-5-24	数码相机	尼康	S550	10	113	
33		2 汇总					10		
34	NO-1-0019	1	2009-5-25	手机	诺基亚	N81	10	113	
35		1 汇总					10		

图 4.106 未对"入库/出库"列先排序的分类汇总结果

	编号		入库/出库	日期	产品品种	产品名称	规格	数量	录入员代码	备注
	A	B	C	D	E	F	G	H	I	J
1	编号		入库/出库	日期	产品品种	产品名称	规格	数量	录入员代码	备注
2	NO-1-0001		1	2009-5-7	计算机	华硕	F85v笔记本	3	111	
3	NO-1-0003		1	2009-5-9	手机	诺基亚	N95	508	112	
4	NO-1-0004		1	2009-5-10	数码相机	佳能	A650 IS	5	111	
5	NO-1-0005		1	2009-5-11	手机	三星	E848	4	113	
6	NO-1-0008		1	2009-5-14	数码摄像机	索尼	SR65E	1	111	
7	NO-1-0009		1	2009-5-15	数码相机	索尼	W150	2	113	
8	NO-1-0011		1	2009-5-17	手机	诺基亚	5300	10	113	
9	NO-1-0013		1	2009-5-19	计算机	华硕	A8H237 笔记本	6	111	
10	NO-1-0015		1	2009-5-21	移动硬盘	联想	奥运纪念款160G	10	112	
11	NO-1-0017		1	2009-5-23	计算机	三星	R26 笔记本	5	113	
12	NO-1-0019		1	2009-5-25	手机	诺基亚	N81	10	113	
13	NO-2-0001		1	2009-5-7	计算机	华硕	F85v笔记本	10	211	
14	NO 2-0002		1	2009-5-8	手机	尼康	S550	2	211	
15	NO-2-0003		1	2000-5-8	计算机	诺基亚	N95	10	211	
16	NO-2-0006		1	2009-5-9	计算机	多普达	P660	8	211	
17	NO-2-0008		1	2009-5-10	手机	尼康	S550	7	211	
18	NO-2-0010		1	2009-5-12	计算机	佳能	A650 IS	10	211	
19	NO-2-0012		1	2009-5-12	计算机	多普达	P660	1	211	
20	NO-2-0014		1	2009-5-20	手机	尼康	S550	5	211	
21	NO-2-0016		1	2009-5-22	手机	佳能	A650 IS	1	211	
22	NO-2-0017		1	2009-5-23	计算机	三星	E848	5	211	
23	NO-2-0019		1	2009-5-27	数码相机	华硕	F85v笔记本	1	211	
24			1 汇总					621		
25	NO-1-0002		2	2009-5-8	数码相机	尼康	S550	10	111	
26	NO-1-0006		2	2009-5-12	手机	多普达	P660	6	112	
27	NO-1-0007		2	2009-5-13	计算机	DELL	1200 笔记本	3	111	
28	NO-1-0010		2	2009-5-16	数码摄像机	JVC	GZ-MG130	5	113	
29	NO-1-0012		2	2009-5-18	数码相机	佳能	IXUS 90	8	111	
30	NO-1-0014		2	2009-5-20	数码相机	佳能	IXUS 960 IS	9	113	
31	NO-1-0016		2	2009-5-22	计算机	DELL	Vostor 200DT 台式机	20	112	
32	NO-1-0018		2	2009-5-24	数码相机	尼康	S550	10	113	
33	NO-1-0020		2	2009-5-26	计算机	联想	F41A 笔记本	10	113	
34	NO-2-0004		2	2009-5-8	手机	佳能	A650 IS	5	211	
35	NO-2-0005		2	2009-5-9	手机	三星	E848	6	211	
36	NO-2-0007		2	2009-5-10	数码相机	华硕	F85v笔记本	5	211	
37	NO-2-0009		2	2009-5-10	数码相机	诺基亚	N95	5	211	
38	NO-2-0011		2	2009-5-12	数码相机	三星	E848	5	211	
39	NO-2-0013		2	2009-5-12	数码相机	华硕	F85v笔记本	1	211	
40	NO-2-0015		2	2009-5-21	数码摄像机	诺基亚	N95	5	211	
41	NO-2-0018		2	2009-5-22	数码摄像机	多普达	P660	6	211	
42	NO-2-0020		2	2009-5-29	计算机	尼康	S550	5	211	
43			2 汇总					124		
44			总计					745		

|◄ ◄ ► ►|\ 出、入库汇总表 / 自动筛选 / 高级筛选 \ 分类汇总 / 分类汇总 (2) / 分类汇总 (3) / 出入库产品品种数量数据透过|

图 4.107 准确地按"入库/出库"列求数量和的分类汇总结果

如果我们想恢复全部数据，取消分类汇总的效果，只要重新打开"分类汇总"对话框，单击"全部删除"按钮，就可以消除前面所作的分类汇总的效果，回到未做分类汇总的工作表。

　　① 查看出入库的数量和。先按"入库/出库"列升序排序，使用"数据"菜单中的"分类汇总"命令，在弹出的如图 4.104 所示的对话框中的"分类字段"处选择"入库/出库"，"汇总方式"选择"求和"，"选定汇总项"处勾选"数量"，结果如图 4.107 所示。如果我们不想看第 3 级明细项，只想看第 1 级总计和第 2 级各种情况的汇总数据，则可以单击左侧级别处 [1][2][3] 中的"2"，将第 3 级收拢；也可以单击下方的展开按钮 [-]，使之变为收拢按钮 [+]，结果如图 4.108 所示。

1 2 3		A	B	C	D	E	F	G	H	I
	1	编号	入库/出库 日期		产品品种 产品名称 规格			数量	录入员代 备注	
[+]	24		1 汇总					621		
[+]	43		2 汇总					124		
[-]	44		总计					745		
	45									

图 4.108　将第 3 级明细收拢的分类汇总结果

通过展开和折叠各个级别，可以自由选择查看各汇总数据或者各明细数据。

　　② 只显示汇总数量的各产品品种的最高数量。为了不与上述分类汇总的结果混淆，先将"分类汇总"工作表复制 2 个，以备本例及下例使用。切换到"分类汇总（2）"中，重新打开"分类汇总"对话框，单击"全部删除"按钮，消除前面所作的分类汇总的效果，按"产品品种"列升序排序，使用"数据"菜单中的"分类汇总"命令，在弹出的如图 4.109 所示的对话框中的"分类字段"处选择"产品品种"，"汇总方式"选择"最大值"，"选定汇总项"处勾选"数量"，结果如图 4.111 所示。在此基础上，单击级别控制的按钮 [2]，收拢第 3 级明细，只查看汇总数据，如图 4.112 所示。

图 4.109　按"产品品种"分类汇总"数量"最大值　　　图 4.110　"分类汇总"对话框

	编号	B	C 入库/出库	D 日期	E 产品品种	F 产品名称	G 规格	H 数量	I 录入员代码	J 备注
1	编号		入库/出库	日期	产品品种	产品名称	规格	数量	录入员代码	备注
2	NO-1-0001		1	2009-5-7	计算机	华硕	F85v笔记本	3	111	
3	NO-1-0003		1	2009-5-19	计算机	华硕	A8H237 笔记本	6	111	
4	NO-1-0004		1	2009-5-23	计算机	三星	R26 笔记本	5	113	
5	NO-1-0005		1	2009-5-7	计算机	华硕	F85v笔记本	10	211	
6	NO-1-0008		1	2009-5-8	计算机	诺基亚	N95	10	211	
7	NO-1-0009		1	2009-5-9	计算机	多普达	P660	8	211	
8	NO-1-0011		1	2009-5-12	计算机	佳能	A650 IS	10	211	
9	NO-1-0013		1	2009-5-12	计算机	多普达	P660	1	211	
10	NO-1-0015		1	2009-5-22	计算机	佳能	A650 IS	1	211	
11	NO-1-0017		1	2009-5-23	计算机	三星	E848	5	211	
12	NO-1-0019		2	2009-5-13	计算机	DELL	1200 笔记本	3	111	
13	NO-2-0001		2	2009-5-22	计算机	DELL	Vostor 200DT 台式机	20	112	
14	NO-2-0002		2	2009-5-26	计算机	联想	F41A 笔记本	10	113	
15	NO-2-0003		2	2009-5-14	计算机	三星	E848	5	211	
16	NO-2-0006		2	2009-5-29	计算机	尼康	S550	5	211	
17					计算机 最高值			20		
18	NO-2-0008		1	2009-5-9	手机	诺基亚	N95	508	112	
19	NO-2-0010		1	2009-5-11	手机	三星	E848	4	113	
20	NO-2-0012		1	2009-5-17	手机	诺基亚	5300	10	113	
21	NO-2-0014		1	2009-5-25	手机	诺基亚	N81	10	113	
22	NO-2-0016		1	2009-5-8	手机	尼康	S550	2	211	
23	NO-2-0017		1	2009-5-10	手机	尼康	S550	7	211	
24	NO-2-0019		1	2009-5-20	手机	尼康	S550	2	211	
25	NO-1-0002		1	2009-5-12	手机	多普达	P660	6	112	
26	NO-1-0006		1	2009-5-8	手机	佳能	A650 IS	5	211	
27	NO-1-0007		1	2009-5-9	手机	三星	E848	6	211	
28					手机 最高值			508		
29	NO-1-0010		1	2009-5-14	数码摄像机	索尼	SR65E	1	111	
30	NO-1-0012		2	2009-5-16	数码摄像机	JVC	GZ-MG130	5	113	
31	NO-1-0014		2	2009-5-21	数码摄像机	诺基亚	N95	5	211	
32	NO-1-0016		2	2009-5-25	数码摄像机	多普达	P660	6	211	
33					数码摄像机 最高值			6		
34	NO-1-0018		1	2009-5-10	数码相机	佳能	A650 IS	5	111	
35	NO-1-0020		1	2009-5-15	数码相机	索尼	W150	2	113	
36	NO-2-0004		2	2009-5-27	数码相机	华硕	F85v笔记本	1	211	
37	NO-2-0005		2	2009-5-8	数码相机	尼康	S550	10	111	
38	NO-2-0007		2	2009-5-18	数码相机	佳能	IXUS 90	8	111	
39	NO-2-0009		2	2009-5-20	数码相机	佳能	IXUS 960 IS	9	113	
40	NO-2-0011		2	2009-5-24	数码相机	尼康	S550	5	113	
41	NO-2-0013		2	2009-5-10	数码相机	华硕	F85v笔记本	5	211	
42	NO-2-0015		2	2009-5-10	数码相机	诺基亚	N95	5	211	
43	NO-2-0018		2	2009-5-12	数码相机	华硕	F85v笔记本	1	211	
44					数码相机 最高值			10		
45	NO-2-0020		1	2009-5-21	移动硬盘	联想	奥运纪念款160G	10	112	
46					移动硬盘 最高值			10		
47					总计 最高值			508		

工作表标签: 自动筛选 / 高级筛选 / 分类汇总 / 分类汇总（2）/ 分类汇总（3）/ 出入库产品品种数量数据

图 4.111 统计各产品品种的出、入库最高数量及明细显示

	A 编号	B 入库/出库	C 日期	D 产品品种	E 产品名称规格	F	G 数量	H 录入员代备注	I
1	编号	入库/出库	日期	产品品种	产品名称规格		数量	录入员代备注	
17				计算机 最大值			20		
28				手机 最大值			508		
33				数码摄像机 最大值			6		
44				数码相机 最大值			10		
46				移动硬盘 最大值			10		
47				总计最大值			508		

图 4.112 只显示汇总数据的各产品品种的最高数量

③ 查看各产品名称的出库次数。切换到"分类汇总（3）"中，消除前面所作的分类汇总的效果，按"产品名称"列升序排序，使用"数据"菜单中的"分类汇总"命令，弹出如图 4.110 所示的对话框，在"分类字段"处选择"产品名称"，"汇总方式"处选择"计数"，"选定汇总项"处勾选"入库/出库"，结果如图 4.113 所示。

④ 这里只是按"产品名称"分类，统计"入库/出库"次数的结果。若要制作仅有"出库"数据的结果，单纯用分类汇总是无法实现的，这里结合"自动筛选"来实现：用鼠标单击数据区域内的任意单元格，使用"数据"菜单的"筛选"中的"自动筛选"命令，在每列处出现下拉箭头，如图 4.114 所示。在"入库/出库"列的下拉菜单中，选择"2"，得到仅有出库记录的数据，如图 4.115 所示。

编号		入库/出库	日期	产品品种	产品名称	规格	数量	录入员代码	备注
NO-1-0001		2	2009-5-22	计算机	DELL	Vostor 200DT 台式机	20	112	
NO-1-0003		2	2009-5-13	计算机	DELL	1200 笔记本	3	111	
		2			DELL 计数				
NO-1-0004		2	2009-5-16	数码摄像机	JVC	GZ-MG130	5	113	
		1			JVC 计数				
NO-1-0005		2	2009-5-25	数码摄像机	多普达	P660	6	211	
NO-1-0008		1	2009-5-12	计算机	多普达	P660	1	211	
NO-1-0009		2	2009-5-12	手机	多普达	P660	6	112	
NO-1-0011		1	2009-5-9		多普达	P660	8	211	
		4			多普达 计数				
NO-1-0013		1	2009-5-27	数码相机	华硕	F85v笔记本	1	211	
NO-1-0015		1	2009-5-19	计算机	华硕	A8H237 笔记本	6	111	
NO-1-0017		1	2009-5-12	计算机	华硕	F85v笔记本	1	211	
NO-1-0019		2	2009-5-10	计算机	华硕	F85v笔记本	5	211	
NO-2-0001		1	2009-5-7	计算机	华硕	F85v笔记本	3	111	
NO-2-0002		1	2009-5-7	计算机	华硕	F85v笔记本	10	211	
		6			华硕 计数				
NO-2-0003		1	2009-5-22	计算机	佳能	A650 IS	1	211	
NO-2-0006		2	2009-5-20	数码相机	佳能	IXUS 960 IS	9	113	
NO-2-0008		1	2009-5-18	数码相机	佳能	IXUS 90	8	111	
NO-2-0010		2	2009-5-10	数码相机	佳能	A650 IS	10	211	
NO-2-0012		1	2009-5-10	数码相机	佳能	A650 IS	10	211	
NO-2-0014		2	2009-5-8	手机	佳能	A650 IS	5	211	
		6			佳能 计数				
NO-2-0016		2	2009-5-26	计算机	联想	F41A 笔记本	10	113	
NO-2-0017		1	2009-5-21	移动硬盘	联想	奥运纪念款160G	10	112	
		2			联想 计数				
NO-2-0019		1	2009-5-29	计算机	尼康	S550	5	211	
NO-2-0012		2	2009-5-24	数码相机	尼康	S550	10	113	
NO-1-0002		1	2009-5-20	手机	尼康	S550	2	211	
NO-1-0006		1	2009-5-10	手机	尼康	S550	7	211	
NO-1-0007		1	2009-5-8	手机	尼康	S550	2	211	
NO-1-0010		2	2009-5-8	数码相机	尼康	S550	10	111	
		6			尼康 计数				
NO-1-0012		1	2009-5-25	手机	诺基亚	N81	10	113	
NO-1-0014		2	2009-5-21	数码摄像机	诺基亚	N95	5	211	
NO-1-0016		1	2009-5-17	手机	诺基亚	S300	10	113	
NO-1-0018		2	2009-5-10	计算机	诺基亚	N95	5	211	
NO-1-0020		1	2009-5-9	手机	诺基亚	N95	508	112	
NO-2-0004		2	2009-5-7	计算机	诺基亚	N95	10	211	
		6			诺基亚 计数				
NO-2-0005		1	2009-5-23	计算机	三星	R26 笔记本	5	113	
NO-2-0007		1	2009-5-23	计算机	三星	E848	5	211	
NO-2-0009		2	2009-5-12	计算机	三星	E848	5	211	
NO-2-0011		1	2009-5-11	手机	三星	E848	4	113	
NO-2-0013		2	2009-5-9	手机	三星	E848	6	211	
		5			三星 计数				
NO-2-0015		1	2009-5-23	数码相机	索尼	W150	2	113	
NO-2-0018		1	2009-5-14	数码摄像机	索尼	SR65E	1	111	
		2			索尼 计数				
		40			总计数				

自动筛选 / 高级筛选 / 分类汇总 / 分类汇总 (2) / 分类汇总 (3) / 出入库产品品种数量数据说

图 4.113　按"产品名称"分类，统计"入库/出库"次数的结果

编号		入库/出库	日期	产品品种	产品名称	规格	数量	录入员代码	备注
NO-1-0001			2009-5-22	计算机	DELL	Vostor 200DT 台式机	20	112	
NO-1-0003			2009-5-13	计算机	DELL	1200 笔记本	3	111	
					DELL 计数				
NO-1-0004			2009-5-16	数码摄像机	JVC	GZ-MG130	5	113	
					JVC 计数				
NO-1-0005			2009-5-25	数码摄像机	多普达	P660	6	211	
NO-1-0008			2009-5-12	计算机	多普达	P660	1	211	
NO-1-0009		2	2009-5-12	手机	多普达	P660	6	112	
NO-1-0011		1	2009-5-9		多普达	P660	8	211	
		4			多普达 计数				
NO-1-0013		1	2009-5-27	数码相机	华硕	F85v笔记本	1	211	
NO-1-0015		1	2009-5-19	计算机	华硕	A8H237 笔记本	6	111	

图 4.114　构造自动筛选条件

编号		入库/出库	日期	产品品种	产品名	规格	数量	录入员代码	备注
NO-1-0001		2	2009-5-22	计算机	DELL	Vostor 200DT 台式机	20	112	
NO-1-0003		2	2009-5-13	计算机	DELL	1200 笔记本	3	111	
		2			DELL 计数				
NO-1-0004		2	2009-5-16	数码摄像机	JVC	GZ-MG130	5	113	
NO-1-0005		2	2009-5-25	数码摄像机	多普达	P660	6	211	
NO-1-0009		2	2009-5-12	手机	多普达	P660	6	112	
NO-1-0017		2	2009-5-12	数码相机	华硕	F85v笔记本	1	211	
NO-1-0019		2	2009-5-10		华硕	F85v笔记本	5	211	
NO-2-0006		2	2009-5-20	数码相机	佳能	IXUS 960 IS	9	113	
NO-2-0008		2	2009-5-18	数码相机	佳能	IXUS 90	8	111	
NO-2-0014		2	2009-5-8	手机	佳能	A650 IS	5	211	
NO-2-0016		2	2009-5-26	计算机	联想	F41A 笔记本	10	113	
		1			联想 计数				
NO-2-0019		2	2009-5-29	计算机	尼康	S550	5	211	
NO-2-0012		2	2009-5-24	数码相机	尼康	S550	10	113	
NO-1-0010		2	2009-5-8	数码相机	尼康	S550	10	111	
NO-1-0014		2	2009-5-21	数码摄像机	诺基亚	N95	5	211	
NO-1-0018		2	2009-5-10	数码相机	诺基亚	N95	5	211	
NO-2-0009		2	2009-5-12	计算机	三星	E848	5	211	
NO-2-0013		2	2009-5-9	手机	三星	E848	6	211	
		0			索尼 计数				
		18			总计数				

图 4.115　自动筛选出仅有出库记录的数据

（9）数据透视。切换到"数据透视"工作表中，根据实际需要，完成各个项目的数据透视表的制作。

 数据透视表是一个交互式报表，可快速合并、比较大量数据。在制作好的数据透视表中，可以旋转其行和列以看到源数据的不同汇总，而且可以显示感兴趣区域的明细数据。

数据透视表，其实是自动筛选和分类汇总功能的集合。

① 用鼠标单击原数据区域内的任意一个单元格，使用"数据"菜单的"数据透视表和数据透视图"命令，弹出如图 4.116 所示的"数据透视表和数据透视图向导"对话框，开始利用向导实现数据透视表的制作过程。

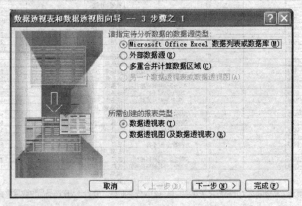

图 4.116 选择数据透视表的数据源类型和所需创建的报表类型

② 在"数据透视表和数据透视图向导——3 步骤之 1"对话框中，在"请指定待分析数据的数据源类型"处选择"Microsoft Office Excel 数据列表或数据库"选项，在"所需创建的报表类型"处选择"数据透视表"选项，如图 4.116 所示，单击"下一步"按钮。

 如果想用图表的形式体现数据、比较数据，则可以在"所需创建的报表类型"处选择"数据透视图（及数据透视表）"选项，构造拥有数据透视功能的图表。

③ 在弹出的"数据透视表和数据透视图——3 步骤之 2"对话框中，在"选定区域"文本框中显示了自动获取的数据源区域，如图 4.117 所示，单击"下一步"按钮。

 由于开始制作数据透视表时，我们是将鼠标定位于原数据区域的，故这步可以自动获取数据源区域，如果这个区域不是准确的数据源，则可单击"选定区域"处的拾取按钮，来选择作为数据源的区域。

④ 在弹出的"数据透视表和数据透视图向导——3 步骤之 3"对话框中，在"数据透视表显示位置"处选择"新建工作表"单选项，如图 4.118 所示。

	A	B	C	D	E	F	G	H	I
1	编号	入库/出库	日期	产品品种	产品名称	规格	数量	录入员代码	备注
2	NO-1-0001	1	2009-5-7	计算机	华硕	F85v笔记本	3	111	
3	NO-1-0002	2	2009-5-8	数码相机	尼康	S550	10	111	
4	NO-1-0003	1	2009-5-9	手机	诺基亚	N95	508	112	
5	NO-1-0004	1	2009-5-10	数码相机	佳能	A650 IS	5	111	
6	NO-1-0005	1	2009-5-11	手机	三星	E848	4	113	
7	NO-1-0006	2	2009-5-12	手机	多普达	P660	6	112	
8	NO-1-0007	1	2009-5-13	计算机	DELL	1200 笔记本	3	111	
9	NO-1-0008	1	2009-5-14	数码摄像机	索尼	SR65E	1	111	
10	NO-1-0009	1	2009-5-15	数码相机	索尼	W150	2	113	
11	NO-1-0010	2	2009						
12	NO-1-0011	1	2009						
13	NO-1-0012	2	2009						
14	NO-1-0013	1	2009						
15	NO-1-0014	1	2009						
16	NO-1-0015	1	2009						
17	NO-1-0016	2	2009						
18	NO-1-0017	1	2009						
19	NO-1-0018	2	2009-5-24	数码相机	尼康	S550	10	113	
20	NO-1-0019	1	2009-5-25	手机	诺基亚	N81	10	113	
21	NO-1-0020	2	2009-5-26	计算机	联想	F41A 笔记本	10	113	
22	NO-2-0001	1	2009-5-7	计算机	华硕	F85v笔记本	10	211	
23	NO-2-0002	1	2009-5-8	手机	尼康	S550	2	211	
24	NO-2-0003	1	2009-5-8	计算机	诺基亚	N95	10	211	
25	NO-2-0004	2	2009-5-8	手机	佳能	A650 IS	5	211	
26	NO-2-0005	2	2009-5-9	手机	三星	E848	6	211	
27	NO-2-0006	1	2009-5-9	计算机	多普达	P660	8	211	
28	NO-2-0007	2	2009-5-10	数码相机	华硕	F85v笔记本	5	211	
29	NO-2-0008	1	2009-5-10	数码相机	尼康	S550	7	211	
30	NO-2-0009	2	2009-5-10	数码相机	诺基亚	N95	5	211	
31	NO-2-0010	1	2009-5-12	计算机	佳能	A650 IS	10	211	
32	NO-2-0011	2	2009-5-12	计算机	三星	E848	5	211	
33	NO-2-0012	1	2009-5-12	手机	多普达	P660	1	211	
34	NO-2-0013	2	2009-5-12	数码相机	华硕	F85v笔记本	1	211	
35	NO-2-0014	1	2009-5-20	手机	尼康	S550	2	211	
36	NO-2-0015	1	2009-5-21	数码摄像机	诺基亚	N95	5	211	
37	NO-2-0016	1	2009-5-22	计算机	佳能	A650 IS	1	211	
38	NO-2-0017	1	2009-5-23	计算机	三星	E848	5	211	
39	NO-2-0018	2	2009-5-25	数码摄像机	多普达	P660	6	211	
40	NO-2-0019	1	2009-5-27	计算机	华硕	F85v笔记本	1	211	
41	NO-2-0020	2	2009-5-29	计算机	尼康	S550	5	211	

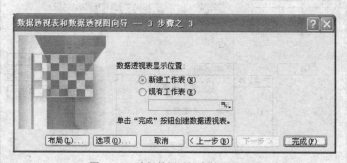

数据透视表和数据透视图向导 -- 3 步骤之 2

请键入或选定要建立数据透视表的数据源区域：

选定区域(R)：　$A$1:$I$41　　　　　浏览(W)...

取消　　〈上一步(B)　　下一步(N)〉　　完成(F)

图 4.117　选择数据透视表的数据源区域

数据透视表和数据透视图向导 -- 3 步骤之 3

数据透视表显示位置：
○ 新建工作表(N)
○ 现有工作表(E)

单击“完成”按钮创建数据透视表。

布局(L)...　选项(O)...　取消　〈上一步(B)　下一步(N)〉　完成(F)

图 4.118　选择数据透视表的显示位置

提示　　还可以利用“选项”按钮，弹出如图 4.119 所示的“数据透视表选项”对话框，可以对数据透视表的细节（如格式和数据等）进行更详细的设置。

提示　　制作的数据透视表，既可以作为一张新的工作表被放置在与原数据表并列的工作表中，也可以在现有工作表中选择一个起始位置进行放置。

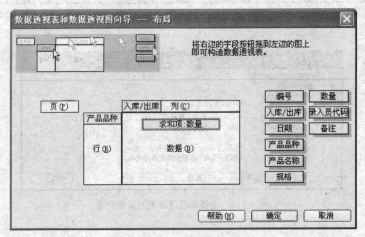

图 4.119　对数据透视表的细节进行设置

⑤ 单击"布局"按钮，弹出"数据透视表和数据透视图向导——布局"对话框，将"产品品种"拖至"行"设置区内，将"出库/入库"拖至"列"设置区内，将"数量"拖至汇总区域内，汇总方式自动设置为"求和"，效果如图 4.120 所示。单击"确定"按钮，返回"数据透视表和数据透视图向导——3 步骤之 3"对话框中，单击"完成"按钮。系统自动创建了 1 个新的工作表"Sheet1"，将其重命名为"出入库产品品种数量数据透视表"，如图 4.121 所示。

图 4.120　为数据透视表布局

提示
对于数据透视表，除了要会制作，还要会灵活运用它来实现交互功能。

⑥ 筛选出产品品种为"计算机"的出、入库数量和。单击"产品品种"右侧的下拉箭头，在弹出的下拉列表中，将其他品种的勾去掉，只留下"计算机"前面的勾，如图 4.122

所示，单击"确定"按钮，得到图 4.123 所示的筛选结果。

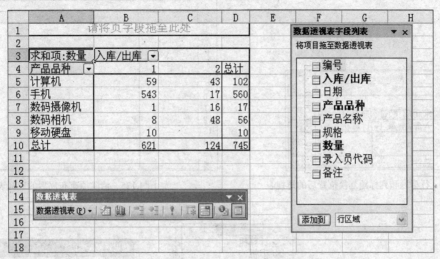

图 4.121　出入库产品品种数量数据透视表

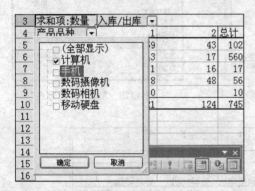

图 4.122　筛选产品品种为"计算机"　　　　　　图 4.123　筛选出的透视数据

⑦ 行列互换。单击"产品品种"所在的单元格 **A3** 不放，拖至"列标题"所处的单元格 **B3**，再将"入库/出库"按钮拖至行标题所在的单元格 **A3** 处，系统就调换了行标题和列标题的位置，新的数据透视表如图 4.124 所示。

⑧ 清除透视表原有布局。将行标题、列标题、数据项的字段按钮都拖出数据区域之外，可看到拖动字段离开数据区域就会出现"×"，表示该字段将不再在透视表中起作用，所有字段都被拖离透视表后，将出现图 4.125 所示的界面，等待重新为透视表布局。

⑨ 只显示汇总数据的各产品品种的最高数量。在"数据透视表字段列表"工具栏中，单击"产品品种"字段，将其拖至"将列字段拖至此处"位置，将"数量"字段拖至"请将数据项拖至此处"位置，即得到一个延续以前设置的数据透视表，如图 4.126 所示。在"产品品种"右侧的下拉列表中选择筛选条件为"全部显示"，如图 4.127 所示。双击"求和项：数量"按钮，弹出图 4.128 所示的"数据透视表字段"对话框，在其中选择"汇总方式"为"最大值"，得到"只显示汇总数据的各产品品种的最高数量的透视表"，如图 4.129 所示。

图 4.124 行标题和列标题互换位置后的透视表

图 4.125 清除原有布局后的透视表

图 4.126 重新布局的数据透视表

图 4.127 筛选对话框

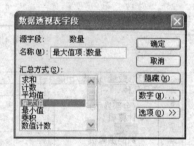

图 4.128 重选"汇总方式"

图 4.129 只显示汇总数据的各产品品种的最高数量的透视表

分析操作的关键词语,即按照"产品品种"分类,汇总"数量"的最高值。产品品种既可做行标题,也可做列标题,这里将其用作列标题。

如果"数据透视表字段列表"工具栏没有在界面中,可以单击如图 4.130 所示的"数据透视表"工具栏中的"显示字段列表"按钮 ▤。

⑩ 查看各产品名称的出库次数。将列标题、数据项的字段按钮都拖出数据区域之外,在"数据透视表字段列表"工具栏中,将"产品名称"字段拖至"将行字段拖至此处"位置,将"入库/出库"字段拖至"将列字段拖至此处"位置,将"入库/出库"字段拖至"请将数据项拖至此处"位置,如图 4.131 所示。在"入库/出库"右侧的下拉列表中选择筛选条件为"2",双击"求和项:入库/出库"按钮,选择"汇总方式"为"计数",得到"查看各产品名称的出库次数的透视表",如图 4.132 所示。

图 4.130 "数据透视表"工具栏

	A	B	C	D
1	请将页字段拖至此处			
2				
3	求和项:入库/出库	入库/出库 ▼		
4	产品名称　▼	1	2	总计
5	DELL		4	4
6	JVC		2	2
7	多普达	2	4	6
8	华硕	4	4	8
9	佳能	3	6	9
10	联想	1	2	3
11	尼康	3	6	9
12	诺基亚	4	4	8
13	三星	3	4	7
14	索尼	2		2
15	总计	22	36	58

图 4.131　显示各产品出入库求和项的透视表

	A	B	C
1	请将页字段拖至此处		
2			
3	计数项:入库/出库	入库/出库 ▼	
4	产品名称　▼	2	总计
5	DELL	2	2
6	JVC	1	1
7	多普达	2	2
8	华硕	2	2
9	佳能	3	3
10	联想	1	1
11	尼康	3	3
12	诺基亚	2	2
13	三星	2	2
14	总计	18	18

图 4.132　查看各产品名称的出库次数的透视表

作为数据项的字段"产品名称"，是文本型数据，不可能做一般意义上的数值运算，这里对其"求和"或"计数"，效果都一样。

【拓展案例】

公司 2009 年度大类电子产品销售清单如图 4.133 所示，对该销售清单进行如图 4.134、图 4.135、图 4.136 和图 4.137 所示的数据分析。

产品编号	产品名称	销售月份	销售员	单台成本	售价	数量(台)	销售额	浮动后销售额	成本合计	利润	利润率
制表人: 王小梅						浮动率: 98%			制表日期: 2009年5月30日		
12001	DVD-1	Jun-09	李会	¥1,000	¥1,500	18	¥27,000	¥26,460	¥18,000	¥8,460	31%
12002	UPS-2	Jan-09	李会	¥80	¥120	200	¥24,000	¥23,520	¥16,000	¥7,520	31%
12003	DVD-2	Mar-09	李会	¥500	¥900	100	¥90,000	¥88,200	¥50,000	¥38,200	42%
12004	MP3-1	May-09	李会	¥100	¥300	56	¥16,800	¥16,464	¥5,600	¥10,864	65%
12005	MP4-1	Feb-09	李会	¥700	¥1,200	65	¥78,000	¥76,440	¥45,500	¥30,940	40%
12006	DVD-3	Apr-09	王民	¥350	¥700	81	¥56,700	¥55,566	¥28,350	¥27,216	48%
12007	MP4-3	Feb-09	张竞	¥1,200	¥1,500	14	¥21,000	¥20,580	¥16,800	¥3,780	18%
12008	MP3-3	Mar-09	王民	¥100	¥150	160	¥24,000	¥23,520	¥16,000	¥7,520	31%

图 4.133　2009 年度大类电子产品销售清单

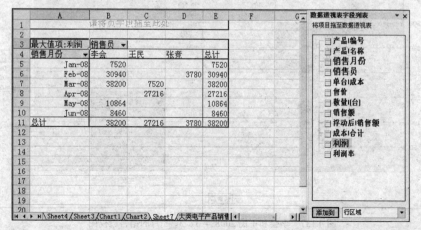

	A	B	C	D	E
1	请将页字段拖至此处				
2					
3	最大值项:利润	销售员			
4	销售月份	李会	王民	张竞	总计
5	Jan-08	7520			7520
6	Feb-08	30940		3780	30940
7	Mar-08	38200	7520		38200
8	Apr-08		27216		27216
9	May-08	10864			10864
10	Jun-08	8460			8460
11	总计	38200	27216	3780	38200

数据透视表字段列表
将项目拖至数据透视表
□ 产品编号
□ 产品名称
□ 销售月份
□ 销售员
□ 单台成本
□ 售价
□ 数量(台)
□ 销售额
□ 浮动后销售额
□ 成本合计
□ 利润
□ 利润率

添加到　行区域

图 4.134　公司各销售月份不同销售员所造的最大利润分析表

	A	B	C	D
1	请将页字段拖至此处			
2				
3		销售员 ▼		
4	数据 ▼	李会	王民	总计
5	求和项:数量（台）	439	241	680
6	求和项:利润	95984	34736	130720
7	求和项:利润率	2.09	0.79	2.88

图 4.135　公司大类电子产品销售数量、利润、利润率分析透视表

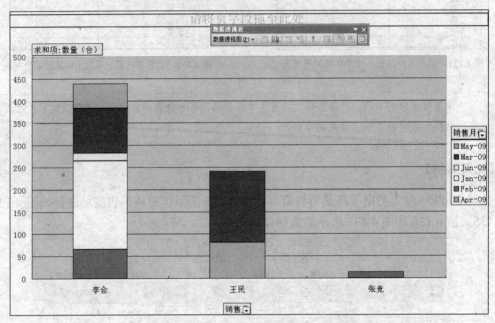

图 4.136　各销售员不同销售月份的销售数量对比图

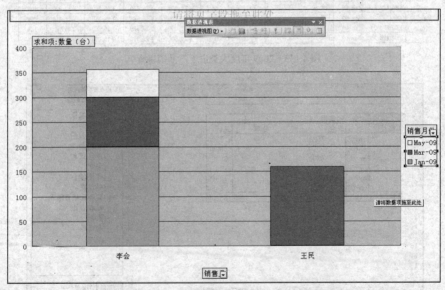

图 4.137　李会和王民 2008 年 1、3、5 月的销售透视图

【拓展训练】

设计一份公司材料采购分析表格。

操作步骤如下。

（1）设计材料采购分析表，并格式化表格，填充数据，如图 4.138 所示。

请购日期	请购单编号	材料名称	采购数量	供应商编号	单价	金额	定购日期	验收日期	品质描述
2009-1-2	2009010201	主板	20	0001	￥420.00		2009-1-2	2009-1-3	优
2009-1-3	2009010301	内存	18	0002	￥280.00		2009-1-3	2009-1-4	优
2009-1-3	2009010302	内存	12	0002	￥280.00		2009-1-3	2009-1-7	优
2009-1-9	2009010901	光驱	3	0001	￥420.00		2009-1-9	2009-1-10	优
2009-1-15	2009011501	光驱	2	0001	￥420.00		2009-1-15	2009-1-16	优
2009-1-16	2009011601	内置风扇	14	0003	￥30.00		2009-1-16	2009-1-17	优
2009-1-20	2009012001	内置风扇	15	0003	￥30.00		2009-1-20	2009-1-21	优
2009-1-22	2009012201	主板	8	0001	￥420.00		2009-1-22	2009-1-23	优
2009-1-28	2009012801	主板	4	0001	￥420.00		2009-1-28	2009-1-29	优

图 4.138　材料采购分析表

（2）选中单元格 H4 并输入公式"=E4*G4"，按【Enter】键确认输入，得出 2009 年 1 月 2 日购买主板的总金额，然后使用填充手柄，将此单元格的公式复制至 H5：H12 中，如图 4.139 所示。

材料采购分析表

请购日期	请购单编号	材料名称	采购数量	供应商编号	单价	金额	定购日期	验收日期	品质描述
2009-1-2	2009010201	主板	20	0001	￥420.00	￥8,400.00	2009-1-2	2009-1-3	优
2009-1-3	2009010301	内存	18	0002	￥280.00	￥5,040.00	2009-1-3	2009-1-4	优
2009-1-3	2009010302	内存	12	0002	￥280.00	￥3,360.00	2009-1-3	2009-1-6	优
2009-1-9	2009010901	光驱	3	0001	￥420.00	￥1,260.00	2009-1-9	2009-1-10	优
2009-1-15	2009011501	光驱	2	0001	￥420.00	￥840.00	2009-1-15	2009-1-16	优
2009-1-16	2009011601	内置风扇	14	0003	￥30.00	￥420.00	2009-1-16	2009-1-17	优
2009-1-20	2009012001	内置风扇	15	0003	￥30.00	￥450.00	2009-1-20	2009-1-21	优
2009-1-22	2009012201	主板	8	0001	￥420.00	￥3,360.00	2009-1-22	2009-1-23	优
2009-1-28	2009012801	主板	4	0001	￥420.00	￥1,680.00	2009-1-28	2009-1-29	优

图 4.139　填充总金额

（3）执行菜单栏"数据"菜单中的"排序"命令，弹出"排序"对话框，以材料名称作为主要关键字进行升序排列，如图 4.140 所示。

图 4.140　对排序对话框进行设置

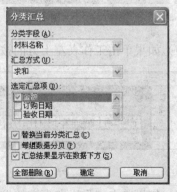

图 4.141　对"分类汇总"对话框进行设置

（4）单击"确定"按钮，返回工作表，此时表中的数据按照"材料名称"进行升序排列，如图4.142所示。

请购日期	请购单编号	材料名称	采购数量	供应商编号	单价	金额	定购日期	验收日期	品质描述
				材料采购分析表					
2009-1-9	2009010901	光驱	3	0001	￥420.00	￥1,260.00	2009-1-9	2009-1-10	优
2009-1-15	2009011501	光驱	2	0001	￥420.00	￥840.00	2009-1-15	2009-1-16	优
2009-1-3	2009010301	内存	18	0002	￥280.00	￥5,040.00	2009-1-3	2009-1-4	优
2009-1-3	2009010302	内存	12	0002	￥280.00	￥3,360.00	2009-1-3	2009-1-7	优
2009-1-16	2009011601	内置风扇	14	0003	￥30.00	￥420.00	2009-1-16	2009-1-17	优
2009-1-20	2009012001	内置风扇	15	0003	￥30.00	￥450.00	2009-1-20	2009-1-21	优
2009-1-2	2009010201	主板	20	0001	￥420.00	￥8,400.00	2009-1-2	2009-1-3	优
2009-1-22	2009012201	主板	8	0001	￥420.00	￥3,360.00	2009-1-22	2009-1-23	优
2009-1-28	2009012801	主板	4	0001	￥420.00	￥1,680.00	2009-1-28	2009-1-29	优

图4.142　按"材料名称"升序排列后的效果图

（5）执行菜单栏"数据"菜单中的"分类汇总"命令，在弹出的"分类汇总"对话框中，进行如图4.141所示的设置。其中，分类字段选择"材料名称"，汇总方式选择"求和"，选定汇总项选择"金额"。

（6）单击"确定"按钮，返回工作表，此时工作表中的数据按照所采购的材料名称对采购金额进行分类汇总，如图4.143所示。

请购日期	请购单编号	材料名称	采购数量	供应商编号	单价	金额	定购日期	验收日期	品质描述
				材料采购分析表					
2009-1-9	2009010901	光驱	3	0001	￥420.00	￥1,260.00	2009-1-9	2009-1-10	优
2009-1-15	2009011501	光驱	2	0001	￥420.00	￥840.00	2009-1-15	2009-1-16	优
		光驱 汇总				￥2,100.00			
2009-1-3	2009010301	内存	18	0002	￥280.00	￥5,040.00	2009-1-3	2009-1-4	优
2009-1-3	2009010302	内存	12	0002	￥280.00	￥3,360.00	2009-1-3	2009-1-7	优
		内存 汇总				￥8,400.00			
2009-1-16	2009011601	内置风扇	14	0003	￥30.00	￥420.00	2009-1-16	2009-1-17	优
2009-1-20	2009012001	内置风扇	15	0003	￥30.00	￥450.00	2009-1-20	2009-1-21	优
		内置风扇 汇总				￥870.00			
2009-1-2	2009010201	主板	20	0001	￥420.00	￥8,400.00	2009-1-2	2009-1-3	优
2009-1-22	2009012201	主板	8	0001	￥420.00	￥3,360.00	2009-1-22	2009-1-23	优
2009-1-28	2009012801	主板	4	0001	￥420.00	￥1,680.00	2009-1-28	2009-1-29	优
		主板 汇总				￥13,440.00			
		总计				￥24,810.00			

图4.143　按"材料名称"进行分类汇总后的效果图

（7）如果单击工作表左上方的按钮①，则显示1级分类，如图4.144所示。

请购日期	请购单编号	材料名称	采购数量	供应商编号	单价	金额	订购日期	验收日期	品质描述
				材料采购数据分析表					
		总计				￥24,810.00			0

图4.144　显示1级分类

（8）如果单击工作表左上方的按钮②，则显示2级分类，如图4.145所示。

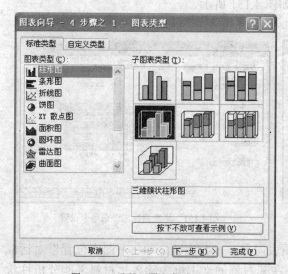

图 4.145　显示 2 级分类

（9）将分析表以 2 级分类显示，按住【Ctrl】键的同时选中 D6、D9、D12、D16、H6、H9、H12、H16 单元格，选择"插入"菜单中的"图表"命令，进入"图表向导——4 步骤之 1——图表类型"对话框，在其中单击"标准类型"选项卡标签，切换至"标准类型"选项卡下。在"图表类型"列表框中选择"柱形图"选项，然后在其右侧的"子图表类型"列表框中选择"三维簇状柱形图"选项，如图 4.146 所示。单击"下一步"按钮，切换至"图表向导——4 步骤之 2——图表源数据"对话框中，单击"数据区域"选项卡标签，切换至"数据区域"选项卡下，在"系列产生在"设置区内选择"列"单选项，如图 4.147 所示。

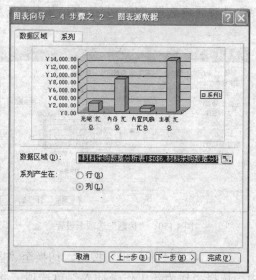

图 4.146　选择"图表类型"　　　　　　　　　图 4.147　设置"数据区域"

（10）单击"系列"选项卡标签，切换至"系列"选项卡下，在"名称"文本框中输入"金额汇总"，其余保持系统默认设置，如图 4.148 所示。然后单击"下一步"按钮，切换至"图表向导——4 步骤之 3——图表选项"对话框。单击"图例"选项卡标签，切换至"图例"选项卡下，单击"显示图例"复选框，然后在其下方的"位置"设置区内选择"右上角"单选项，如图 4.149 所示。

（11）单击"标题"选项卡标签，切换至"标题"选项卡下，在"图表标题"中输入"金额汇总"，在分类轴中输入"材料名称"，在数值轴中输入"金额"，如图 4.150 所示。

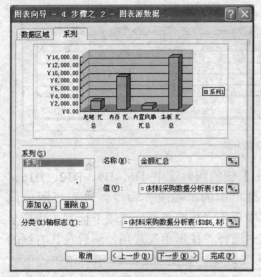

图 4.148　设置"系列"

图 4.149　设置"图例"

（12）单击"数据标志"选项卡标签，切换到"数据标志"选项卡，在"数据标签包括"选项区内选择"值"复选框，其余设置如图 4.151 所示。

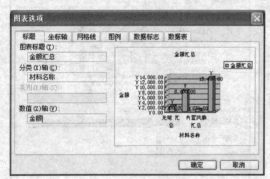

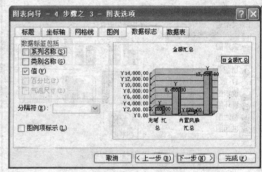

图 4.150　"标题"选项卡设置

图 4.151　"数据标志"选项卡设置

（13）单击"下一步"按钮，切换至"图表向导——4 步骤之 4——图表位置"对话框中，选择"作为新工作表插入"单选项，并在其右侧的文本框中输入"材料采购分析柱状图"，如图 4.152 所示。

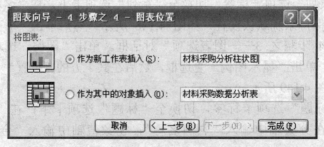

图 4.152　设置"图表向导——4 步骤之 4——图表位置"对话框

（14）单击"完成"按钮，此时系统在工作簿中插入"材料采购数据分析表"工作表，其中的图表如图 4.153 所示。

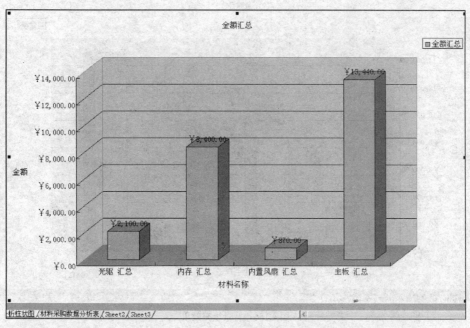

图 4.153　公司材料采购数据分析表

（15）在背景上单击鼠标右键，在弹出的"背景墙格式"对话框中，可以对背景进行设置，如图 4.154 所示。

（16）单击"填充效果"按钮，在弹出的"填充效果"对话框中，单击"渐变"选项卡，在"颜色"单选按钮中选择"双色"，"底纹样式"选择"中心幅射"，并选择效果图，如图 4.155 所示。在柱体上单击鼠标右键，即可对柱体颜色进行设置。

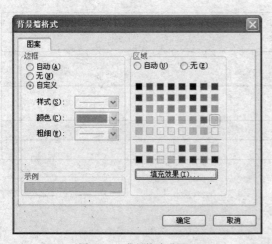

图 4.154　背景格式设置

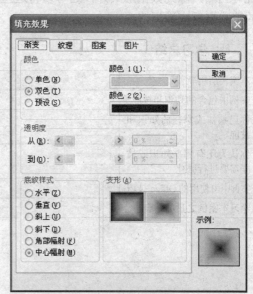

图 4.155　背景填充效果设置

（17）单击"确定"按钮，得到新背景图，如图4.156所示。

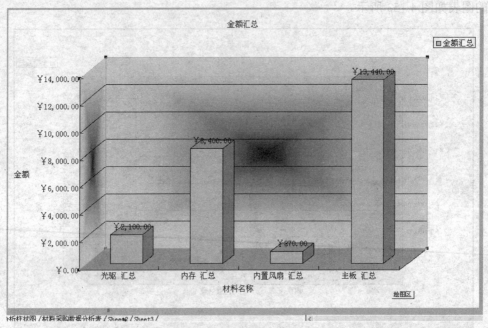

图 4.156　背景填充效果

【案例小结】

　　自动筛选、高级筛选、分类汇总和数据透视表，都是公司重要的数据分析工具，通过把众多的经营、销售和财务等数据建立成可交互、隐藏、统计的形式，更有利于上级观察和审计公司经营成果，同时也有利于公司客户清晰、明了、准确地掌握公司仓库等物流部门的状况。当然，除纯数据形式外，还可以将这些数据制作成图表、数据透视图等，通过更为直观的形式来反应数据情况。

　　📖 **学习总结**

本案例所用软件	
案例中包含的知识和技能	
你已熟知或掌握的知识和技能	
你认为还有哪些知识或技能需要进行强化	
案例中可使用的 Office 技巧	
学习本案例之后的体会	

第 5 篇

财务篇

任何公司都会在经营管理过程中涉及财务相关数据的处理。我们既可以使用专用的财务软件来实现日常工作和管理，也可以借助 Office 中的 Excel 软件来完成相应的工作。本篇将财务部门工作中经常使用的几种表格及数据处理提炼出来，使用 Excel，运用合适的方法来解决这些问题。

学习目标

1. 学会 Excel 中导入/导出外部数据的方法。

2. 学会利用公式自动计算数据。

3. 掌握 Excel 中常用函数的用法，如 SUM、IF 函数等。

4. 以 IF 函数为例，理解函数嵌套的意义和用法。

5. 掌握 Excel 中表格打印之前的页面设置。

6. 利用公式完成财务报表相关项目的计算。

7. 利用向导完成不同类型企业的一组财务报表的制作。

8. 学会财务函数的应用，如 PMT 函数等。

9. 理解并学会单变量和双变量模拟运算表的构造。

案例 1 员工工资管理——工资表的制作

【案例分析】

员工工资管理是每个企业财务部门必然的工作，财务人员要清晰明了地计算出各个项目，并且完成一定的统计汇总工作。

在人力资源部的案例中，我们已经学习了在 Excel 中手工输入数据的方法。这里直接使用第二篇案例 5 中导出的备用数据文件"员工工资.csv"中的数据，以导入外部数据的方式来实现数据内容的填入。

在本案例中，需要利用已有工资项来计算其他工资项，最终核算出每个员工的"实发工资"，并设置好打印前的版面。

本案例所制作的工作表效果如图5.1所示。

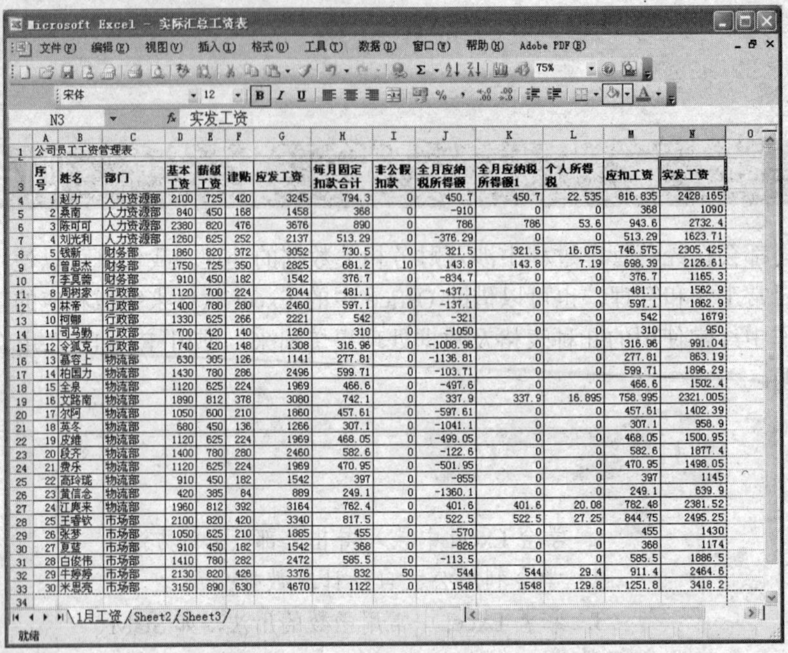

图5.1　计算完各工资项后的"公司员工工资管理表"效果图

计算各项工资时，需要使用到的相关公式如下。

① 计算应发工资：应发工资＝基本工资＋薪级工资＋津贴。

② 计算应税所得：全月应纳税所得额＝应发工资–（养保＋医保＋失业保险＋公积金）–2 000。目前，2 000元为我国税法规定的个人所得税起征点。

③ 计算实际应税工资时，应税工资不应有小于0反而返税的情况，故分两种情况调整（即此处应考虑用IF函数来实现）：若初算全月应纳税所得额大于0元，则实际应税工资为全月应纳税所得额的具体数额；若全月应纳税所得额小于等于0元，则实际应税工资为0元。

④ 计算个人所得税，根据会计核算方法中计算所得税的速算方法，按以下速算公式计算：

实际应税工资在500元以内（含500元），个人所得税税额＝实际应税工资×5%;

实际应税工资在500～2 000元（含2 000元），个人所得税税额＝实际应税工资×10%–速算扣除数25;

实际应税工资在2 000～5 000元（含5 000元），个人所得税税额＝实际应税工资×15%–速算扣除数125。

实际工作中，应纳税额是按上限分别为500、2 000、5 000、20 000、40 000……进行超额累进的，我们这里只考虑了其中的一部分（500、2 000、5 000），如果需要，可依此原理类推计算。

⑤ 应扣工资＝养老保险＋医疗保险＋失业保险＋公积金＋个人所得税。

⑥ 实发工资＝应发工资–应扣工资。

【解决方案】

（1）新建 Excel 文件，以"实际汇总工资表.xls"为名保存在"财务篇/案例18"文件夹中。

（2）导入外部数据。

① 选择 Sheet1。

② 使用"数据"菜单中的"导入外部数据"命令，从级联菜单中选择"导入数据"命令，在图 5.2 所示的"选取数据源"对话框中找到位于"人力资源篇/案例 10"文件夹中的"员工工资"文件，单击"打开"，打开该文件。

③ 在弹出的图 5.3 所示的"文件导入向导"对话框中，第一步，在"原始数据类型"处，选择"分隔符号"作为最合适的文件类型；在"导入起始行"文本框中保持默认值"1"不变；在"文件原始格式"中选择"936：Chinese Simplified (GB2312)"（"简体中文"），单击"下一步"按钮。

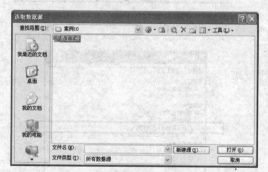

图 5.2 "选取数据源"对话框

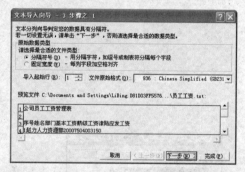

图 5.3 文本导入向导步骤之 1——确定原始数据类型

 因为一般文本文件中的列是用"Tab"键、逗号或空格键来分隔的，人力资源部在导出备用的"员工工资"时，也是以"CSV（逗号分隔）"类型保存，所以在这里选择"分隔符号"。

④ 选择"分隔符号"为"逗号"，其余默认，如图 5.4 所示，然后单击"下一步"按钮。

 文本中的数据长短不一，造成了数据间的分隔符号也有多有少，所以要选择"连续分隔符号视为单个处理"；否则，表格中就会出现许多的空单元格。

⑤ 可以对每一列单元格的格式进行定义。

第一列，我们将它视为一般数据，因此在"列数据格式"中选择"常规"，如图 5.5 所示。其他列也可以根据需要来设置列数据的格式。

⑥ 单击"完成"按钮，就完成了导入向导所引导的步骤，然后会弹出"导入数据"对话框，如图 5.6 所示，选择导入数据放置的位置，这里选择从现有工作表的 A1 单元格开始自动排列。

 数据处理的结果要在某工作表中放置，我们可以只选择开始的单元格，Excel 会自动根据来源数据区域的形状排列结果，而无须把结果区域全部选中，因为可能操作者也不知道结果会放置于哪些具体的单元格中。

⑦ 设置导入数据的属性。

单击"导入数据"对话框中的"属性"按钮，弹出"外部数据区域属性"对话框，这里我们选中"刷新控件"中的"打开工作簿时，自动刷新"，如图 5.7 所示。这样就完成了从文本文件到 Excel 文件的转换，单击"确定"按钮，回到工作表。

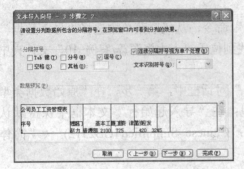

图 5.4　文本导入向导步骤之 2——选择分隔符号

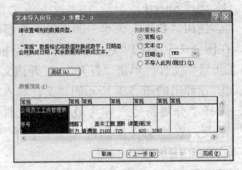

图 5.5　文本导入向导步骤之 3——设置每列格式

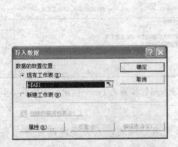

图 5.6　"导入数据"对话框

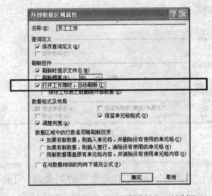

图 5.7　"外部数据区域属性"对话框

 提示

由于这里选择了"打开工作簿时，自动刷新"，因此在每次打开文件时，就会弹出图 5.8 所示的"查询刷新"提示对话框，用来选择启用或禁用自动刷新的功能。

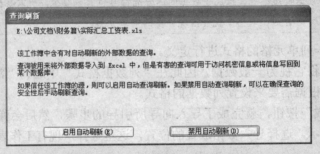

图 5.8　"查询刷新"对话框

若选择了"启用自动刷新"，则弹出图 5.9 所示的"导入文本文件"对话框，用来选择作为外部数据来源的文件，以确保是最新的数据源；若选择的是"禁用自动刷新"，则使用现有信息。

图 5.9 "导入文本文件"对话框用来选择文件

⑧ 调整好导入数据区域的行高、列宽后，再次保存，这个导入的数据表就可以使用了，如图 5.10 所示。

	A	B	C	D	E	F	G	H
1	公司员工工资管理表							
2								
3	序号	姓名	部门	基本工资	薪级工资	津贴	应发工资	
4	1	赵力	人力资源部	2100	725	420	3245	
5	2	桑南	人力资源部	840	450	168	1458	
6	3	陈可可	人力资源部	2380	820	476	3676	
7	4	刘光利	人力资源部	1260	625	252	2137	
8	5	钱新	财务部	1860	820	372	3052	
9	6	曾思杰	财务部	1750	725	350	2825	
10	7	李莫薷	财务部	910	450	182	1542	
11	8	周树家	行政部	1120	700	224	2044	
12	9	林帝	行政部	1400	780	280	2460	
13	10	柯娜	行政部	1330	625	266	2221	
14	11	司马勤	行政部	700	420	140	1260	
15	12	令狐克	行政部	740	420	148	1308	
16	13	幕容上	物流部	630	385	126	1141	
17	14	柏国力	物流部	1430	780	286	2496	
18	15	全泉	物流部	1120	625	224	1969	
19	16	文路南	物流部	1890	812	378	3080	
20	17	尔阿	物流部	1050	600	210	1860	
21	18	英冬	物流部	680	450	136	1266	
22	19	皮维	物流部	1120	625	224	1969	
23	20	段齐	物流部	1400	780	280	2460	
24	21	费乐	物流部	1120	625	224	1969	
25	22	高玲珑	物流部	910	450	182	1542	
26	23	黄信念	物流部	420	385	84	889	
27	24	江庹来	物流部	1960	812	392	3164	
28	25	王睿钦	市场部	2100	820	420	3340	
29	26	张梦	市场部	1050	625	210	1885	
30	27	夏蓝	市场部	910	450	182	1542	
31	28	白俊伟	市场部	1410	780	282	2472	
32	29	牛婷婷	市场部	2130	820	426	3376	
33	30	米思亮	市场部	3150	890	630	4670	

Sheet1 / Sheet2 / Sheet3

图 5.10 保存后的"实际汇总工资表.xls"文件

⑨ 将工作表"Sheet1"重命名为"1 月工资"，并保存文件。

小知识

① 我们除了可以导入 CSV（逗号分隔）的 Excel 类型之外，还可以导入其他格式的数据库文件到 Excel 表中，如文本文件、Access 数据库文件、网页、Lotus 1-2-3、dBase 文件、ODBC 数据源文件等。在 Excel 中使用"数据"菜单中的"导入外部数据"命令，从级联菜单中选择"导入数据"命令，在"选取数据源"对话框的"文件类型"中，可以看到有很多种数据类型允许导入 Excel 中，如图 5.11 所示。

② 获取的数据如果是 Excel 工作簿中的数据，可以用复制或链接数据来完成已有数据的获取。

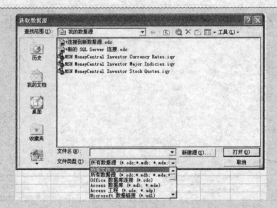

图 5.11   "获取数据源"对话框

如果数据跟以前没有关系，只在新工作表中使用，则可以选择"导入外部数据"或"复制"的方法实现，但如果有关数据会跟随原始表中数据的变化而更改，则建议使用"引用"或"链接"的方式实现。

（3）引用其他工作表的数据。

① 打开被引用的文件"其他项目工资表.xls"，其中包含两张工作表"每月固定扣款"和"1 月请假扣款"，如图 5.12 和图 5.13 所示。

序号	上年平均月工资	养老保险	失业保险	医疗保险	住房公积金	福利基金	每月固定扣款合计
1	2670	213.6	26.7	320.4	213.6	20	794.3
2	1200	96	12	144	96	20	368
3	3000	240	30	360	240	20	890
4	1701	136.08	17.01	204.12	136.08	20	513.29
5	2450	196	24.5	294	196	20	730.5
6	2280	182.4	22.8	273.6	182.4	20	681.2
7	1230	98.4	12.3	147.6	98.4	20	376.7
8	1590	127.2	15.9	190.8	127.2	20	481.1
9	1990	159.2	19.9	238.8	159.2	20	597.1
10	1800	144	18	216	144	20	542
11	1000	80	10	120	80	20	310
12	1024	81.92	10.24	122.88	81.92	20	316.96
13	889	71.12	8.89	106.68	71.12	20	277.81
14	1999	159.92	19.99	239.88	159.92	20	599.71
15	1540	123.2	15.4	184.8	123.2	20	466.6
16	2490	199.2	24.9	298.8	199.2	20	742.1
17	1509	120.72	15.09	181.08	120.72	20	457.61
18	990	79.2	9.9	118.8	79.2	20	307.1
19	1545	123.6	15.45	185.4	123.6	20	468.05
20	1940	155.2	19.4	232.8	155.2	20	582.6
21	1555	124.4	15.55	186.6	124.4	20	470.95
22	1300	104	13	156	104	20	397
23	790	63.2	7.9	94.8	63.2	20	249.1
24	2560	204.8	25.6	307.2	204.8	20	762.4
25	2750	220	27.5	330	220	20	817.5
26	1500	120	15	180	120	20	455
27	1200	96	12	144	96	20	368
28	1950	156	19.5	234	156	20	585.5
29	2800	224	28	336	224	20	832
30	3800	304	38	456	304	20	1122

图 5.12   "每月固定扣款"工作表

序号	非公假
1	0
2	0
3	0
4	0
5	0
6	10
7	0
8	0
9	0
10	0
11	0
12	0
13	0
14	0
15	0
16	0
17	0
18	0
19	0
20	0
21	0
22	0
23	0
24	0
25	0
26	0
27	0
28	0
29	50
30	0

图 5.13   "1 月请假扣款"工作表

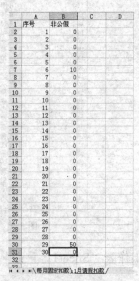

提示

从"每月固定扣款"工作表中可以看出，利源有限公司执行的"三险一金"的提取情况是：养老保险 8%、失业保险 1%、医疗保险 12%、住房公积金 8%，均以上年月平均工资作为基数计提，"每月固定扣款合计"是这几项加上"福利基金"的合计数，如序号为 1 的职工，其养老保险所在单元格 C2 的数值是公式"=B2*8%"的结果，每月固定扣款合计单元格 H2 的数值是公式"=SUM(C2:G2)"的结果。

国家相关法律法规规定，在企业针对职工工资的税前扣除项目中，包含"五险一金"，其中"五险"是指养老保险、失业保险、医疗保险、工伤保险、生育保险；"一金"是指住房公积金。例如科源有限公司执行表 5.1 所示的计提标准。

表 5.1　科源有限公司计提"五险一金"实际执行提取率对应表

	单位	个人
养老保险	20%	8%
失业保险	2%	1%
医疗保险	12%	2%
工伤保险	0.5%	0
生育保险	0.5%	0
住房公积金	8%	8%

对于"五险一金"，单位必须按规定比例向社会保险机构和住房公积金管理机构缴纳，计算时的基数一般是职工个人的上年度月平均工资。

个人只需按规定比例缴纳其中的养老保险、失业保险、医疗保险和住房公积金（一般俗称的"三险一金"）即可，个人应缴纳的费用由单位每月在发放个人工资前代扣代缴。

核算"三险一金"和考勤情况的表格一般由人力资源部提供。

② 回到"实际汇总工资表.xls"，在"应发工资"列后面增加几个工资项：每月固定扣款合计、非公假扣款、全月应纳税所得额、个人所得税、应扣工资、实发工资。选中第 3 行，利用"格式/单元格"命令，打开"单元格格式"对话框，切换到"对齐"选项卡，如图 5.14 所示，在其中选中文本控制的"自动换行"命令，"确定"后回到工作表，将各列宽度调整合适，表格效果如图 5.15 所示。

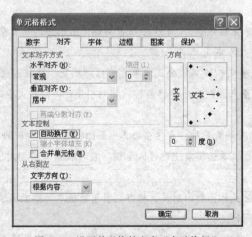

图 5.14　设置单元格的文本"自动换行"

③ 定位于需要放置"每月固定扣款合计"数据的单元格 H4，在其中先输入"="，再配合鼠标，切换到"其他项目工资表.xls"的"每月固定扣款"工资表，单击该员工该项金额所在的单元格 H2，如图 5.16 所示，这时可看到编辑栏中出现引用的工作簿工作表单元格的名称，确定无误后单击键盘上的【Enter】键或编辑栏的 ✓ 按扭确认公式，得到 H4 单元格的数据结果，如图 5.17 所示。

图 5.15　1 月工资计算时的所有工资项

图 5.16　选择其他工作簿工作表中的单元格

图 5.17　绝对引用其他工作簿中工作表的数据

　　引用其他文件的单元格数据时，Excel 将自动标记所引用的单元格为绝对引用，即在单元格的行号或列标前加上"$"符号。

　　如果这样的公式要向构造其他公式的单元格自动填充，往往需要取消绝对引用，变成可以根据粘贴方向自动调整来源数据单元格名称的相对引用，即将公式中的"$"去掉再执行自动填充功能。

　　去掉"$"符号的方法有两种：直接在公式中删除行号或列标前的"$"符号；将鼠标定位于引用的单元格，通过数次单击键盘上的【F4】键，在 4 种绝对或相对引用的状态间切换。

　　在 Excel 中使用公式和函数的时候，都存在引用数据单元格或区域来参加运算的问题，引用的类型可分为以下两种。

　　① 相对引用：当把公式复制到其他单元格中时，行或列的引用会改变，也就是说，代表行的数字和代表列的字母会根据实际的偏移量相应改变。

　　② 绝对引用：当把公式复制到其他单元格中时，行和列的引用不会改变。实现的方法是在不变的行号或列标前加上"$"符号。

　　④ 单击单元格 H4 后，在编辑栏单击"$H$2"，通过 3 次单击键盘上的【F4】键，将公式中的"$"符号全部去掉，如图 5.18 所示，然后使用自动填充功能填充区域 H5:H33。

| H4 | ▼ | _fx_ =[其他项目工资表.xls]每月固定扣款!H2 |

图 5.18 相对引用其他工作簿中工作表的数据

⑤ 以同样的方法实现利用"其他项目工资表"工作簿中"1 月请假扣款"工作表的"非公假"列数据对"非公假扣款"项目的填充。

可以直接将鼠标移至单元格 H4 的右下角，待变成黑色小十字时，双击即可自动向下填充连续的单元格。

（4）构造公式计算"全月应纳税所得额"。

① 为了计算的准确性，使用自动求和 Σ 命令，重新计算"应发工资"项并填充所有员工的该列数据。

由于"应发工资"是由前面的"导入外部数据"的操作导入到工作表中来的，其值不会保留原始表中的运算公式，只导入数值数据，无法达到计算目的，故这里重新针对它的来源数据做了求和计算。

② 单击第一个员工的"全月应纳税所得额"单元格 J4，在该单元格中直接输入"="，配合鼠标单击来源数据的单元格 G4、H4，使用键盘输入"-"号，以构造第一个员工的计算公式，如图 5.19 所示。

| PMT | ▼ | × | √ | _fx_ =G4-H4-2000 |

	A	B	C	D	E	F	G	H	I	J	K	L	M
1	公司员工工资管理表												
2													
3	序号	姓名	部门	基本工资	薪级工资	津贴	应发工资	每月固定扣款合计	非公假扣款	全月应纳税所得额	个人所得税	应扣工资	实发工资
4	1	赵力	人力资源部	2100	725	420	3245	794.3	0	=G4-H4-2000			
5	2	桑南	人力资源部	840	450	168	1458	368	0				

图 5.19 输入公式计算"初算应税工资"

个人所得税是在我国诸税种中占有一定比例的税源之一，按照我国《个人所得税法》规定，工资、薪金所得，以每月收入额减除费用 2 000 元后（2008 年 3 月 1 日前是 1 600 元）的余额，为应纳税所得额。

本案例中全月应纳税所得额=应发工资−每月固定扣款合计−2 000，故可以直接通过鼠标和键盘上的"−"、"+"、"（"和"）"键的输入来构造计算公式，多练习以熟练结合选择单元格和键盘输入符号来构造公式。一定要注意输入和单击的顺序，在没有最终确认公式准确时，一般不要单击【Enter】键。

③ 自动填充其他员工的该列数据。

（5）利用函数计算"全月应纳税所得额 1"。

① 在"全月应纳税所得额"列的右侧插入一个空列，用于容纳调整好的应纳税所得额，在单元格 K3 中输入该列的标题"全月应纳税所得额 1"。

② 单击第 1 个员工的"全月应纳税所得额 1"单元格 K4，单击编辑栏上的"插入函数"按钮 _fx_，在弹出的"插入函数"对话框中选择 IF 函数，如图 5.20 所示。

③ 在弹出的"函数参数"对话框中，输入或单击构造函数的 3 个参数，如图 5.21 所示，单击"确定"按钮，得到"全月应纳税所得额 1"，如图 5.22 所示。

图 5.20 在"插入函数"对话框中选择要使用的函数

图 5.21 构造函数参数

图 5.22 计算好的"全月应纳税所得额 1"

由于在计算个人所得税时，涉及的应纳税所得额有可能计算出负数，而负数是不需要缴税的，这里新增一列来做一个中间数据，以便下一步计算个人所得税时直接利用速算扣除数来计算。

构造函数参数的时候，可以直接输入，也可以配合鼠标单击引用的单元格加上键盘输入符号来完成。

由于实际应纳税所得额的结果有两种情况：若值大于 0 元，则为实际全月应纳税所得额，可直接按照税法规定计提个人所得税；若值小于等于 0 元，则实际全月应税工资为 0 元，可以不缴个人所得税。

在这里构造公式运算时，会根据某个计算的结果满足或不满足某条件，出现单元格产生两种返回结果的情况（满足条件则执行情况 1 的操作，否则执行情况 2 的操作），最适合用 IF 函数来构造。

IF 函数 3 个参数的含义如下。

• logical_test：逻辑条件式，若本式成立（满足），则函数返回 Value_if_true 位置的结果；否则返回 Value_if_false 位置的结果。

• Value_if_true：条件满足时返回的值。

• Value_if_false：条件不满足时返回的值。

例如，我们在单元格 Q4 中输入或构造公式：IF（G4=0，"零"，"非零"）。

这个函数的意义为：将单元格 G4 的内容取出，判断公式"G4=0"是否成立，若成立，则返回文字"零"；否则，返回文字"非零"。

所以，我们将在单元格 Q4 中看到"非零"，因为 G4 中的内容是"3150"，显然"3150 = 0"不成立，所以返回了"非零"。

这里，由于返回值是文本，所以用双引号括起来。如果返回值是数字、日期、公式的计算结果，则不需要任何符号。

这个公式的构造过程，要用鼠标和键盘配合实现，请注意鼠标的单击和键盘的灵活配合。

若未加入"全月应纳税所得额 1"列，也可以直接使用 3 层 IF 函数嵌套来实现 4 种个人所得税额的计算，步骤如下所述。

单击第 1 个员工的"个人所得税"单元格 K4，利用编辑栏上的"插入函数"按钮 ⨍ᵪ，在弹出的"插入函数"对话框中选择 IF 函数，根据公式构造函数的 3 个参数，并嵌套 4 层以实现不计税和 4 级累进的个人所得税的计算，公式如图 5.23 所示。这里只计算到全月应纳税所得额在 5 000 以内的情况，若还需超过，则可继续嵌套 IF 函数来实现。

图 5.23　"个人所得税"的计算

④ 自动填充其他员工的该列数据。

（6）计算"个人所得税"。

① 单击第 1 个员工的"个人所得税"单元格 L4，利用编辑栏上的"插入函数"按钮 ⨍ᵪ，弹出"插入函数"对话框。

② 从中选择 IF 函数，开始构造外层的 IF 函数参数，函数的前 2 个参数如图 5.24 所示，可以直接输入或用拾取按钮配合键盘构造。

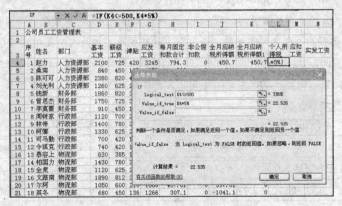

图 5.24　外层 IF 函数的前 2 个参数

③ 将鼠标停留在第 3 个参数"Value_if_false"处，再次单击编辑栏最左侧的 IF ▾ 按钮，即选择第 3 个参数为一个嵌套在本函数内的 IF 函数，这时弹出一个新的 IF 函数的"函数参数"对话框，如图 5.25 所示，用于构造内层 IF 函数。

④ 在其中输入 3 个参数，如图 5.26 所示，这时，就完成了两层 IF 函数的构造。

⑤ 单击"函数参数"对话框的"确定"按钮，就得到了单元格 L4 的结果，如图 5.27 所示。

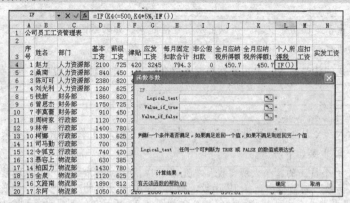

图5.25 内层IF函数的"函数参数"对话框

图5.26 内层IF函数的参数　　　图5.27 利用两层IF函数计算出的个人所得税

税法规定，个人所得税是采用超额累进税率进行计算的，将应纳税所得额分成不同级距并根据相应的税率来计算。扣除2 000元后的余额在500元以内的，按5%税率计算，500～2 000元的部分（如1 500元），按10%的税率计算。如某人工资扣除2 000元后的余额是1 200元，则税款计算方法为：500 * 5% + 700 * 10% = 95元。

而行业约定，个人所得税的计算，可以采用速算扣除法，将应纳税所得额直接按对应的税率来速算，但要扣除一个速算扣除数，否则会多计算税款。如某人工资扣除2 000元后的余额是1 200元，1 200元对应的税率是10%，则税款速算方法为：1 200 * 10%-25 = 95元。这里的25就是速算扣除数，因为1 200元中，有500元多计算了5%的税款，需要减去。不同税率所对应的速算扣除数如表5.2所示。

表5.2　　　　　　　个人所得税税率表（工资、薪金所得适用）

级数	全月应纳税所得额	税率（%）	速算扣除数
1	不超过500元的	5	0
2	超过500元至2 000元的部分	10	25
3	超过2 000元至5 000元的部分	15	125
4	超过5 000元至20 000元的部分	20	375
5	超过20 000元至40 000元的部分	25	1 375
6	超过40 000元至60 000元的部分	30	3 375
7	超过60 000元至80 000元的部分	35	6 375
8	超过80 000元至100 000元的部分	40	10 375
9	超过100 000元的部分	45	15 375

提示

本案例在这一步，只讨论应纳税所得额低于 5 000 的情况，故只需要分 2 层 IF 函数实现 3 种情况的计算，全月应纳税所得额的计算公式分别如下。

- 全月应纳税所得额 1 在 500 元以内的个人所得税税额为全月应纳税所得额 1×5% 。
- 全月应纳税所得额 1 在 500～2 000 元的个人所得税税额为全月应纳税所得额 1×10%−速算扣除数 25。
- 全月应纳税所得额 1 在 2 000～5 000 元的个人所得税税额为全月应纳税所得额 1×15%−速算扣除数 125。

即分三种情况，利用两层 IF 函数来构造，每层分两种情况，先由外层构造一个条件判断"全月应纳税所得额 1＜500"是否成立。如果成立，则个人所得税=全月应纳税所得额 1×5%；不成立（即全月应纳税所得额 1≥=500），再用内层的 IF 函数来判断"全月应纳税所得额 1＜2 000"是否成立。若成立，即 500＜=全月应纳税所得额 1＜2 000，则个人所得税=全月应纳税所得额 1×10%−25；否则，即全月应纳税所得额 1≥= 2 000，则个人所得税=全月应纳税所得额 1×15%−125。即应该构造这样的两层函数：

=IF(K4<=500,K4*5%,IF(K4<=2 000,K4*10%-25,K4*15%-125))。

小知识

① 函数嵌套时，要先构造外层，再构造内层，一定要明确公式的含义，并注意鼠标的灵活运用及观察清楚正在操作第几层，构造完成后再用【Enter】键或"确定"按钮确定公式。

例如，我们要在单元格 O4 中输入或构造公式：IF(G4<=1 000，"低"，IF(G4<=2 000，"中"，"高"）)。

在这个函数中，会将单元格 G4 中的内容取出，首先执行外层函数判断公式"G4<=1000"是否成立。若成立，则返回"低"；若不成立，则进入第二层的 IF 函数，判断公式"G4<=2000"是否成立。其实，这时隐含了完整的公式："1000＜G4＜=2000"，前半部分是因为外层的 IF 是不满足"G4<=1000"条件的，也就是"G4≥1000"，这时候与第二层的条件连起来，就是完整的条件了。若这个条件成立，则返回"中"；若不成立，即 G4＞2000 则返回"高"。

由于此时 G4 中的内容是"3150"，所以，我们在 O4 中将会看到"高"。

② Excel 中的函数最多可以嵌套 7 层。

我们在构造嵌套的函数时，必须一层一层考虑清楚条件和满足及不满足条件时返回值的书写，同时要注意每层函数结构的完整性，保证括号的成对出现和层次正确。

执行多层嵌套函数时，是按从左至右的顺序执行的。注意体会含义及分析执行过程和结果。

⑥ 自动填充其他人的该列数据。

（7）利用函数计算"应扣工资"。

① 单击第一个员工的"应扣工资"单元格 M4，利用工具栏上的 Σ ▾ 按钮，选择默认的"求和"，配合鼠标和键盘实现公式的构造，如图 5.28 所示。

图 5.28　"应扣工资"的计算

提示

由于应扣工资=每月固定扣款合计+非公假扣款+个人所得税，这些单元格并不都是连续区域的单元格，所以可以在选择函数的参数时，先拖动鼠标选择 H4:I4，再按住【Ctrl】键用鼠标单击不连续的L4，得到公式"=SUM(H4:I4,L4)"进行计算。

② 自动填充其他员工的该列数据。

（8）利用公式计算"实发工资"。

① 单击第 1 个员工的"实发工资"单元格 N4，输入"="，配合鼠标和键盘实现公式的构造，如图 5.29 所示。

	A	B	C	D	E	F	G	H	I	J	K	L	M	N	O
IF			▼ × √ ƒx	=G4-M4											
1	公司员工工资管理表														
2															
3	序号	姓名	部门	基本工资	薪级工资	津贴	应发工资	每月固定扣款合计	非公假扣款	全月应纳税所得额	全月应纳税所得额1	个人所得税	应扣工资	实发工资	
4	1	起力	人力资源部	2100	725	420	3245	794.3	0	450.7	450.7	22.54	817	=G4-M4	
5	2	桑南	人力资源部	840	450	168	1458	368	0	-910	0	0	368		

图 5.29 "实发工资"的计算

② 自动填充其他人的该列数据。

（9）格式化表格。

完成上述操作后，数据处理就完成了。参照图 5.1 对表格进行字体、框线、底纹等的设置，前面已经学习过相关操作，这里不再赘述。

（10）页面设置及预览。

提示

如果需要打印，可使用"打印预览"功能来查看效果之后实现打印。

如果版面不令人满意，应该做适当调整。可以利用"文件"菜单中的"页面设置"命令，在弹出的"页面设置"对话框中，进行"页面"、"页边距"、"页眉/页脚"和"工作表"的相关设置。

页面设置需要打印机支持，如果未安装打印机，则无法设置，需要先添加打印机。

① 纸张为横向的 A4 纸，打印质量为"3000 点/英寸"，如图 5.30 所示。

② 页边距分别为：上下 1.8，左右 1.5，页眉页脚距纸张边缘 1.3，如图 5.31 所示。

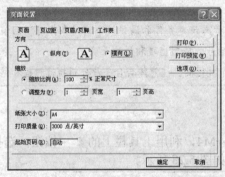

图 5.30 "页面设置"中的"页面"设置

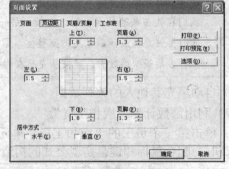

图 5.31 "页面设置"中的"页边距"设置

③ 定义页眉/页脚时，既可以使用内置的页眉或页脚，也可以对其进行自定义。这里我们在页眉的下拉列表中选择"第 1 页，共? 页"来制作页码和页数的内容，如图 5.32 所示；再单击"自定义页眉"按钮，弹出"页眉"对话框，进行更进一步的设置，如图 5.33 所示。

图 5.32　"页面设置"中的"页眉/页脚"设置

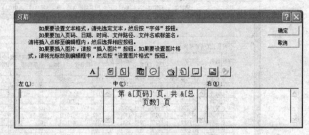

图 5.33　自定义页眉

④ 还可以在"工作表"选项卡中对工作表的打印进行更多的设置，如图 5.34 所示。

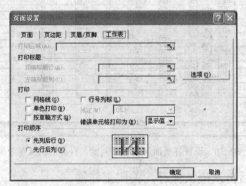

图 5.34　"页面设置"中的"工作表"设置

⑤ 设置好页面后，工作表中会出现虚线来提示页面，如图 5.35 所示，要调整行高和列宽以适应页面需要，调整好后的预览效果如图 5.36 所示。

序号	姓名	部门	基本工资	薪级工资	律贴	应发工资	每月固定扣款合计	非公假扣款	全月应纳税所得额	全月应纳税所得额1	个人所得税	应扣工资	实发工资
													公司员工工资管理表
1	赵力	人力资源部	2100	725	420	3245	794.3	0	450.7	450.7	22.535	816.835	2428.165
2	桑南	人力资源部	840	450	168	1458	368	0	-910	0	0	368	1090
3	陈可可	人力资源部	2380	820	476	3676	890	0	786	786	53.6	943.6	2732.4
4	刘光利	人力资源部	1260	625	252	2137	513.29	0	-376.29	0	0	513.29	1623.71
5	钱新	财务部	1860	820	372	3052	730.5	0	321.5	321.5	16.075	746.575	2305.425
6	曾思杰	财务部	1750	725	350	2825	681.2	10	143.8	143.8	7.19	698.39	2126.61
7	李莫蕾	财务部	910	450	182	1542	376.7	0	-834.7	0	0	376.7	1165.3
8	周树家	行政部	1120	700	224	2044	481.1	0	-437.1	0	0	481.1	1562.9
9	林希	行政部	1400	780	280	2460	597.1	0	-137.1	0	0	597.1	1862.9
10	柯娜	行政部	1330	625	266	2221	542	0	-321	0	0	542	1679
11	司马勤	行政部	700	420	140	1260	310	0	-1050	0	0	310	950
12	令狐克	行政部	740	420	148	1308	316.96	0	-1008.96	0	0	316.96	991.04
13	慕容上	物流部	630	385	126	1141	277.81	0	-1136.81	0	0	277.81	863.19
14	柏国力	物流部	1430	780	286	2496	599.71	0	-103.71	0	0	599.71	1896.29
15	全泉	物流部	1120	625	224	1969	466.6	0	-497.6	0	0	466.6	1502.4
16	文路南	物流部	1890	812	378	3080	742.1	0	337.9	337.9	16.895	758.995	2321.005
17	尔阿	物流部	1050	600	210	1860	457.61	0	-597.61	0	0	457.61	1402.39
18	英冬	物流部	680	450	136	1266	307.1	0	-1041.1	0	0	307.1	958.9
19	皮维	物流部	1120	625	224	1969	468.05	0	-499.05	0	0	468.05	1500.95
20	段齐	物流部	1400	780	280	2460	582.6	0	-122.6	0	0	582.6	1877.4
21	费乐	物流部	1120	625	224	1969	470.95	0	-501.95	0	0	470.95	1498.05
22	高玲珑	物流部	910	450	182	1542	397	0	-855	0	0	397	1145
23	黄信念	物流部	420	385	84	889	249.1	0	-1360.1	0	0	249.1	639.9
24	江虎来	物流部	1960	812	392	3164	762.4	0	401.6	401.6	20.08	782.48	2381.52
25	王睿钦	物流部	2100	820	420	3340	817.5	0	522.5	522.5	27.25	844.75	2495.25
26	张梦	市场部	1050	625	210	1885	455	0	-570	0	0	455	1430
27	夏蓝	市场部	910	450	182	1542	368	0	-826	0	0	368	1174
28	白俊伟	市场部	1410	780	282	2472	585.5	0	-113.5	0	0	585.5	1886.5
29	牛婷婷	市场部	2130	820	426	3376	832	50	544	544	29.4	911.4	2464.6
30	米思亮	市场部	3150	890	630	4670	1122	0	1548	1548	129.8	1251.8	3418.2

1月工资 / Sheet2 / Sheet3 /

图 5.35　设置好页面后的工作表

Microsoft Excel — 实际汇总工资表

[上一页] [下一页] [缩放(Z)...] [打印(T)...] [设置(S)...] [页边距(M)] [分页预览(V)] [关闭(C)] [帮助(H)]

第 1 页，共 1 页

公司员工工资管理表

序号	姓名	部门	基本工资	薪级工资	津贴	应发工资	每月固定扣款合计	非公假扣款	全月应纳税所得额	全月应纳税所得额1	个人所得税	应扣工资	实发工资
1	赵力	人力资源部	2100	725	420	3245	794.3	0	450.7	450.7	22.535	816.835	2428.165
2	桑南	人力资源部	840	450	168	1458	368	0	-910		0	368	1090
3	陈可可	人力资源部	2380	820	476	3676	890	0	786	786	53.6	943.6	2732.4
4	刘光利	人力资源部	1260	625	252	2137	513.29	0	-376.29		0	513.29	1623.71
5	钱新	财务部	1860	820	372	3052	730.5	0	321.5	321.5	16.075	746.575	2305.425
6	曾思杰	财务部	1750	725	350	2825	681.2	10	143.8	143.8	7.19	698.39	2126.61
7	李真蕾	财务部	910	450	182	1542	376.7	0	-834.7		0	376.7	1165.3
8	周树家	行政部	1120	700	224	2044	481.1	0	-437.1		0	481.1	1562.9
9	林帝	行政部	1400	780	280	2460	597.1	0	-137.1		0	597.1	1862.9
10	柯娜	行政部	1330	625	266	2221	542	0	-321		0	542	1679
11	司马勤	行政部	700	420	140	1260	310	0	-1050		0	310	950
12	令狐克	行政部	740	420	148	1308	316.96	0	-1008.96		0	316.96	991.04
13	慕容上	物流部	630	385	126	1141	277.81	0	-1136.81		0	277.81	863.19
14	柏国力	物流部	1430	780	286	2496	599.71	0	-103.71		0	599.71	1896.29
15	全勇	物流部	1120	625	224	1969	466.6	0	-497.6		0	466.6	1502.4
16	文路南	物流部	1890	812	378	3080	742.1	0	337.9	337.9	16.895	758.995	2321.005
17	尔阿	物流部	1050	600	210	1860	457.61	0	-597.61		0	457.61	1402.39
18	英冬	物流部	680	450	136	1266	307.1	0	-1041.1		0	307.1	958.9
19	皮维	物流部	1120	625	224	1969	468.05	0	-499.05		0	468.05	1500.95
20	段齐	物流部	1400	780	280	2460	582.6	0	-122.6		0	582.6	1877.4
21	费乐	物流部	1120	625	224	1969	470.95	0	-501.95		0	470.95	1498.05
22	高玲珑	物流部	910	450	182	1542	397	0	-855		0	397	1145
23	黄信念	物流部	420	385	84	889	249.1	0	-1360.1		0	249.1	639.9
24	江茂来	物流部	1960	812	392	3164	762.4	0	401.6	401.6	20.08	782.48	2381.52
25	王睿钦	市场部	2100	820	420	3340	817.5	0	522.5	522.5	27.25	844.75	2495.25
26	张梦	市场部	1050	625	210	1885	455	0	-570		0	455	1430
27	夏蓝	市场部	910	450	182	1542	368	0	-826		0	368	1174
28	白俊伟	市场部	1410	780	282	2472	585.5	0	-113.5		0	585.5	1886.5
29	牛明仔	市场部	2130	820	426	3376	832	50	544	544	29.4	911.4	2464.6
30	米思亮	市场部	3150	890	630	4670	1122	0	1548	1548	129.8	1251.8	3418.2

打印预览：第 1 页 共 1 页

图 5.36　设置好页面和调整好列宽、行高后的预览效果

（11）完成所有设置后再次确认保存，关闭工作簿。

【拓展案例】

1. 完善"员工档案"工作表，效果如图 5.37 所示。

Microsoft Excel — 案例1拓展案例.xls

文件(F) 编辑(E) 视图(V) 插入(I) 格式(O) 工具(T) 数据(D) 窗口(W) 帮助(H)

P2　=IF(O2<5,$Q$2,IF(O2<=10,$Q$2*2,IF(O2=20,$Q$2*3,$Q$2*4)))

序号	姓名	部门	职务	职称	学历	参加工作时间	年龄	性别	籍贯	出生日期	婚否	联系电话	基本工资	工龄	工龄奖金	奖金基数
1	赵力	人力资源部	统计	高级经济师	本科	1984-06-06	45	男	北京	1963-10-23	已婚	64000872	2000	23	200	50
2	桑南	人力资源部	统计	助理统计师	大专	1971-10-31	52	男	山东	1956-04-01	已婚	65034080	800	36	200	
3	陈可可	人力资源部	部长	高级经济师	硕士	1988-07-15	46	男	四川	1962-08-25	已婚	63035376	2300	19	150	
4	刘光利	人力资源部	科员	无	中专	1988-08-01	43	女	陕西	1965-07-13	已婚	64654756	1200	19	150	
5	钱新	财务部	财务总监	高级会计师	本科	1991-07-20	40	男	甘肃	1968-07-04	未婚	66018871	1800	16	150	
6	曾思杰	财务部	会计	会计师	本科	1987-05-16	41	女	南京	1967-09-10	已婚	66032221	1700	20	150	
7	李真蕾	财务部	出纳	助理会计师	本科	1989-06-10	42	男	河南	1966-12-15	已婚	69244765	900	18	150	
8	周树家	行政部	部长	工程师	本科	1985-12-07	43	男	山东	1965-09-13	已婚	68874344	1400	22	200	
9	林帝	行政部	副部长	经济师	本科	1986-09-05	47	男	北京	1965-10-16	已婚	65906005	1300	15	150	
10	柯娜	行政部	科员	无	中专	1992-09-11	40	男	河南	1973-08-09	已婚	65910600	1300	15	150	
11	司马勤快	行政部	科员	助理工程师	本科	1990-09-17	41	女	天津	1967-03-08	已婚	62175686	700	17	150	
12	令狐克	行政部	内勤	无	高中	2000-02-22	33	女	北京	1975-02-16	未婚	64366059	750	8	100	
13	慕容上	物流部	外勤	无	中专	2002-04-10	30	女	北京	1978-11-03	未婚	67225427	650	6	100	
14	柏国力	物流部	部长	高级工程师	硕士	1995-07-31	37	男	辽宁	1971-03-15	未婚	67017027	1400	12	150	
15	全清晰	物流部	工程师	工程师	本科	2001-08-14	31	男	四川	1966-09-07	已婚	63267813	1100	6	100	
16	文蕾念	物流部	项目主管	高级经济师	硕士	1985-03-17	42	男	四川	1966-07-16	已婚	65257851	1900	23	200	
17	尔阿	物流部	业务员	工程师	本科	1990-09-18	42	女	北京	1966-05-24	已婚	65761446	1100	9	100	
18	应一一	物流部	业务员	无	大专	1995-04-03	38	女	北京	1970-06-13	已婚	67624956	700	13	150	
19	皮未末	物流部	业务员	助理工程师	大专	1984-12-08	43	男	北京	1965-03-21	已婚	63021549	1100	23	200	
20	段齐	物流部	项目主管	工程师	本科	1997-05-06	33	女	北京	1975-04-09	已婚	64272883	1400	10	100	
21	费乐	物流部	项目监察	工程师	本科	2003-07-13	32	男	四川	1976-08-09	未婚	65922950	1100	4	50	
22	高玲珑	物流部	助理监察	助理经济师	本科	1992-11-21	36	女	北京	1972-11-30	已婚	65966501	900	15	150	
23	黄信念	物流部	内勤	无	初中	1983-12-15	48	女	陕西	1960-12-10	已婚	68190028	450	24	200	
24	江茂来	物流部	项目主管	项目经理	本科	1986-7-15	44	男	天津	1964-5-8	已婚	64581924	1900	21	200	
25	王睿钦	市场部	主管	经济师	本科	1990-7-6	40	男	重庆	1968-1-6	已婚	63661547	2100	17	150	
26	张白梦	市场部	内勤	高级经济师	本科	1992-8-9	38	女	四川	1969-07-23	已婚	65897823	1050	15	150	
27	夏蓝	市场部	业务员	无	高中	1996-12-10	30	女	湖南	1978-5-23	未婚	64789321	900	11	150	
28	白时笑	市场部	外勤	工程师	本科	1987-6-30	35	男	四川	1965-8-5	已婚	68794651	1400	20	200	
29	牛明白	市场部	主管	高级经济师	本科	1995-7-18	38	男	北京	1970-3-15	已婚	69712546	2100	12	150	
30	米思亮	市场部	部长	高级经济师	本科	1992-8-1	39	男	山东	1970-10-18	已婚	67584251	3100	15	150	

图 5.37　完成工龄及工龄工资计算后的效果

（1）将"员工人事档案和工资管理表.xls"中的工作表"员工档案"导出为文本文件"员工档案.txt"。

（2）在新建的 Excel 工作簿中导入"员工档案.txt"中的数据。

（3）增加两列"工龄"和"工龄奖金"，并完成"工龄"和"工龄奖金"的计算。

计算规则如下。

工龄为计算机系统的当前日期减去参加工作的日期后除以 365 再取整数。

奖金数由工龄的年份和奖金基数决定：若低于 5 年，则奖金为 1 倍基数；若为 5～10 年（含 10 年），则奖金为 2 倍基数；若为 10～20 年（含 20 年），则奖金为 3 倍基数；若高于 20 年，则奖金为 4 倍基数。

① 将数值向下取整为最接近的整数的函数是 int()；

② 单元格 P2 计算工龄奖金的公式为

=IF(O2<5,$Q$2,IF(O2<=10,$Q$2*2,IF(O2<=20,$Q$2*3,$Q$2*4)));

可分解成多列来分步计算，请注意两种方法的掌握和灵活运用。

2．自己设计完成。

（1）将 Excel 工作表中的数据导出为其他数据格式。

（2）向 Excel 中导入其他数据格式的外部数据。

（3）复杂公式的构造。

（4）其他常用函数的运用。

【拓展训练】

利用人力资源篇中"员工培训成绩表"，如图 2.108 所示，进一步统计各科最高成绩和合格人数，用"A、B、C、D、E"将平均分按 90～100、80～89、70～79、60～69、60 以下分段标志成绩等级，效果如图 5.38 所示。

员工编号	员工姓名	Word文字处理	Excel电子表格分析	PowerPoint幻灯片演示	平均分	结果	等级
0001	桑南	93	98	88	93	合格	A
0002	刘光利	90	80		85	合格	B
0003	李莫蕪	82	90		86	合格	B
0004	慕容上		88		88	合格	B
0005	尔阿	76	78		77	不合格	C
0006	英冬	70	70	88	76	不合格	C
0007	段齐	90	88		89	合格	B
0008	牛博博		90		90	合格	A
0009	黄信念	65	67		66	不合格	D
0010	皮堆		88	90	89	合格	B
0011	夏蓝			78	78	不合格	C
0012	费乐			90	90	合格	A
各科平均成绩		80.9	83.7	86.8	83.9		
各科最高成绩		93	98	90	93		
合格人数		8					

图 5.38　完成各成绩统计和等级标志后的效果

操作步骤如下。

（1）打开"员工培训成绩表"，如图 2.108 所示，并另存至"财务篇/案例 19"文件夹中。

（2）在 16 行、17 行添加填入"各科最高成绩"、"合格人数"的单元格，在 H 列添加填入"等级"的单元格。

（3）单击"Word 文字处理"的下方，填写"各科最高成绩"单元格 C16，利用函数 MAX，构造计算公式= MAX(C3:C14)，得到第一门的最高成绩。

（4）自动填充 D16:F16，得到各科的最高成绩。

（5）计算合格人数。

单击 C17，使用工具栏上的 按钮，在弹出的"插入函数"对话框中选择类别"统计"，如图 5.39 所示，选择 COUNTIF 函数，如图 5.40 所示，函数参数如图 5.41 所示，单击"确定"按钮，得到合格人数。

图 5.39 在"插入函数"中选择统计函数　　　　图 5.40 选择 COUNTIF 函数

（6）填充"等级"。

单击 H3，利用 IF 函数，构造公式：

=IF(F3>=90,"A",IF(F3>=80,"B",IF(F3>=70,"C",IF(F3>=60,"D","E"))))，得到等级，自动填充 H4:H14。

> 由于等级分为 5 种情况，故使用 4 层 IF 函数嵌套来完成，注意理解公式的含义。

（7）参照图 5.38 美化修饰表格。

使用格式刷先选取单元格 A15 的格式，应用于 A16 和 A17，如图 5.42 所示；同时选中 C16:F16、C17 和 H2:H14 区域，一次性地将它们的边框设置为所有框线的内框和粗匣框线的外框线，如图 5.43 所示；同样还是这个区域，一次性设置单元格对齐为居中。

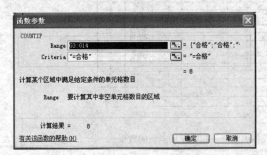

图 5.41 设置函数参数

图 5.42 复制格式

（8）可进行合理的页面设置，如纸张为横向 A4，预览表格的效果如图 5.44 所示。完成后保存并关闭工作簿。

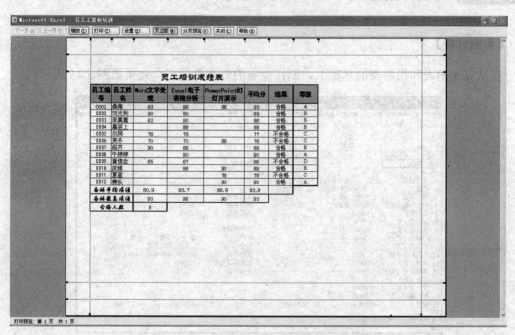

图 5.43 一次性为不连续区域设置框线

图 5.44 预览效果

【案例小结】

本案例中，我们通过核算每个员工的"实发工资"，并设置打印前的版面，介绍了在 Excel 中以多种方式（复制、引用、导入）使用本工作簿或其他工作簿的工作表中的数据，通过 IF 函数的使用和嵌套实现二选一或多选一结果的构造，对已有的表进行打印前的相关设置（页面的设置、页眉/页脚的加入、打印方向等）以使最后打印的表格更加美观。

IF 函数的使用是本案例的学习重点，它的含义、构造、结果等都应该在使用者清醒地控制下完成，这里需要一些逻辑思维的能力。而除了单纯的 IF 函数之外，Excel 还提供了如 AND、NOT 等逻辑函数，如 COUNTIF 等统计函数，使用者需要仔细理解它们的含义后灵

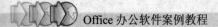

活地使用，以更好地应用 Excel 的强大功能。

📖 **学习总结**

本案例所用软件	
案例中包含的知识和技能	
你已熟知或掌握的知识和技能	
你认为还有哪些知识或技能需要进行强化	
案例中可可使用的 Office 技巧	
学习本案例之后的体会	

案例2 资产负债表——财务报表的制作

【案例分析】

在试算平衡表和损益表的基础上，制作企业的资产负债表，效果如图 5.45 所示。

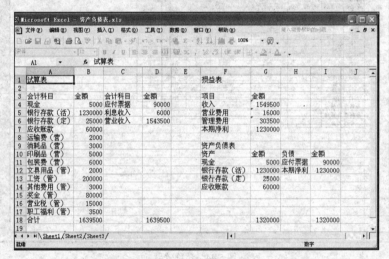

图 5.45　资产负债表

【解决方案】

（1）启动 Excel，输入试算平衡表的表头，如图 5.46 所示。

（2）输入各个会计科目的数据，如图 5.47 所示。

（3）计算"合计"。分别在 B18 和 D18 中计算借方合计和贷方合计，如图 5.48 所示。

　　　　　这时，借方和贷方的合计应该是相等的，如果不相等，应该排查错误。

（4）建立损益表表头，如图 5.49 所示。

（5）计算损益表的"收入"，即单元格 G4 的公式为"= SUM(D5：D6)"。

图 5.46　试算表表头

图 5.47　输入金额数据后的试算表

图 5.48　计算借方合计和贷方合计

图 5.49　损益表表头

提示　收入包括利息收入和营业收入两部分。

（6）计算"营业费用"，即单元格 G5 的值为试算表中会计科目中有"（营）"字的项目的和。

（7）计算"管理费用"，即单元格 G6 的值为试算表中会计科目中有"（管）"字的项目的和。

（8）计算"本期净利"，即在单元格 G7 中构造公式"=G4-G5-G6"，结果如图 5.50 所示。

提示　本期净利=收入–营业费用–管理费用。

	A	B	C	D	E	F	G	H
1	试算表					损益表		
2								
3	会计科目	金额	会计科目	金额		项目	金额	
4	现金	5000	应付票据	90000		收入	1549500	
5	银行存款（活）	1230000	利息收入	6000		营业费用	16000	
6	银行存款（定）	25000	营业收入	1543500		管理费用	303500	
7	应收账款	60000				本期净利	1230000	
8	运输费（营）	2000						
9	消耗品（营）	3000						
10	印刷费（营）	5000						
11	包装费（营）	6000						
12	文具用品（营）	2000						
13	工资（管）	200000						
14	其他费用（管）	3000						
15	奖金（管）	80000						
16	营业税（管）	15000						
17	职工福利（管）	3500						
18	合计	1639500		1639500				

图 5.50　计算完成的损益表

（9）建立资产负债表的表头，如图 5.51 所示。

	A	B	C	D	E	F	G	H	I
1	试算表					损益表			
2									
3	会计科目	金额	会计科目	金额		项目	金额		
4	现金	5000	应付票据	90000		收入	1549500		
5	银行存款（活）	1230000	利息收入	6000		营业费用	16000		
6	银行存款（定）	25000	营业收入	1543500		管理费用	303500		
7	应收账款	60000				本期净利	1230000		
8	运输费（营）	2000							
9	消耗品（营）	3000				资产负债表			
10	印刷品（营）	5000				资产	金额	负债	金额
11	包装费（营）	6000				现金		应付票据	
12	文具用品（管）	2000				银行存款（活）		本期净利	
13	工资（管）	200000				银行存款（定）			
14	其他费用（管）	3000				应收账款			
15	奖金（管）	80000							
16	营业税（管）	15000							
17	职工福利（管）	3500							
18	合计	1639500		1639500					

图 5.51 输入资产负债表的表头

（10）引用数据。

资产负债表中的相关科目是来源于试算表和损益表的，所以可以利用"="配合鼠标的单击来实现数据的引用。

提示 引用单元格的数据值，也可以通过复制源数据后，在目标数据单元格处粘贴时，单击单元格右侧出现的"粘贴选项"按钮，从中选择"链接单元格"命令来实现，如图 5.52 所示，效果与上述引用单元格的方法一样。

图 5.52 利用"粘贴选项"来实现链接单元格数据

（11）计算借方和贷方的合计，如果平衡，则数据正确，如图 5.45 所示。

（12）当然，各类企业的报表，也可以利用"模板"中已有的"电子方案表格"来创建。

① 利用"视图"菜单，打开图 5.53 所示的"任务窗格"，选择"根据模板新建"下的"通用模板…"命令，调出"模板"对话框，使用"电子方案表格"选项卡中的各个模板来构造，如图 5.54 所示。

② 选择"商品流通企业财务报表"来构造一组该类企业中使用到的报表，如图 5.55 所示，我们只需要在每个具体项目中填入发生的金额，相关计算即可由 Excel 自动完成。

图 5.53 任务窗格

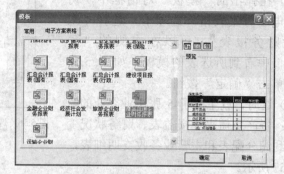

图 5.54 模板中的"电子方案表格"

图 5.55 利用模板生成的商品流通企业的一组财务报表

【拓展案例】

（1）各行业企业财务报表，可利用公式等来支持试算平衡表、资产负债表、现金流量表、损益表等财务报表的制作。

（2）可利用向导来完成相关报表的制作。

【拓展训练】

利用模板构造工业企业的财务状况变动表。

操作步骤如下。

（1）打开 Excel 2003，利用"文件"菜单中的"新建"命令，在弹出的任务窗格中选择"根据模板新建"下的"通用模板…"。

（2）在弹出的"模板"对话框中，切换到"电子方案表格"选项卡，选择"工业企业财务报表"，可以在右侧的"预览"窗口中看到所选表的模板，如图 5.56 所示，单击"确定"按钮。

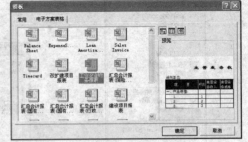

图 5.56　选择"工业企业财务报表"后的"模板"对话框

（3）这时，就生成了 5 张工业企业的财务报表：资产负债表、损益表、财务状况变动表、利润分配表和主营业务收支明细表，如图 5.57 所示。

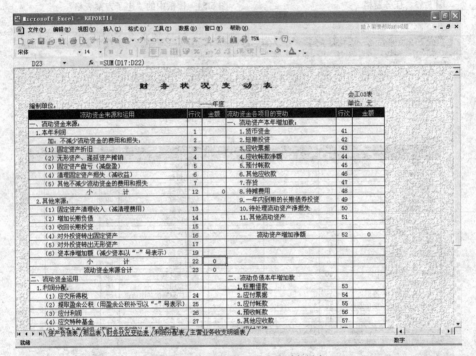

图 5.57　生成的 5 张工业企业财务报表

（4）删除资产负债表、损益表、利润分配表和主营业务收支明细表，只留下财务状况变动表，保存文件为"工业企业财务状况变动表.xls"。

　　　在删除其他工作表时，会弹出图 5.58 所示的提示对话框，单击"确定"按钮，可以永久删除这些工作表，并且无法恢复。

图 5.58　提示永久删除工作表的对话框

（5）在财务状况变动表中，就可以输入企业数据来进行核算。

在中间的数据区域输入数据时，没有任何阻碍就可以实现。但是，如果要在有黄色底纹和数据区域之外的单元格中修改数据，就会弹出图 5.59 所示的提示对话框。

这是因为这些单元格中有做好的计算公式或特殊的格式设置，所以需要保护起来以防不小心被修改。

如果真的需要修改这些单元格里的内容，则可以使用"工具"菜单中的"撤销工作表保护"命令，取消保护。如果当初在保护工作表时，设置了密码，这时必须输入正确的密码才能实现，否则无法撤销保护。

图 5.59　试图修改被保护单元格时弹出的提示对话框

【案例小结】

通过制作公司的"资产负债表"，可以学会利用试算平衡等方法来协助制作资产负债表。在 Excel 中，除了直接输入之外，还可以利用模板来生成所在行业企业的各类标准报表，再根据各个企业的自身特点进行修改和完善。

📖 学习总结

本案例所用软件	
案例中包含的知识和技能	
你已熟知或掌握的知识和技能	
你认为还有哪些知识或技能需要进行强化	
案例中可使用的 Office 技巧	
学习本案例之后的体会	

案例 3　模拟运算表——公司贷款及预算

【案例分析】

Excel 中的模拟运算表主要用来考查一个或两个重要决策变量的变动对于分析结果的影响，而一些复杂的计划安排，常常需要考查更多的因素。例如，为了达到公司的预算目标，可以从多种途径入手，如增加广告促销、提高价格增收、降低包装和材料等费用、减少非生产开支等来达到目的。

本案例针对公司购进一批设备，要向银行贷款￥250 000 元，分 15 年还清的情况，查看公司每月偿还贷款的金额，并查看在不同利率下每月的应还贷款额，如图 5.60 所示。

进一步查看不同贷款利率、不同的偿还年限（偿还年限分别为 10 年、15 年、20 年、30 年、40 年）下所对应的每月应还贷款金额，效果如图 5.61 所示。

图 5.60　不同利率下每月应还贷款额　　　图 5.61　查看不同贷款利率、不同的偿还年限下所对应的每月应还贷款金额

①利用 Excel 提供的多种财务函数，可以有效地计算财务相关数据。

②利用 Excel 提供的方案管理器，可以进行更复杂的分析，模拟为达到预算目标选择不同方式的大致结果。每种方式的结果都被称为一个方案，根据多个方案的对比分析，可以考查不同方案的优势，从中选择最适合公司目标的方案。

【解决方案】

（1）在 Excel 中输入建立模拟运算表的初步结构，如图 5.62 所示，保存文件为"银行贷款.xls"。

（2）求不同利率下的每月应还贷款额——进行"贷款利率"值变化的单变量模拟运算。

① 在单元格 B4 中，利用财务函数 PMT 来计算"月支付额"，PMT 函数的参数如图 5.63 所示。

图 5.62　模拟运算表的初步结构　　　　图 5.63　PMT 函数的各个参数

① Excel 中的财务分析函数，可以解决很多专业的财务问题，如投资函数，可以解决投资分析方面的相关计算，包含 PMT、PPMT、PV、FV、XNPV、NPV、IMPT、NPER 等；折旧函数，可以解决累计折旧的相关计算，包含 DB、DDB、SLN、SYD、VDB 等；计算偿还率的函数，可以计算投资的

偿还率数据，包含 RATE、IRR、MIRR 等；债券分析函数，可以进行各种类型的债券分析，包含 DOLLAR/RMB、DOLARDE、DOLLARFR 等。

② PMT 函数可以用于计算在固定利率下，贷款的等额分期偿还额。它有以下 5 个参数。

- Rate：各期利率（年利率）。
- Nper：总投资期或贷款期，即该项投资或贷款的付款期总数（年）。
- Pv：从该项投资（或贷款）开始计算时已经入账的款项，或一系列未来付款当前值的累积和。
- Fv：未来值，或在最后一次付款后可以获得的现金余额。如果忽略，则认为此值为 0。
- Type：逻辑值 0 或 1，用以指定付款时间在期初还是期末。如果为 1，付款在期初；如果为 0 或忽略，付款在期末。

提示

PMT 函数中的第一个参数利率用到了 A4 中的数据，而 A4 中没有任何数据，它是怎样计算函数的值呢？这就是模拟运算的特点，A4 为输入单元格，就是其值不定，要用其他单元格的值来代替的单元格，也就是将其他单元格中的值输入到 A4 单元格中。而到底是哪些单元格的值会输入到 A4 中呢？这就需要使用到模拟运算表来完成计算了，也就是在模拟预算表的对话框中，所选择的区域内除了最左上角的单元格之外的最顶端的行或最左侧的列中的数据，如本案例中的 A5:A11 是最左侧的列，它们的数值会一一进入 A4 参与 PMT 公式的运算，得到的结果会排列在 B5:B11 中。

请仔细体会这里的意思。

② 选择包括公式和需要被替换数值的单元格区域 A4:B11，这部分区域就是所谓的模拟运算表。

③ 使用"数据"菜单中的"模拟运算表"命令，弹出"模拟运算表"对话框，这里值变化的数据是在列方向的 A5:A11 贷款利率，故在"输入引用列的单元格"处单击后用鼠标选择单元格 A4，对话框中会自动填列绝对引用$A$4，如图 5.64 所示。

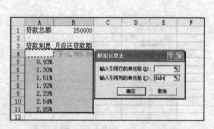

图 5.64　选择作为列变量的单元格

小知识

① 模拟运算表，用以显示一个或多个公式中一个或多个（两个）影响因素替换为不同值时的结果。

一般分为单变量模拟运算表和双变量模拟运算表两种。

单变量模拟运算表为用户提供查看一个变化因素改变为不同值时对一个或多个公式的结果的影响；双变量模拟运算表为用户提供查看两个变化因素改变为不同值时对一个或多个公式的结果的影响。

② Excel 模拟运算表对话框中有两个编辑对话框，一个是"输入引用行的单元格（R）"，一个是"输入引用列的单元格（C）"。若影响因素只有一个，即单变量模拟运算表，则只需要填列其中的一个，如果模拟运算表是以行方式建立的，则填写"输入引用行的单元格（R）"。而在本例中，模拟运算表是以列的方式建立的，所以在"输入引用列的单元格（C）"中填写前面所说的输入单元格$A$4。若为双变量模拟运算表，则两个单元格均

需填入。

③ 模拟运算表的工作原理如下：在 B4 中的公式是 "=PMT（A4/12，15*12，C1）"，即每期支付的贷款利息是 A4/12，因为是按月支付，所以用年利息除以 12；支付贷款的总期数是 15 年 × 12 个月；贷款金额是 250 000。

由于在 A4 中没有值，Excel 用 0 代替，即在 B4 中计算的是利息为 0 的每期还贷金额。当计算 B5 时，Excel 将把单元格 A5 中的值输入到公式中的单元格 A4；当计算 B6 时，Excel 将把单元格 A6 中的值输入到 A4 中……如此下去，直到模拟运算表中的所有值都计算出来。

④ 在公式中输入单元格是任取的，它可以是工作表中的任意空白单元格。事实上，它只是一种形式，因为它的取值来源于输入行或输入列。

④ 单击"确定"按钮后，得到模拟运算表的结果，如图 5.60 所示，此时即可查看不同利率下的月应还贷款额。

（3）计算针对不同贷款利率、不同偿还年限的每月应还贷款金额——双变量模拟运算。

① 在另外一张工作表中，输入贷款利息和偿还年限的数据，如图 5.65 所示。

② 在行和列的交叉处单元格 A4 中，利用 PMT 函数构造等额分期偿还额的计算公式，如图 5.66 所示。

图 5.65　输入数据

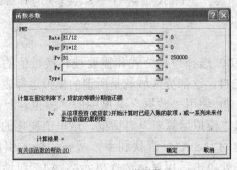

图 5.66　PMT 函数的构造

① 在单元格 A4 中输入公式后，将会出现被 0 除的错误信息：#DIV/0!，如图 5.67 所示，但这个错误不会影响运算表的计算，因为现在还没有任何具体的数据进入计算，Excel 用 0 来参加运算，导致出现分母为 0 的错误，执行模拟运算表后，会有具体的值参加运算，从而不会再出现这个错误提示。

② 所谓双模拟变量，是指公式中有两个变量。本例中，E1 作为年利率的变量，它的取值来源于利率列的单元格区域 A5:A11；F1 作为偿还年限的变量，它的取值来源于偿还年限所在行的单元格区域 B4:F4。

③ 选中模拟运算表的单元格区域 A4:F11，使用"数据"菜单中的"模拟运算表"命令，弹出"模拟运算表"对话框，这里值变化的数据是在行方向的 B4:F4 的贷款年限，将依次填入公式中的 Nper 参数处，故在"输入引用行的单元格"处用鼠标选择单元格 F1，"模拟预算表"对话框中自动填列绝对引用$F$1；同时在列方向的 A5:A11 的贷款利率也会变化，将依次填入公式中的 Rate 参数处，故在"输入引用列单元格"处用鼠标选择单元格 E1，对话框中自动填列绝对引用$E$1，如图 5.68 所示。

图 5.67　利用 PMT 函数计算的结果　　　　　图 5.68　双变量模拟运算表所填列的引用单元格

④ 利用双变量模拟运算表最后计算的结果，如图 5.61 所示，可以更进一步查看针对不同贷款利率、不同偿还年限（偿还年限分别为 10 年、15 年、20 年、30 年、40 年）所对应的每月应还贷款金额。

【拓展案例】

公司想贷款 1 000 万元，用于建立一个新的现代化仓库，贷款利息为每年 8%，期限为 25 年，它每月的支付额是多少？假设有多种不同的利息、不同的贷款年限可供选择，用双模拟变量进行求解，计算出各种情况的每月支付额。

进行分析的利息情况有 5%、7%、9%、11%，对应的贷款年限分别为 10 年、15 年、20 年、30 年。

效果如图 5.69 所示。

图 5.69　模拟运算结果

【拓展训练】

公司要分析一种商品的获利情况，按照货物进货成本的 10%～40%加价卖出，获得的毛利计算公式为：毛利=进货成本×加价百分比×销售数量−销售费用。

我们可以利用改变加价百分比值的方法来查看其对毛利的影响，下面我们用两种方法来完成此分析，得到列模拟运算表和行模拟运算表，如图 5.70 和图 5.71 所示。

如果我们除了加价百分比之外，还想知道销售数量对结果的影响，那么这时我们就用到了双变量模拟运算表，结果如图 5.72 所示。

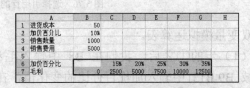

图 5.70　列单变量模拟运算的结果　　　　　图 5.71　行单变量模拟运算的结果

操作步骤如下。

（1）制作列单变量模拟运算表。

① 为数据区域指定名称。

在数据表中的 A1:B4 区域录入数据后，选中这个区域，然后使用"插入"菜单中的"指定"命令，如图 5.73 所示。在弹出的"指定名称"对话框中，选择"最左列"，单击"确定"按钮完成对区域的命名，如图 5.74 所示。

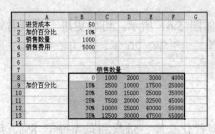

图 5.72　双变量模拟运算的结果

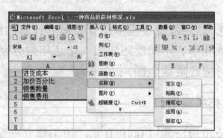

图 5.73　使用"指定"功能

图 5.74　为区域指定名称

图 5.75　选择列数据单元格

② 在 B8 处输入计算毛利的公式："=进货成本×加价百分比×销售数量–销售费用"，在它的左下方的单元格即 A9:A13 中输入加价百分比的变化值。

③ 选取单元格区域 A8:B13，使用"数据"菜单中的"模拟运算表"命令，出现图 5.75所示的对话框，单击"输入引用列的单元格"右侧的拾取按钮，选择 B2 作为该选择的单元格，单击"确定"按钮，得到图 5.70 所示的列模拟运算表。

（2）行模拟运算表。

仿照列模拟运算表，我们只需要将数据以行的方式来排列就可以了。即在弹出的图 5.75所示的"模拟运算表"对话框中，拾取引用行的单元格即可，如图 5.76 所示，结果如图5.71 所示。

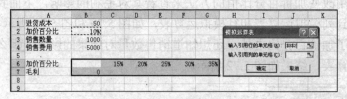

图 5.76　选择引用行的单元格

（3）双变量模拟运算表。

在第（1）步的①之后，我们在 B8 中输入毛利的计算公式，在此单元格下方（列方向）的区域 B9:B13 中输入加价百分比的变化值，在此单元格右方（行方向）的区域 C8:F8中输入销售数量的变化值，选中 B8:F13 作为双变量模拟运算表的区域范围后，利用"数据"菜单中的"模拟运算表"命令，在"模拟运算表"对话框中的"输入引用行的单元格"框中输入 B3，在"输入引用列的单元格"框中输入 B2，单击"确定"按钮，生成的双变量模拟运算表如图 5.72 所示。

【案例小结】

　　本案例通过制作"银行贷款"和"分析一种商品的获利情况"，介绍了 Excel 中的财务函数 PMT、模拟运算、单变量（行模拟运算表\列模拟运算表）模拟运算表、双变量模拟运算表等内容。

　　这些函数和运算，都可以用来解决当变量不是唯一的一个值而是一组值时所得到的一组结果，或变量为多个，即多组值甚至多个变化因素时对结果产生的影响。我们可以直接利用 Excel 中的这些函数和方法实现数据分析，为企业管理提供准确详细的数据依据。

　　📖 学习总结

本案例所用软件	
案例中包含的知识和技能	
你已熟知或掌握的知识和技能	
你认为还有哪些知识或技能需要进行强化	
案例中可使用的 Office 技巧	
学习本案例之后的体会	

1.【Shift】键在 Word 文档编辑中的妙用

（1）【Shift】+【Delete】组合键 = 剪切。当选中一段文字后，按住【Shift】键并按【Delete】键就相当于执行了剪切命令，所选的文字会被直接复制到剪贴板中，非常方便。

（2）【Shift】+【Insert】组合键 = 粘贴。这条命令正好与上一个剪切命令相对应，按住【Shift】键并按【Insert】键时就相当于执行了粘贴命令，保存在剪贴板里的最新内容会被直接复制到当前光标处，与上面的剪切命令配合，可以大大加快文章的编辑效率。

（3）【Shift】+ "保存" 命令 = 全部保存。在按住【Shift】键的情况下单击 "文件" 菜单，会发现原来的 "保存" 命令变成了 "全部保存" 命令，而它的作用也就是快速保存当前所有打开的 Word 文档。

（4）【Shift】+ "关闭" 命令 = 全部关闭。有了 "全部保存"，自然还要有 "全部关闭"，操作方法仍然同上，按住【Shift】键后再单击 "文件" 菜单，原来的 "关闭" 命令也就会变成 "全部关闭" 命令。

（5）【Shift】+鼠标 = 准确选择大块文字。有时可能要选择大段的文字，通常的方法就是直接使用鼠标拖动选取，但这种方法一般只对小段文字方便，如果想选取一些跨页的大段文字的话，经常会出现鼠标走过头的情况，尤其是新手，很难把握鼠标行进的速度。此时，只要先用鼠标左键在要选择文字的开头单击一下，然后再按住【Shift】键，单击要选择文字的最末尾，这时，两次单击之间的所有文字就会被马上选中。

2. 在 Word 中快速输入大写中文数字

在财务报表或报告中的一些数字，按中国人的习惯，通常要用大写的格式来表示。我们可以先快速地输入阿拉伯数字，然后将其转换成大写格式：选中输入的阿拉伯数字（如 987654），执行 "插入→数字" 命令，打开 "数字" 对话框（如图附录 1.1 所示），选中"数字类型" 下面的 "壹，贰，叁…"（或 "一，二，三…"）选项，单击 "确定" 按钮返回，则相应的阿拉伯数字即可转换成大写数字

图附录 1.1 "数字" 对话框

（如 "玖拾捌万柒仟陆佰伍拾肆" 或者 "九十八万七千六百五十四"）。注意：这种转换不支持带小数的数值（带小数的数字仅转换整数部分）。

3. 在 Word 中输入商标等符号的快捷键

在 Word 中，我们可以通过下列组合键来输入一些特殊的符号。

（1）按【Alt】+【Ctrl】+【C】组合键即可输入"版权符号"。

（2）按【Alt】+【Ctrl】+【R】组合键即可输入"注册符号"。

（3）按【Alt】+【Ctrl】+【T】组合键即可输入"商标符号"。

（4）按【Alt】+【Ctrl】+【E】组合键即可输入欧元符号。

（5）按【Shift】+【Alt】+【Ctrl】+【?】组合键即可输入上下颠倒的"?"号。

按下"Alt+128（小键盘上的数字）"组合键，也可以输入欧元符号。

4．利用边框和底纹在 Word 中制作整行横线

在使用 Word 的过程中，经常会需要在文档中划出整行的横线。通常可采用以下几种方法。

（1）根据需要按下大量的空格键，然后给这些空格设置下划线。

（2）直接用绘图工具画出直线。

（3）在需要制作横线处，连续按下回车键，需要几行就按几个。选定连续的回车符，单击"格式/边框和底纹…"命令，出现"边框和底纹"对话框，在"设置"中选择"自定义"，再选择合适的线型、颜色、宽度，去掉左、右和中间以及上边线，下方的"应用于"选择"段落"，单击"确定"按钮即可。

5．上下标在字符后同时出现的输入技巧

有时我们想同时为一个前导字符输入上、下标，如 S_{10}^n（n 为上标、10 为下标），如果采取通常的做法，既麻烦又不美观统一（上、下标上下不能对齐）。而利用"双行合一"功能就可以解决这个问题。

先输入"Sn10"，然后选中"n10"，再执行"格式→中文版式→双行合一"命令，打开"双行合一"对话框，如图附录 1.2 所示，在 n 与 10 之间加入一个空格，从"预览"窗口中观察一下，符合要求后，单击"确定"按钮即可。

6．在 Word 表格中加入下拉列表，方便录入重复数据

在用 Word 制作表格时，对于需重复录入的内容，可以为 Word 表格制作一个下拉列表，只要用鼠标单击所需的选项，即可轻松完成录入。如制作一份人事表，在这个表格中，部门、职称、学历和级别等几项内容是需要重复输入的，我们利用 Word 提供的下拉型窗体域即可轻松实现表格内容的选择录入，如图附录 1.3 所示。具体设置步骤如下。

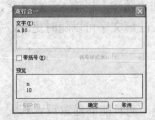

图附录 1.2 "双行合一"对话框

姓名	性别	职务	职称	学历
赵力	男	统计	高级经济师	本科
钱新	男	财务总监	高级会计师	本科
周树家	女	部长	工程师	本科
林帝	男	副部长	会计师	本科
柏国力	男	部长	经济师	硕士
全清晰	女	项目监察	工程师	本科

图附录 1.3 插入"下拉型窗体域"

（1）首先在 Word 中根据需要设计好表格，将固定不变的内容输入到表格中。

（2）将鼠标移到指定位置（例如"职称"下面的单元格），单击"视图→工具栏→窗体"命令，弹出"窗体"工具栏，单击"下拉型窗体域"按钮。

提示　单元格中插入窗体域后，会显示出灰色底纹，在按下"窗体域底纹"按钮时会显示阴影。该窗体域底纹只在屏幕上显示，用于提醒用户该域的具体位置，这些效果并不会被打印出来。

（3）双击单元格中的窗体域底纹，弹出"下拉型窗体域选项"对话框，如图附录 1.4 所示。在"下拉项"文本框内输入需要添加的第一个列表项，并单击"添加"按钮进行添加。依次输入其余列表项，待所有列表项添加完毕后，可以通过"▲"、"▼"方向按钮改变列表项的排列顺序。

（4）勾选"启用下拉列表"复选框，单击"确定"按钮，完成一个单元格的下拉型窗体域的设置。

（5）在完成所有下拉型窗体域的插入之后，单击"窗体"工具栏上的锁状"保护窗体"按钮（这样除了含有窗体域的单元格外，表格的其他地方都无法进行修改），在需要录入同一内容的任一窗体域单元格上单击鼠标，再单击其右侧出现的三角图标，从弹出的下拉列表中选择需要录入的内容即可。全部选择好后，再次单击"保护窗体"按钮解除锁定。

图附录 1.4　"下拉型窗体域选项"对话框

7．去除默认的输入法

单击"工具"→"选项"菜单，打开选项窗口，单击其中的"编辑"选项卡，去除最下面的"输入法控制处于活动状态"前的勾，单击"确定"按钮。重新启动 Word 后，就会发现微软拼音不再一起启动。

8．快速显示文档中的图片

如果一篇 Word 文档中有好多图片，打开后显示会比较慢。但我们打开文档时，如果快速单击"打印预览"按钮，图片就会立刻清晰地显示出来，然后关闭打印预览窗口，所有插入的图片都会快速显示出来。

9．给图片添加注解文字

选定要添加注解的图片，单击鼠标右键，在快捷功能菜单中选"题注"，以打开题注窗口；然后在"标签"栏选择"公式"、"表格"或"图表"；最后在"题注"栏输入注解文字，再单击"确定"按钮结束。此时，注解文字会自动显示在图片下方。注解文字可以随时更改，如改变字体大小或者删除等。

10．制作水印

Word 2003 具有添加文字和图片两种类型的水印的功能，而且能够随意设置其大小、位置等。在 Word 菜单栏中单击"格式"→"背景"→"水印"。在"水印"对话框中选择"文字水印"，然后在"文字"栏选择合适的字句，或另外输入文字；或在"水印"对话框中选择"图片水印"，然后找到要作为水印图案的图片。最后单击"确定"按钮，水印就会出现在文字后面。

11．一版多页显示

先单击"打印预览"图标，或单击"文件"→"打印预览"，Word 将处于"预览"模式；在工具栏上单击鼠标右键，选择"常用"命令。这时，Word 的菜单栏下一排会出现"常用"工具栏。再在工具栏上右击鼠标，选择"自定义"命令，进入自定义设置状态；之后，将"打印预览"工具栏上的"多页"按钮拖到"常用"工具栏上。关闭"自定义"窗口，再关闭"预览"模式。以后，单击 Word"常用"工具栏上的"多页"按钮，就可以实现一版多页显示了。

12．Word 文档损坏了，怎样挽救数据

在打开 Word 文档时，如果程序没有响应，那么很有可能是该 Word 文档已经损坏。此时，可以试试下述方法，或许能够挽回全部或部分损失。

（1）自动恢复尚未保存的修改。

Word 提供了"自动恢复"功能，可以帮助用户找回程序遇到问题并停止响应时尚未保存的信息。实际上，在用户没有保存工作成果就重新启动电脑和 Word 后，系统将打开"文档恢复"任务窗格，其中列出了程序停止响应时已恢复的所有文件。

文件名后面是状态指示器，显示在恢复过程中已对文件所做的操作。其中："原始文件"指基于最后一次手动保存的源文件；"已恢复"是指在恢复过程中已恢复的文件，或在"自动恢复"保存过程中已保存的文件。

"文档恢复"任务窗格可让用户打开文件、查看所做的修复以及对已恢复的版本进行比较。然后，用户可以保存最佳版本并删除其他版本，或保存所有打开的文件以便以后预览。不过，"文档恢复"任务窗格是 Word 2003 提供的新功能，在以前的版本中，Word 将直接把自动恢复的文件打开并显示出来。

（2）手动打开恢复文件。

在经过严重故障或类似问题后重新启动 Word 时，程序自动打开恢复的文件。如果由于某种原因恢复文件没有打开，用户可以自行将其打开，操作步骤如下。

① 在"常用"工具栏上，单击"打开"按钮。

② 在文件夹列表中，定位并双击存储恢复文件的文件夹。对于 Windows 2000/XP 操作系统，该位置通常为"C：\Documents and Settings\Application Data\Microsoft\Word"文件夹；对于 Windows 98/Me 操作系统，该位置通常为"C：\Windows\Application Data\Microsoft\Word"文件夹。

③ 在"文件类型"框中单击"所有文件"。每个恢复文件名称显示为"'自动恢复'保存 file name"及程序文件扩展名。

④ 单击要恢复的文件名，然后单击"打开"按钮。

（3）"打开并修复"文件。

Word 2003 提供了一个恢复受损文档的新方法，操作步骤如下。

① 在"文件"菜单上，单击"打开"命令。

② 在"查找范围"列表中，单击包含要打开的文件的驱动器、文件夹或 Internet 位置。

③ 在文件夹列表中，定位并打开包含文件的文件夹。

④ 选择要恢复的文件。

⑤ 单击"打开"按钮旁边的箭头，然后单击"打开并修复"命令。

（4）从任意文件中恢复文本。

Word 提供了一个"从任意文件中恢复文本"的文件转换器，可以用来从任意文件中提取文字。要使用该文件转换器恢复损坏文件中的文本，操作步骤如下。

① 在"工具"菜单上，单击"选项"命令，再单击"常规"选项卡。

② 确认选中"打开时确认转换"复选框，单击"确定"按钮。

③ 在"文件"菜单上，单击"打开"命令。

④ 在"文件类型"框中，单击"从任意文件中恢复文本"。如果在"文件类型"框中没有看到"从任意文件中恢复文本"，则需要安装相应的文件转换器。安装方法不再赘述。

⑤ 像通常一样打开文档。

此时，系统会弹出"转换文件"对话框，请选择需要的文件格式。当然，如果要从受损 Word 文档中恢复文字，请选择"纯文本"，单击"确定"按扭。不过，选择了"纯文本"方式打开文档后，仅能恢复文档中的普通文字，原文档中的图片对象将丢失，页眉/页脚等非文本信息将变为普通文字。

（5）禁止自动宏的运行。

如果某个 Word 文档中包含错误的自动宏代码，那么当用户试图打开该文档时，其中的自动宏由于错误不能正常运行，从而引发不能打开文档的错误。此时，请在"Windows 资源管理器"中，按住【Shift】键，然后再双击该 Word 文档，即可阻止自动宏的运行，从而能够打开文档。

（6）创建新的 Normal 模板。

Word 在 Normal.dot 模板文件中存储默认信息，如果该模板文件被损坏，可能会引发无法打开 Word 文档的错误。此时，请创建新的 Normal 模板，操作步骤如下。

① 关闭 Word。

② 使用 Windows "开始"菜单中的"查找"或"搜索"命令找到所有的 Normal.dot 文件，并重新命名或删除它们。比如，在 Windows XP 中，请单击"开始"菜单，再单击"搜索"命令，然后单击"所有文件和文件夹"，在"全部或部分文件名"框中，键入"Normal.dot"，在"在这里寻找"列表框中，单击安装 Word 的硬盘盘符，单击"搜索"按钮。查找完毕，用右键单击结果列表中的"Normal"或"Normal.dot"，然后单击"重命名"命令，为该文件键入新的名称，例如"Normal.old"，然后按【Enter】键。

③ 启动 Word。此时，Word 无法识别重命名后的 Normal 模板文件，它会自动创建一个新的 Normal 模板。

13．Word 文档转为 Power Point 演示文档的方法

许多人都习惯在 PowerPoint 环境中制作幻灯片。如果你有一个现成的 Word 文稿讲义，可以直接转换成 PowerPoint 演示文稿，而不用打开 PowerPoint 重新输入文字。通过简单的操作，一篇 Word 文档即可轻松转换为 PowerPoint 演示文稿。以下提供两种方法供选择。

（1）导入 Word 文档。

先在 Word 的大纲视图下，创建一个 Word 大纲文件并存盘；然后打开 PowerPoint程序，单击菜单栏上的"插入"，选"幻灯片（从大纲）"，在打开的"插入大纲"对话框中选中刚才存盘的 Word 大纲文档，然后单击"插入"按钮，这样，Word 大纲文档就变成了PowerPoint 演示文稿。

二者的对应关系是：Word 大纲文档的一级标题变为 PowerPoint 演示文稿页面的标题，Word 大纲文档的二级标题变为 PowerPoint 演示文稿页面的第一级正文，Word 大纲文档的三级标题变为 PowerPoint 演示文稿页面第一级正文下的主要内容，其余依此类推。这种转换方法要求用户在 Word 大纲视图下编辑文档。

（2）直接创建演示文稿。

如果用户在 Word 的页面视图下已写好了内容或者是以前用 Word 编写过一篇文章，现在想把它们制作成幻灯片，就可以在 Word 中应用"样式"和快捷键来直接创建演示文稿。

先解释一下什么是样式。样式是 Word 中早就有的功能，只不过我们很少用到它，使用样式功能可以使文档的创建和管理易如反掌。样式工具栏就在操作界面的左上端，通常都写着"正文"两个字。单击右侧的下拉箭头，会出现"标题 1、标题 2、标题 3……正文"等内容。可以在按住【Shift】键的同时单击向下箭头，看看会出现什么情况。

先把要作为一张幻灯片标题的地方选中，然后选择"标题 1"，其他也依此类推。然后在菜单栏上选择"工具/自定义"命令，再在弹出的对话框中选择"命令"选项卡，从左窗口中选"所有命令"，从右窗口中找到"Present It"命令，用鼠标左键按住并拖动"Present It"至 Word 的菜单栏或工具栏即可。

用此快捷键可直接调用 PowerPoint 程序，并把当前的 Word 文档直接转换为 PowerPoint演示文稿，以大纲视图显示。单击"Present It"后会发现，用标题 1 样式定义过的标题全都作为独立的一页幻灯片。如果没给 Word 文档定义样式，单击"Present It"后，PowerPoint会把文档的每一段落作为一张幻灯片。以后即可在习惯的 Word 下编排文章，然后轻松地转换为 PowerPoint 演示文稿。

14．Word 表格自动填充

在 Word 表格里选中要填入相同内容的单元格，单击"格式→项目符号和编号"，进入"编号"选项卡，选择任意一种样式，单击"自定义"按钮，在"自定义编号列表"窗口中的"编号格式"栏内输入要填充的内容，在"编号样式"栏内选择"无"，依次单击"确定"按钮退出即可。

15．在 Word 中巧输星期

单击"格式→项目符号和编号"，进入"编号"选项卡，单击"自定义"按钮，在"编号样式"栏内选择"一、二、三"等样式，在"编号格式"栏内的"一"前输入"星期"即可。

16．粘贴网页内容

在 Word 中粘贴网页，只需在网页中复制内容，然后切换到 Word 中，单击"粘贴"按钮，网页中的所有内容就会原样复制到 Word 中。这时在复制内容的右下角会出现一个"粘贴选项"按钮，单击按钮右侧的黑三角符号，弹出一个菜单，选择"仅保留文本"即可。

17．去掉自动编号功能

单击"工具→自动更正选项"，打开"自动更正"对话框，进入"键入时自动套用格式"选项卡，找到"键入时自动应用"组中的"自动编号列表"复选项，取消前面的勾即可。这样就可以去掉那些烦心的自动编号功能。同样也可去除"画布"，方法是：单击"工具→选项"，进入"常规"选项卡，去除"插入'自选图形'时自动创建绘图画布"复选框上的勾即可。

18．画出不打折的直线

在 Word 中如果想画水平、垂直或 15°、30°、45°、75°的直线，只需在固定一个端点后，按住【Shift】键，上下拖动鼠标，将会出现上述几种直线供选择，位置调整合适后松开【Shift】键即可。

19．部分加粗表格线

在 Word 中需要加粗某一条或几条表格线时，可以先在工具栏选项中单击"表格和边框"按钮，然后在"表格和边框"窗口中选定"线型"与"线宽"，再单击"绘制表格"按钮，最后在欲加粗的表格线上从头到尾画上一笔即可。

20．打造整齐的 Word 公式

使用 Word 公式编辑器创建公式后，如果感到其中的公式不整齐（特别是矩阵形式的公式），那么可以通过下列方式进行微调：单击该公式，右键进入"设置对象格式"，选择"版式"中的任意一种形式，单击"确定"按钮，再选中需要调整的项；按下【Ctrl】键后，利用光标上下左右移动对该项进行微调；重复上下左右移动对该项进行微调，直到将公式位置调整到满意为止。

21．文字旋转轻松做

在 Word 中既可以通过"文字方向"命令来改变文字的方向，也可以用以下简捷的方法来做。选中要设置的文字内容，只要把字体设置成"@字体"就行，比如"@宋体"或"@黑体"，就可使这些文字逆时针旋转 90°。

22．让 Word 自动编号功能失效的两个小技巧

微软的 Word 有"自动编号"功能，能够在作者每次换行的时候，自动为新段落添加编号。即使我们对这些段落随意进行添加、删除等操作，自动编号也能保证编号的准确。

但由于文档的格式要求不同，有时我们并不需要 Word 这个"自作主张"的功能。该如何取消它呢？

（1）暂时取消自动编号

如果我们需要暂时取消自动编号功能，可以在换行的时候按住【Shift】键再按【Enter】键，此时，Word 暂时不会输出编号，等作者对该段落录入完毕再按下【Enter】键时，Word 仍会按照原来的编号次序继续为新段落编号。

（2）完全取消自动编号

如果我们在后续的段落中根本不再需要编号，那么直接按两次【Enter】键即可完全取消

Word 的本次自动编号。当然，我们再次启动编号功能时，Word 会重新从 1 开始编号。

23．用 Word 制表时经常用到的一些小技巧

（1）快速插入表格。

单击工具栏上的"插入表格"图标，向右下方拖动鼠标，设定行列后松开，一个表格的框架即可完成。此法插入的表格最大为 13 行×8 列。

（2）隐藏表格线。

选定整个或部分表格，单击右键，从下拉快捷菜单中执行"边框与底纹"命令，选择无边框。

（3）垂直对齐。

除了水平方向的对齐以外，在表格中我们还经常用到垂直方向的对齐，特别是在同一行中不同单元格的文字高度不一致时。选定要设置垂直对齐的单元格，单击右键，在下拉快捷菜单的"对齐方向"中可以选择"顶端对齐"、"垂直居中"或"底端对齐"。

（4）插入行和列的技巧。

通常插入行是向前插入，插入列是向左插入。在底边增加一行时，将插入点置于表格的最后一格，按【Tab】键；在表格的最右边插入一列时，可选定每行最后一格之外的行结束符，执行插入列命令。以上操作通过"绘制表格"工具直接画也比较快捷。

（5）对齐表格中的小数点。

选定含有小数点的列，双击该列上方的标尺，弹出"制表位"对话框，在"对齐方式"中选取"小数点"方式，单击"确定"按钮后小数点即可对齐。继续拖动标尺上的小数点对齐制表位调整小数点的位置，直到满意为止。

（6）选定文本的技巧。

这里介绍 3 个快捷键用法。选取单个单元格：按住【Ctrl】键，单击该单元格；选定一列：按住【Alt】键，单击该列中的任一单元格；选取某一区域：按住【Shift】键，单击待选区域的起始单元格，然后单击待选区域的结束单元格，可选定一个矩形区域。

（7）设定与调整列宽。

表格刚设定时占据了整个页宽，需要手工调整列宽。完成文字输入后，选定需要调整的列，执行"表格"菜单下的"单元格高度和宽度"命令，选择"自动匹配"即可快捷而又合理地完成设置。这里还可以手工设置每列的宽度，可以精确到 0.01cm。如果用鼠标拖动表格线来调整列宽，配合不同的按键，会有不同的效果。

通常情况下拖动表格线是在相邻的两列之间调整列宽；按住【Ctrl】键的同时拖动表格线，其左边的列宽会改变，增加或减少的列宽由其右方的列共同分享或分担；按住【Shift】键的同时拖动表格线，只改变其左方的列宽，其右方的列宽不变；按住【Alt】键的同时拖动表格线，标尺上会显示出各列的宽度，其拖动结果与普通拖动方法相同。

（8）改变部分单元格的高度或宽度。

以宽度为例，选取想改变宽度的单元格，再用鼠标拖动表格线，这样改变的只是所选定部分的宽度，原来处在同一列的其他单元格不受影响。

（9）处理超长表格的一些技巧。

首先指定栏标题，它将出现在每页表格的开头。选定想作为标题的那一行，执行"表

格"菜单下的"标题"命令。将视图切换至"页面"或执行"打印预览"即可看到发生的变化。为了避免同一个单元格中的内容被分隔到不同的页上，执行"表格"菜单下的"单元格高度和宽度"命令，取消"行"标签下的"允许跨页断行"复选框中的对勾即可。

如果该单元格太高，不得不跨页断行的话，执行"格式"下的"段落"命令，将段落对话框中的"换行和分页"标签中的"段中不分页"复选框选中，这样可以使跨页点不拆分同一单元格的正文段落，而且可以重复栏标题。

24．在 Excel 中的多个区域一次输入同一数据

有时，需要在多个区域输入同一数据（例如，在同一列的不同单元格中输入性别"男"），我们可以一次性将数据输入。

在按住【Ctrl】键的同时，分别点选需要输入同一数据的多个单元格区域，然后直接输入数据，输入完成后，按【Ctrl】+【Enter】组合键确认即可。

① 输入完成后，千万不能直接按【Enter】键进行确认。

② 采取此方法输入公式，系统会智能化地修改公式中相对引用的单元格地址。

25．在 Excel 中快速输入有规律的数据

有时我们需要大量输入形如"5105002005××××"的号码，前面的一长串数字（"5105002005"）都是固定的。对于这种问题，用"自定义"单元格格式的方法可以加快输入的速度。

选中需要输入这种号码的单元格区域，执行"格式→单元格"命令，打开"单元格格式"对话框，如图附录 1.5 所示。在"数字"标签中，选中"分类"下面的"自定义"选项，然后在右侧"类型"下面的方框中输入："5105002005"0000"，单击"确定"按钮后返回。

以后只要在单元格中输入"1、116、……"，单元格中将显示出"51050020050001、51050020050116"字符。

图附录 1.5 "单元格格式"对话框

在输入 6 位的邮政编码时，为了让前面的"0"显示出来，只要"自定义""000000"格式就可以了。

26．在 Excel 中快速填充有规律的数据序列

在 Excel 中，内置了大量序列（如"1、2……"、"1 日、2 日……"等），可以通过"填充柄"来快速输入这些内置序列。

先在需要输入此序列的第一个单元格中输入序列的第一个元素，然后再次选中该单元格，将鼠标移到该单元格的右下角，当鼠标成"细十字线"状时，按住鼠标左键向下（右）拖拉，即可将该序列后续元素输入到拖拉过的单元格中。

① 如果要采取此种方法输入数字序列（1、2、3……），需要在前面两个单元格中输入前两个元素，然后拖拉填充。

② 这种"细十字线"状态，我们通常称之为"填充柄"状态。

③ 用"填充柄"可以将单元格中的任意字符拖拉复制到下面或右侧的单元格区域中。

27．在 Excel 中录入固定格式数据的技巧

如果需要在某些 Excel 单元格中输入固定格式的数据，利用"数据有效性"做成一个下拉列表，即可进行选择性输入。

选中需要建立下拉列表的单元格区域，执行"数据→有效性"命令，打开"数据有效性"对话框，在"设置"一栏中，单击"允许"右侧的下拉按钮，在随后弹出的快捷菜单中，选择"序列"选项，然后在下面的"来源"方框中输入序列的各元素（如董事长、总经理、副总经理、销售主管以及其他职位等），单击"确定"按钮后返回。

选中上述区域中的某个单元格，在其右侧出现一个下拉按钮，单击此按钮，在随后出现的下拉列表中选择相应的元素（如"副总经理"），即可将该元素输入到相应的单元格中。

28．在 Excel 中用快捷键或公式快速输入日期时间

选中相应的单元格，按下【Ctrl】+【;】组合键，即可输入系统日期；按下【Ctrl】+【Shift】+【;】组合键，即可输入系统时间。

如果希望输入的日期或时间随系统日期或时间改变而改变，请在单元格中输入公式：=TODAY()或=NOW()。

29．在 Excel 单元格中输入分数的技巧

通常，在 Excel 单元格中输入"三分之一（1/3）"等分数时，按【Enter】键确认后变成了"1 月 3 日"。如果确实需要输入分数，在分数前输入"0"，再按一下空格键（此为关键），接着输入分数（例如"01/3"）就行了。

30．自动给 Excel 数据添加计量单位

用 Excel 制表，经常需要给单元格中的数据添加上单位，例如单位全年财政预算报表，就需要给单元格数据添加上单位"元"。遇到这种情况，很多人都是手工添加单位符号的，非常繁琐。在 Excel 报表中，我们可以自动为单元格数据添加单位。

选中所有需要添加单位的单元格，然后单击"格式/单元格"命令，在弹出的"单元格格式"对话框中，切换到"数字"选项卡，在"分类"列表框中选择"自定义"，在"类型"列表框中选择自己需要的数据格式，如"0.00"，最后在"类型"文本框中数据格式的后面添加需要的数量单位，如"元"，完成后单击"确定"按钮。设置好后，在 Excel 中一一录入数据，Excel 就会为各单元格自动添加上数量单位，十分方便。

31．在 Excel 中快速复制四周单元格的数据

如果经常要将上（左）行（列）单元格的数据复制输入到下（右）行（列）对应的单元

格，那么可以使用下面一组技巧。

（1）选中下面的单元格，按下【Ctrl】+【'】（单引号）或【Ctrl】+【D】组合键，即可将上面单元格中的内容复制到下面的单元格中来。

（2）选中上面一行及下面一行或多行单元格区域，按下【Ctrl】+【D】组合键，即可将上面一行的数据复制到下面一行或多行对应的单元格区域中。

（3）选中右侧单元格，按下【Ctrl】+【R】组合键，即可将左侧单元格中的内容复制到右侧的单元格中来。

（4）选中左侧一列及右侧一列或多列单元格区域，按下【Ctrl】+【R】组合键，即可将左侧一列的数据复制到右侧一列或多列对应的单元格区域中。

32．巧借 Excel 快速把 Word 表格行列互换

有时我们需要将 Word 表格的行与列进行交换（也称为表格转置），但 Word 本身并没有提供现成的功能可供使用。

其实，Excel 中就包含了表格转置的功能，可以直接借助 Excel 来转置 Word 表格。

下面以图附录 1.6 所示的一个 Word 表格为例，介绍具体的转置方法。

（1）首先要在 Word 中右击表格左上角的十字标全选整个表格，然后执行右键菜单中的"复制"命令。

（2）接下来打开 Excel，在任意单元格处单击鼠标右键，选择"选择性粘贴→文本"命令，将 Word 表格粘贴到 Excel 中，如图附录 1.7 所示。

	张三	李四	王五
语文	89	90	76
数学	76	84	81
英语	80	73	88

图附录 1.6　Word 表格示例

图附录 1.7　将 Word 表格粘贴到 Excel 中

（3）右击并复制图附录 1.7 中这些带有数据的单元格。（记住，此步不可缺少，至关重要!）

（4）然后切换到另一张空白工作表中，右击并执行"选择性粘贴"命令，最后在弹出的图附录 1.8 所示的对话框中勾选"转置"复选框后单击"确定"按钮即可。

（5）此时，Excel 表格中的行和列已经按照我们的要求互换了，而且各个单元格的数据也分毫不差，这时再将转置好的表格复制回 Word 就行了。如图附录 1.9 所示就是已经转换好的 Word 表格。

图附录 1.8　"选择性粘贴"对话框

	语文	数学	英语	
张三	89	76	80	
李四	90	84	73	
王五	76	81	88	

图附录 1.9　转置后的 Word 表格

33. 同时设置多个工作表的页眉和页脚

有时需要把一个 Excel 文件中的多个工作表设置成同样的页眉和页脚，但分别对一张张工作表去设置会很繁琐。用下面的方法就可以一次将多个工作表中的页眉和页脚同时设置好：把鼠标移到工作表的名称处（如果没有给每张表取名的话，Excel 自动设置的名称就是 Sheet1、Sheet2、Sheet3 等），然后单击右键，在弹出的菜单中选择"选择全部工作表"菜单项，这时再进行页眉和页脚设置就是针对全部工作表了。

34. Excel 单元格的文字随时换行

在 Excel 中，我们有时需要在一个单元格中分成几行显示文字等内容。实现的方法一般是通过选中"格式"菜单中"单元格"下"对齐"中的"自动换行"复选项，单击"确定"按钮即可，这种方法使用起来不是特别随心所欲，需要一步步地操作。还有一种方法：当需要重起一行输入内容的时候，只要在按住【Alt】键的同时按下【Enter】键就可以了，这种方法又快又方便。

35. 在 Excel 中插入空白行

如果想在某一行的上面插入几行空白行，可以自此行开始用鼠标拖动选择相应的行数，然后单击右键，选择插入。如果在每一行的上面均插入一空白行，按住【Ctrl】键，然后依次单击要插入新行的行标按钮，再单击右键，选择"插入"命令即可。

36. 在 Excel 中消除 0 值

在 Excel 中当单元格的计算结果为 0 时，默认会显示 0，这看起来显然有点碍眼。如果想在值为 0 时显示空白，可以试试下面的方法。打开"工具→选项→视图"，取消"0 值"复选框前的"√"，单击"确定"按钮后，当前工作表中值为 0 的单元格将全部显示成空白。

37. 快速隐藏

在打印工作表时，我们有时需要把某些行或者某些列隐藏起来，但是用菜单命令或调整行号（列标）分界线的方法比较麻烦，这里介绍一个简单方法：在英文状态下，按【Ctrl】+【9】或【Ctrl】+【0】组合键，就可以快速隐藏光标所在的行或列。

38. 在 Excel 中将文本型数据转换为数值型的小技巧

如果我们在设置成"文本型"的 Excel 单元格中输入了数字，那么这些文本型的数字就不能作各种排序、求和等函数运算，即使简单地把单元格格式改成"数值"也无济于事，这时我们需要将它们转换成数值型格式。

（1）在任意一个空白单元格中输入数值 1，选中该单元格，执行复制操作，然后选中需要转换的单元格（区域），执行"编辑→选择性粘贴"命令，打开"选择性粘贴"对话框，选中其中的"乘"选项后，单击"确定"按钮返回即可。

（2）如果你使用的是 Excel 2002 或 Excel 2003，则可选中需要转换的单元格（区域），单元格旁边会出现一个智能标记，按一下这个智能标记，在随后弹出的下拉列表中选中"转换为数字"选项，即可快速完成转换。

39．不让 Excel 自动转换输入的长数字

在 Excel 中输入的数字超过 11 位时，系统会自动将数值转换成科学记数格式，当输入的数字超过 15 位时，系统自动将超过的部分转换为"0"。

如果确实需要输入这样的数字，并且需要将其完整地显示出来（如输入身份证号码），可以通过下面的办法来解决。

如果只是零星需要输入这样的数字，在输入时，在数字前面添加一个英文状态下的单引号"'"即可；如果需要在一个区域中输入这样的数字，先选中相应的单元格区域，执行"格式→单元格"命令，打开"单元格格式"对话框，在"数字"标签下，选中"分类"下面的"文本"选项，单击"确定"按钮后返回，然后输入数字即可。

> ① 在数字前面添加的英文单引号"'"不仅不会显示出来，而且也不会被打印出来。
> ② 经过这样的设置后，输入的数字成了文本格式，不能参与计算。

40．确保 Excel 文档安全的必备技巧

如果想要 Excel 文档更安全，以下的这些技巧是必备的。

（1）加密 Excel 文件。

如果不想让自己的 Excel 文件被别人查看，最好将其加密：单击"工具"→"选项"，在弹出的"选项"对话框中单击"安全性"选项卡，然后在"打开权限密码"（只允许读不能做修改）、"修改权限密码"（可以阅读，也能修改）输入框中输入该文件的打开权限密码及修改权限密码。单击"确定"按钮，在弹出的密码确认窗口中重新输入一遍密码，再单击"确认"按钮，最后单击"保存"按钮完成文件加密。下次只有输入正确密码才能打开该文件。

（2）对单元格进行读写保护。

① 对输入信息进行有效性检测：首先选定要进行有效性检测的单元格或单元格集合，然后选择"数据"菜单中的"有效性"选项，设置有效条件、显示信息和错误警告来控制输入单元格的信息要符合给定的条件。这一部分设置很有用，如在设计一个 Excel 表格时，不允许用户输入负数年龄及负工资等。

② 设置锁定属性，以保护存入单元格的内容不能被改写。选定需要锁定的单元格；选择"格式"→"单元格"命令；在"单元格格式"设置对话框中选择"保护"标签并选中"锁定"；选择"工具"→"保护"→"保护工作表"命令，设置保护密码，即完成对单元格的锁定设置。

（3）保护工作簿。

打开"工具"→"保护"→"保护工作簿"。选择"结构"选项可保护工作簿结构，以免工作表被删除、移动、隐藏、取消隐藏、重命名等，并且不可插入新的工作表。选定"窗口"选项则可以保护工作簿窗口不被移动、缩放、隐藏、取消隐藏或关闭等。

（4）保护工作表。

在设置保护工作表前，首先确认要保护的单元格是否处于"锁定"状态，选中并右击单

元格，在弹出的菜单中选择"设置单元格格式"，选择"保护"选项卡，确认是否已选中"锁定"项。在默认状态下，单元格和图形对象均处于锁定状态。此时，如果设置工作表被保护，则相应信息不能修改。保护工作表的方法如下：选择"工具"→"保护"→"保护工作表"命令，在打开的对话框中有"内容"、"对象"和"方案" 3 个复选框，如果要防止修改工作表中的单元格或图表中的数据及其他信息，并防止查看隐藏的数据行、列和公式，则要选中"内容"复选框；如果要防止改变工作表或图表中的图形对象，则应选中"对象"复选框；如果要防止改变工作表中方案的定义，则应选中"方案"复选框。最后为防止其他用户取消工作表保护，还要在"密码"文本框中输入密码。

（5）保护共享工作簿。

如果要对工作簿中的修订进行跟踪，可设置保护共享工作簿。选择"工具"→"保护"→"保护共享工作簿"命令，选中"以追踪修订方式共享"复选框。如果需要其他用户先提供密码，才能取消共享保护和冲突日志，则需要在"密码"文本框中输入密码。注意，如果工作簿已经处在共享状态，则不能为其设置密码。

（6）为工作簿设置权限密码。

如果不想其他用户打开工作簿，可设置工作簿打开密码。单击"文件"→"另存为"，单击"工具"菜单上的"常规选项"命令，在这里可根据不同需要设置两种类型的密码：如果根本不想其他用户打开工作簿，则需在"打开权限密码"文本框中输入密码；如果只是不想其他用户修改工作簿，但可以打开查看，则需要在"修改权限密码"文本框中输入密码。当然为了保险起见，可以把两个密码都设置，且最好是设置不同的密码。

（7）隐藏公式。

如果不想在共享工作簿后，让其他用户看到并编辑已有公式，可在共享之前，将包含公式的单元格设置为隐藏，并保护工作表。操作步骤如下：选定要隐藏的公式所在的单元格区域，选择"格式"→"单元格"命令，单击"保护"选项卡，选中"隐藏"复选框，单击"确定"按钮即可隐藏公式。

（8）隐藏工作簿。

选择"窗口"→"隐藏"命令，可以把当前处于活动状态的工作簿隐藏起来；如果要取消隐藏，可选择"窗口"→"取消隐藏"命令，然后在"取消隐藏"窗口中选择相应工作簿即可。

41．使用工作区一次打开多个 Excel 工作簿

在使用 Excel 时，可能会同时使用多个工作簿进行工作。每次开机时，如果按普通的方法，这几个工作簿需要一个一个地打开。其实，使用工作区就可以实现一次性打开多个 Excel 工作簿。

（1）在工作区中保存工作簿。

① 先将所有平时工作要用的工作簿在 Excel 中打开，关掉任何不想保存到工作区中的工作簿。

② 从"文件"菜单中，选择"保存工作区"命令。

③ 在弹出的"保存工作区"对话框中，选择一个保存的位置，并输入一个文件名。

（2）使用工作区一次性打开多个工作簿。

选择菜单命令"文件"→"打开"（或按组合键【Ctrl】+【O】），从弹出的"打开"对话框中找到上面保存的工作区文件，将其打开即可。

42．PowerPoint 引用其他演示文档的部分幻灯片

在制作某个演示文稿的时候，如果要引用其他演示文稿中的部分幻灯片，可以执行下面的操作。

选择"插入→幻灯片（从文件）"命令，展开"幻灯片搜索器"对话框，在"搜索演示文稿"标签中，通过"浏览"按钮打开相应的演示文稿文档，用鼠标分别单击需要插入的幻灯片，单击"插入"按钮即可。

① 如果经常需要调用某个演示文稿中的部分幻灯片，单击其中的"添加到收藏夹"按钮，将其收藏起来，即可随时调用。

② 如果选中"保留源格式"选项，即可将原幻灯片的各种格式（如"版式"等）保留到新演示文稿中。

43．PowerPoint 中的常用链接技巧

在 PowerPoint 中，我们经常要用到链接操作，以下是一些关于链接操作的技巧。

（1）更改链接文字的颜色。

要更改 PowerPoint 中默认的链接文字颜色和单击后的链接文字颜色，单击"格式"菜单中的"幻灯片配色方案"（PowerPoint 2002 应为"幻灯片设计"中的"编辑配色方案"），从弹出的"配色方案"对话框中选中"自定义"选项卡，然后就可以进行相应的设置。

（2）去掉链接文字的下划线。

如果想去掉链接文字的下划线，可向幻灯片中插入一个新的文本框（不要使用幻灯片版式中自带的文本框），输入文字标题，选中整个文本框后再设置该文本框的超链接，这样就看不到链接文字的下划线了。

（3）出现链接提示信息。

如果希望在幻灯片中添加链接提示信息效果，只需在链接对话框中单击"屏幕提示"按钮，输入相应的提示信息即可。

（4）链接可执行文件出现病毒提示的问题。

有时我们需要在幻灯片演示过程中链接到某一可执行文件，即使将"宏"的安全性设置为"低"，链接时系统仍然会出现"该文件可能会携带病毒"的提示。怎样关闭这一提示信息呢？其实只需选中链接标题，使用"幻灯片放映"菜单中的"动作设置"命令，选择需要运行的可执行文件就可以了。

在 PowerPoint 2000 中用该方法打开可执行文件不需要设定"宏"的安全级别，但在 PowerPoint 2002 中需将"宏"的安全性设为"低"才不会出现该提示信息。

44．在 PowerPoint 中对齐图片、文本框等多个对象

当我们在一张幻灯片中插入了多个对象（如图片、图形、文本框等）时，利用"绘图"工具可以让它们排列得整整齐齐。

执行"视图→工具栏→绘图"命令，展开"绘图"工具栏，单击工具栏上的"选择对象"按钮，然后在多个对象外围拖拉出一个框，将多个对象框在其中，同时选中多个需要对齐的对象，单击"绘图"工具栏上的"绘图（R）"按钮，在随后弹出的快捷菜单中，展开"对齐或分布"级联菜单，选中其中一种对齐方式（如"右对齐"）即可。

45．PowerPoint 中制作倒影艺术字

在制作演示文稿时经常会用到艺术字，对其稍加调整就可以制作出倒影（镜像）形式的艺术字。

先执行"插入→图片→艺术字"命令，按提示将相应的艺术字插入幻灯片中，然后将此艺术字复制一份。

选中需要制作成倒影的艺术字，单击"绘图"工具栏上的"绘图"按钮，在随后弹出的快捷菜单中，依次选择"旋转或翻转→垂直翻转"选项即可。

46．给 PowerPoint 演示文档来个"大瘦身"

用 PowerPoint 编辑一个 PPT 演示文稿经常会因 PowerPoint 体积过大而导致运行缓慢，甚至出现死机的状况。这里，介绍几条给 PowerPoint "减肥"的好方法。

（1）压缩图像文件。

PowerPoint 中的图片体积过大是整个文档体积肥大的主要原因，PowerPoint 2002 和更高版本可以对图像进行压缩并删除不需要的数据。右键单击图片，再单击快捷菜单上的"设置图片格式"，单击"图片→压缩"命令。在"选项"下，选中"压缩图片"复选框和"删除图片的剪裁区域"复选框。如果系统给出提示，请单击"压缩图片"对话框中的"应用"命令，PowerPoint 将自动压缩一张或多张图片。

如果使用的是 PowerPoint 2000 或早期版本，请单击要压缩的图片将其选中。在"编辑"菜单上，单击"复制"命令，然后再次在"编辑"菜单上单击"选择性粘贴"。对于大多数图像，例如照片或扫描图形，单击"JPG"；对于具有大面积单一色彩的图像或者包含重要文字或细致画面的图像，请单击"PNG"。最后删除初始的图像即可。

（2）处理嵌入的对象。

这些对象和图像很容易进行压缩。完成了图像编辑之后，可以右击该图像，指向快捷菜单上的"组合"命令，再单击"取消组合"命令。接着，立即再次右键单击该图像，指向快捷菜单上的"组合"命令，再单击"重新组合"命令。取消组合会丢弃 OLE 数据并仅留下 PowerPoint 可以压缩的格式的图片。

另外，在 PowerPoint 内将图像从一个幻灯片复制并粘贴到另一个幻灯片也可以奏效。不管用户使用图像的次数是多少，PowerPoint 仅存储图像的一个副本，因此重复使用图像实际上可帮助用户减小文件大小。

（3）仅嵌入所需的字体。

在演示文稿中嵌入字体时，演示文稿可能会按字体文件增加相应的大小。在决定进行嵌入之前，请检查字体文件的大小。某些新的 Unicode 字体的字体文件会非常庞大！

（4）关闭快速保存功能。

用 PowerPoint 打开做好的演讲稿，执行"工具→选项→保存"命令，清除"允许快速

保存"复选框。关闭快速保存功能之后，将该演示文档另存为一个新文档，这个新文档的体积就会小很多。

47．轻松把图片添加到 PowerPoint 幻灯片中

制作演示文稿总少不了要添加图片，这也成了制作演示文稿的基本操作：先用图像处理软件将需要添加的图片编辑处理好，然后启动 PowerPoint，打开需要添加图片的演示文稿，定位到相应的幻灯片中，执行"插入→图片→来自文件"命令，打开"插入图片"对话框，定位到图片所在的文件夹，选中需要添加的图片，按下"插入"按钮即可。

    在按下"插入"按钮之前，按其右侧的一个下拉按钮，在随后出现的下拉列表中选择"链接文件"选项，将图片插入到幻灯片中。用这种方式插入的图片，如果源文件发生了改变，再次打开演示文稿时，其中的图片也会随之改变。

48．选定 PowerPoint 表格中的项目

表格是演示文稿中最重要的对象之一，下面这些技巧可以让用户快速选定表格中的项目。

如果用户想要选择下一个单元格，请按【Tab】键；如果要选择前一个单元格，请按【Shift】+【Tab】组合键；如果要选中多行、多列或整个表格，请拖动鼠标跨越行、列或整个表格；如果要选中列，请指向列的顶部边框外侧，并在指针变为向下箭头时单击；若要选择单元格，请单击该单元格。

49．在幻灯片的任何位置上添加日期、时间

在幻灯片的页眉页脚里可以添加日期、时间。实际上，在幻灯片中的任意一个位置，用户都可以添加时间和日期。

首先在幻灯片上，定位占位符或文本框内的插入点。单击"插入→日期和时间"，系统弹出"日期和时间"对话框，用户可以选择自己喜欢的时间格式。选择完毕以后单击"确定"按钮就可以了。

50．在段落中另起新行而不用制表位

缩进和制表位有助于对齐幻灯片上的文本。对于编号列表和项目符号列表，五层项目符号或编号以及正文都有预设的缩进。但有时用户可能要在项目符号或编号列表的项之间另起一个不带项目符号和编号的新行。这个新行仍然是它上面段落的一部分，但是它需要独占一行。这时用户只需要按【Shift】+【Enter】组合键，即可另起新行。注意，一定不能直接使用【Enter】键，这样软件会自动给下一行添上制表位。